高精度对流层关键参量建模理论与方法

黄良珂　刘立龙　姜卫平　著

图书在版编目(CIP)数据

高精度对流层关键参量建模理论与方法/黄良珂,刘立龙,姜卫平著.
—武汉：武汉大学出版社,2021.6
ISBN 978-7-307-22225-0

Ⅰ.高…　Ⅱ.①黄…　②刘…　③姜…　Ⅲ.对流层—高层大气探测—系统建模　Ⅳ.P412.292

中国版本图书馆 CIP 数据核字(2021)第 064057 号

责任编辑:杨晓露　　责任校对:汪欣怡　　整体设计:韩闻锦

出版发行：**武汉大学出版社**　(430072　武昌　珞珈山)
(电子邮箱：cbs22@whu.edu.cn　网址：www.wdp.com.cn)
印刷:武汉邮科印务有限公司
开本:787×1092　1/16　印张:11.75　字数:279 千字　插页:1
版次:2021 年 6 月第 1 版　2021 年 6 月第 1 次印刷
ISBN 978-7-307-22225-0　定价:46.00 元

前　言

对流层是近地空间环境最重要的组成部分之一，也是与人类生活联系最为密切的大气圈层，在全球水循环、灾害天气形成与演变、大气辐射和能量平衡中扮演着极为重要的角色。随着全球导航卫星系统(GNSS)的快速发展，特别是我国北斗三号全球卫星导航系统的建成，为GNSS气象学的研究与应用提供了良好的契机。GNSS技术具有近实时/实时、全天候、高精度、高时间分辨率、覆盖范围广、价格低廉和使用方便等优点，已广泛应用于军事和民用等众多领域。一方面，GNSS的导航定位精度极易受到对流层大气延迟影响，大气延迟误差已成为制约高精度GNSS导航定位的重要因素之一，尤其是大气中的水汽变化对其影响更为显著。另一方面，随着GNSS数据处理算法及策略的不断完善，可实现近实时/实时地从GNSS信号中精密提取高时间分辨率的对流层延迟信息，进而反演出高精度、高时间分辨率的大气可降水量(PWV)。GNSS技术在气象学中的拓展应用，由此衍生出GNSS气象学，其为大气探测提供了一种新的手段。同时，GNSS PWV信息已在暴雨等极端天气监测、合成孔径雷达干涉(InSAR)大气改正、数值同化及其他水汽产品标校等研究中发挥了重要作用。

气温、气压、水汽压、大气加权平均温度(T_m)、对流层天顶延迟(ZTD)与天顶湿延迟(ZWD)等均属于对流层关键参量，在研究全球气候变化、极端天气产生机理等方面可作为重要的参考指标。其中对流层延迟(ZWD/ZTD)不仅是影响GNSS、甚长基线干涉测量(VLBI)等空间技术高精度导航定位的关键因素，也是大气科学研究的基础数据；而T_m在GNSS水汽探测中扮演着极为关键的角色。随着GNSS导航定位及GNSS水汽探测对实时高精度对流层关键参量的要求日趋增加，对流层关键参量的实时高精度全球模型构建成了近年来的研究热点，并具有广阔的应用前景。经过国内外诸多学者的不懈努力，在对流层关键参量建模方面已形成了较为成熟的理论与方法，人们对其了解和学习的愿望十分迫切，但国内外关于对流层关键参量建模的专著尚不多见。鉴于此，作者依托国家自然科学基金等项目，较系统地研究了高精度对流层关键参量建模的理论与方法，突破了对流层关键参量建模的关键技术，并构建了中国区域及全球的高精度对流层关键参量模型。作者长期以来一直从事对流层建模与GNSS大气探测方面的研究和教学工作，在这一研究方向上积累了不少成果，此书正是作者多年研究工作的总结。

本书内容围绕着高精度对流层关键参量建模理论与方法展开，不仅全面地阐述了国内外对流层关键参量模型的发展现状，而且还涉及对流层关键参量计算的原理与方法，常用的对流层关键参量模型介绍，MERRA-2大气再分析资料计算对流层延迟精度分析，高精度中国区域对流层垂直剖面模型构建，高精度中国区域T_m模型构建及T_m格点产品空间插值研究，高精度全球对流层垂直剖面模型、全球对流层天顶延迟模型以及全球T_m模型的构建等，具体展示了高精度对流层关键参量模型构建的相关成果及研究实例。作者希望本书能抛砖引玉，与大家交流分享高精度对流层关键参量模型构建的理论与方法，对从事GNSS气象学（尤其是对流层建模方面）理论与应用研究的科技工作者提供一些参考和帮助，共同为推动对流层关键参量模型的发展和应用作出贡献。

本书的研究内容与成果得到了国家自然科学基金项目（41704027，41864002）、国家重点研发计划（SQ2018YFC150052）、广西自然科学基金项目（2017GXNSFDA198016，2018GXNSFAA281182）和广西“八桂学者”岗位专项经费项目等项目的共同资助。本书的部分研究内容是作者与莫智翔、彭华、李琛、朱葛、郭立杰等硕士共同完成，非常感谢他们的支持和辛勤工作。同时作者还参考和借鉴了相关领域诸多学者的研究工作及成果，感谢他们为本书的研究工作提供了宝贵且不可或缺的参考价值。作者在此由衷感谢长期以来一直给予作者关心和支持的所有同事、朋友以及学术同仁。

本书于2019年开始撰写，尽管经过了数次的讨论和修改，但无奈作者水平和时间有限，书中难免还有不足甚至错误之处，恳请读者批评与指正。

目　录

第 1 章　绪论……………………………………………………………………… 1
1.1　对流层关键参量概述 …………………………………………………… 1
1.1.1　对流层简介 ………………………………………………………… 1
1.1.2　对流层关键参量 …………………………………………………… 2
1.2　对流层关键参量模型构建发展现状分析 ……………………………… 5
1.2.1　对流层延迟建模研究进展 ………………………………………… 5
1.2.2　大气加权平均温度建模进展 ……………………………………… 8

第 2 章　对流层关键参量计算原理与方法 ………………………………… 12
2.1　常用数据源简介……………………………………………………… 12
2.1.1　IGS 精密对流层产品 ……………………………………………… 12
2.1.2　中国大陆构造环境监测网络对流层产品…………………………… 12
2.1.3　甚长基线干涉测量数据…………………………………………… 13
2.1.4　COSMIC 掩星数据 ……………………………………………… 15
2.1.5　无线电探空资料…………………………………………………… 16
2.1.6　中国地面气象观测资料…………………………………………… 17
2.1.7　Weather Underground 气象观测资料…………………………… 17
2.1.8　ECMWF 大气再分析资料 ………………………………………… 17
2.1.9　MERRA-2 大气再分析资料 ……………………………………… 19
2.1.10　NCEP 大气再分析资料 ………………………………………… 20
2.1.11　JRA 大气再分析资料 ………………………………………… 21
2.1.12　VMF 对流层产品 ……………………………………………… 22
2.2　对流层关键参量计算原理与方法…………………………………… 23
2.2.1　GNSS 信号折射与对流层延迟 …………………………………… 23
2.2.2　对流层映射函数…………………………………………………… 26
2.2.3　对流层天顶静力学延迟模型及其误差分析………………………… 30
2.2.4　对流层天顶湿延迟模型及其误差分析…………………………… 33
2.2.5　大气可降水量反演原理…………………………………………… 35
2.2.6　高精度 GNSS 数据处理软件 ……………………………………… 39
2.2.7　多源数据高程基准统一…………………………………………… 42
2.2.8　气象参数空间插值方法…………………………………………… 43

第3章　对流层关键参量模型 …………………………………………………… 47
3.1　对流层延迟模型…………………………………………………………………… 47
3.1.1　依赖实测气象参数的对流层延迟模型……………………………………… 47
3.1.2　非气象参数的对流层延迟经验模型………………………………………… 49
3.2　对流层垂直剖面模型……………………………………………………………… 64
3.3　大气加权平均温度模型…………………………………………………………… 65
3.3.1　依赖实测气象参数的大气加权平均温度模型……………………………… 66
3.3.2　非气象参数的大气加权平均温度模型……………………………………… 70

第4章　MERRA-2 大气再分析资料计算对流层延迟精度分析 ………………… 75
4.1　引言………………………………………………………………………………… 75
4.2　MERRA-2 大气再分析资料计算全球 ZWD/ZTD 精度验证 ………………… 75
4.2.1　利用 IGS ZTD 产品验证 MERRA-2 大气再分析资料计算全球 ZTD 的精度……………………………………………………………………………… 77
4.2.2　利用探空数据验证 MERRA-2 大气再分析资料计算全球 ZWD/ZTD 的精度……………………………………………………………………………… 82
4.3　MERRA-2 大气再分析资料计算中国区域 ZWD/ZTD 精度验证 ……………… 90
4.3.1　利用陆态网 ZTD 产品验证 MERRA-2 大气再分析资料计算中国区域 ZTD 的精度…………………………………………………………………… 90
4.3.2　利用探空站数据验证 MERRA-2 大气再分析资料计算中国区域 ZWD/ZTD 的精度………………………………………………………………………… 92
4.4　本章小结…………………………………………………………………………… 96

第5章　高精度中国区域对流层垂直剖面模型构建 ……………………………… 98
5.1　引言………………………………………………………………………………… 98
5.2　顾及时变高程缩放因子的 ZTD 垂直剖面模型构建 …………………………… 98
5.2.1　ZTD 高程缩放因子时空特性分析…………………………………………… 99
5.2.2　CZTD-H 模型构建 ………………………………………………………… 101
5.3　CZTD-H 模型精度验证 …………………………………………………………… 102
5.3.1　利用探空数据验证 CZTD-H 模型精度 …………………………………… 102
5.3.2　利用 GNSS ZTD 检验 CZTD-H 模型在 ZTD 空间插值中的精度 ……… 104
5.4　本章小结 …………………………………………………………………………… 107

第6章　高精度中国区域 T_m 模型构建及 T_m 格网产品空间插值 ……………… 109
6.1　引言 ………………………………………………………………………………… 109
6.2　顾及垂直递减率的高精度中国区域 T_m 模型构建 …………………………… 109
6.2.1　T_m 垂直递减率时空特性分析…………………………………………… 110
6.2.2　CT_m 模型构建 ………………………………………………………… 111

6.2.3　CT_m 模型精度验证 …… 112
6.3　顾及垂直递减率的中国区域 T_m 格网产品空间插值 …… 118
6.3.1　中国区域 T_m 格网产品空间插值精度分析 …… 118
6.3.2　不同格网分辨率 T_m 产品空间插值精度分析 …… 120
6.4　本章小结 …… 122

第 7 章　高精度全球对流层垂直剖面模型构建 …… 123
7.1　引言 …… 123
7.2　顾及时空因素的 ZWD/ZTD 垂直剖面格网模型构建 …… 123
7.2.1　ZWD/ZTD 高程缩放因子时空特性分析 …… 123
7.2.2　GZWD-H 模型和 GZTD-H 模型构建 …… 126
7.3　GZWD-H 模型和 GZTD-H 模型精度验证 …… 128
7.4　GZWD-H 模型和 GZTD-H 模型应用于 ZWD/ZTD 空间插值的精度分析 …… 135
7.4.1　利用探空资料检验 GZWD-H 模型和 GZTD-H 模型在 ZWD/ZTD 空间插值中的精度 …… 135
7.4.2　利用 IGS ZTD 产品检验 GZTD-H 模型在 ZTD 空间插值中的精度 …… 138
7.5　本章小结 …… 139

第 8 章　高精度全球对流层天顶延迟模型构建 …… 140
8.1　引言 …… 140
8.2　ZTD 时空特性分析与 GGZTD 模型构建 …… 140
8.2.1　ZTD 时空特性分析 …… 140
8.2.2　GGZTD 模型构建 …… 142
8.3　GGZTD 模型精度验证 …… 142
8.3.1　利用全球 GGOS 大气 ZTD 产品验证 GGZTD 模型精度 …… 143
8.3.2　利用全球 IGS 站 ZTD 产品验证 GGZTD 模型精度 …… 145
8.4　本章小结 …… 153

第 9 章　高精度全球大气加权平均温度模型构建 …… 154
9.1　引言 …… 154
9.2　GGT_m 模型构建 …… 154
9.3　GGT_m 模型精度验证 …… 155
9.3.1　利用全球 GGOS 大气格网数据验证 GGT_m 模型精度 …… 156
9.3.2　利用全球探空资料验证 GGT_m 模型精度 …… 159
9.3.3　GGT_m 模型对 GNSS PWV 估计的影响 …… 166
9.4　本章小结 …… 168

参考文献 …… 169

第1章 绪 论

对流层是近地空间环境最重要的组成部分之一，也是人类生活联系最为密切的大气圈层，其在全球水循环、灾害天气形成与演变、大气辐射和能量平衡中扮演着极为重要的角色。气温、气压、水汽、大气加权平均温度(Atmospheric Weighted Mean Temperature, T_m)、对流层天顶延迟(Zenith Total Delay, ZTD)和天顶湿延迟(Zenith Wet Delay, ZWD)等均属于对流层关键参量，其中对流层延迟(ZWD/ZTD)是影响全球导航卫星系统(Global Navigation Satellite System, GNSS)、甚长基线干涉测量(Very Long Baseline Interferometry, VLBI)、卫星激光测距(Satellite Laser Ranging, SLR)、卫星多普勒定轨定位系统(Doppler Orbitography and Radiopositioning Integrated System by Satellite, DORIS)等空间技术高精度导航定位的关键因素，也是大气科学研究的基础数据；而 T_m 不仅是 GNSS 水汽探测的关键参数，也是对流层延迟模型计算 ZWD 信息的重要因子。ZWD、ZTD 和 T_m 等对流层关键参量极易受到气象因子、地形和纬度等因素的影响，具有显著的季节特性和空间特性。而且，对流层关键参量在垂直方向上的变化远大于其在水平方向上的变化。随着 GNSS 导航定位及 GNSS 水汽探测对实时、高精度对流层关键参量的要求日趋增强，对流层关键参量的实时高精度全球模型构建成了近年来的研究热点。

1.1 对流层关键参量概述

1.1.1 对流层简介

地球大气主要是由干大气、大气中所含微粒及水汽组成，地球大气层一般可描述为由对流层、平流层和电离层组成，或者由中性大气层和电离层组成(图 1-1)。对流层作为地球近地空间环境最重要的组成部分之一，是最接近地球表面的一层大气，也是大气的最下层。其集中了地球大气中 90%以上的水汽质量和约 75%的大气质量，是人类生活联系最为密切的大气圈层，且在全球水循环、大气辐射和能量平衡中充当着极为重要的角色。

对流层中包含了多种气体，如二氧化碳、氧、氮、氢和水蒸气等，其中水汽在大气运动中扮演着重要角色，对天气变化起着指示作用。由于对流层中大气质量受地球引力作用，在垂直方向上的分布极不均匀，主要集中分布在大气层的底部。对流层中大气的密度与高度大致呈负指数关系。由于受到大气的垂直对流作用对对流层加热，使得对流层顶以下的温度随着高度增加表现为常数下降，平均的温度递减率约为 6.5K/km，但在局部上空，温度偶尔会出现逆温现象。大气温度随着高度降低的结果是对流层内有强烈的对流运动，有利于水汽和气溶胶粒子等大气成分在垂直方向上的输送。对流层里集中了大气质量的3/4和几乎全部水汽，又有强烈的垂直运动，因此主要的天气现象和过程如寒潮、台风、雷雨、闪电等都发生在这一层。

在离地表十几千米高度处，温度的下降逐渐趋于缓慢甚至稍有增加。当温度递减率减小到2K/km或更小时的最低高度，就称为对流层顶层。对流层顶层厚度大约为几千米，是一个深厚的对流阻滞层，也是对流层与平流层的过渡区。一般地，对流层层顶高度随纬度变化，在低纬度地区其平均高度为17~18km，中纬度地区平均高度为10~12km，高纬度地区为8~9km，并且层顶高度也表现出一定的季节变化，夏季高于冬季。

对流层下界与地面最近，其大气密度远高于电离层，大气中水汽含量随着地面气候的变化而改变，此外，对流层顶层高度随着纬度和季节而变化，这些对对流层的大气折射研究带来了一定的困难。对流层的大气运动尺度变化大，且无规则，同时还带着大气局部湍流运动，这就导致难以用精确的模型进行预测，但是可以对其进行统计分析。由于对流层内的水汽凝结物(雨、雾、云等)及气体分子具有吸收和散射作用，当电磁波在对流层中传播时，会造成其衰减。

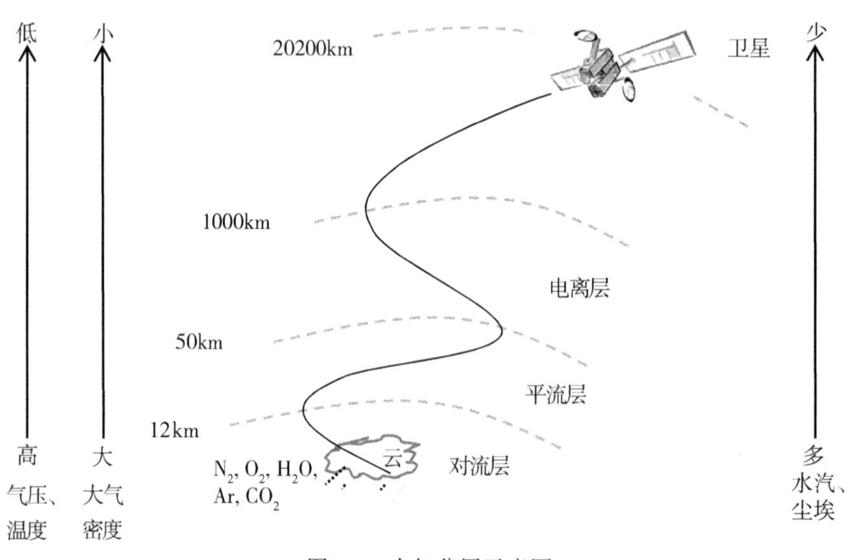

图1-1 大气分层示意图

1.1.2 对流层关键参量

气温、气压、水汽压、T_m、ZTD、ZWD和天顶静力学延迟(Zenith Hydrostatic Delay, ZHD)等均属于对流层中的关键参量。对流层中蕴含着丰富的气体，当电磁波信号穿过对流层时，会使这些电磁波信号产生延迟，即对流层延迟。而全球导航卫星系统(GNSS)信号等电磁波信号穿过对流层时，由于对流层是非色散介质，其折射率与传播信号的频率无关，所以不能采用双频观测的方法来改正对流层延迟。对流层延迟在天顶方向上约为2.3m，当卫星高度角低于15°时其延迟量可高达20m。对流层延迟可表示为静力学延迟(干延迟)和湿延迟的总和，其中静力学延迟可利用模型改正其精度，可达到毫米级

(Vedel et al., 2001; Skone et al., 2005),而湿延迟的模型改正精度较差,由于其与对流层中剧烈变化的水汽有关,使其难以精确模型化。此外,对流层延迟极易受到地形、纬度及其他气象因子等因素的影响,且表现出显著的季节特性和空间特性,因此对高精度对流层延迟改正模型的建立带来了巨大的挑战。

在 GNSS 相对定位中,尽管对流层延迟可通过差分法进行改正,但是当 GNSS 基线较长或者基线两端高差较大时,通过差分后仍然会存在残余的对流层延迟误差,这些残余的对流层延迟误差会对基线解算及模糊度的固定造成较大的影响(Mendes, 1999)。在 GNSS 精密单点定位中(GNSS-PPP),常使用对流层经验模型计算出 ZHD 作为先验值,将天顶湿延迟(ZWD)作为待估参数与位置参数一起解算,如果 ZHD 先验值存在误差,将会被 ZWD 参数吸收。相关研究表明,ZHD 的误差并不能完全被 ZWD 参数吸收,主要原因是在对流层斜路径延迟计算时,ZHD 和 ZWD 对应的投影函数不一致,因此,ZHD 先验值的精度会极大地影响 PPP 的收敛时间和高程方向上的估计精度,尤其在近实时/实时 GNSS-PPP 技术中,其影响更为突出(Lu et al., 2017)。此外,对流层延迟误差对高程方向的影响比平面位置更为显著,1mm 的对流层延迟误差对平面坐标将引起约 0.1mm 的误差,其对高程方向将引起约 2~6mm 的误差(Santerre, 1991)。由此可见,对流层延迟误差是影响 GNSS 高精度导航定位的主要因素,尤其在高程分量上。那么,针对这些问题,研究消除或削弱 GNSS 导航定位中的对流层延迟误差显得尤为重要。

当前,对流层延迟误差消除的主要方法有:

1. 参数估计法

将对流层延迟和位置参数等一起当作待估参数进行平差解算,该方法精度可达到毫米级,其主要应用于 GNSS 长基线和 GNSS-PPP 技术中,目前 GNSS 国际服务中心(IGS)提供的对流层延迟产品就是基于该方法计算获得的。

2. 差分法

该方法适用于小范围和地形起伏较平坦的地区,如 Steffen 等(2005)在监测高山地区的边坡时发现,如果两个 GNSS 站间的高差为 900m,则会引起高达 6cm 的对流层延迟残差。

3. 模型修正法

模型修正法目前主要可分为需要输入气象参数的模型(如 Saastamoinen 和 Hopfield 等模型)和不需输入气象参数的模型(非气象参数模型),非气象参数模型主要有 UNB 系列模型(Collins et al., 1997; Leandro et al., 2006, 2008)和 GPT 系列模型(Böhm et al., 2007, 2015; Lagler et al., 2013)等。在输入实测气象参数的情况下,Saastamoinen 和 Hopfield 等经典模型可获得较高的精度,如果只输入标准气象数据,其精度难以满足 GNSS 高精度导航定位要求;而 UNB 系列模型和 GPT 系列模型使用时不依赖实测的气象参数,已广泛应用于 GNSS 导航定位中,这些模型是全球经验模型,尽管在全球范围内取得了较好的平均精度,但其在某些特定区域使用时会存在较大的偏差。

4. 外部修正法

外部修正法主要借助于外部气象设备如水汽辐射计来计算 GNSS 对流层延迟,该方法获取的对流层信息精度高,但是价格较昂贵,难以用于常规 GNSS 定位。

近年来，利用欧洲中尺度预报中心(ECMWF)和美国环境预报中心(NCEP)等机构提供的大气再分析资料来计算对流层延迟信息获得了广泛关注(Song et al., 2011；陈钦明等, 2012；姚宜斌等, 2015a；Li et al., 2018；Sun et al., 2019a)，该方法可获得较为精确的对流层延迟信息，但是需要依靠高精度、高时空分辨率的对流层垂直剖面模型将格网点处的信息插值到GNSS站点处。

综上所述，对流层延迟作为对流层关键参量之一，是影响GNSS、VLBI、SLR及DORIS等空间技术高精度导航定位的关键因素。因此，开展无需气象参数、高精度、高时空分辨率的全球对流层垂直剖面函数模型及对流层延迟模型的精化研究，可为高精度卫星导航定位及大气研究提供重要的数据源，对提升GNSS导航定位及GNSS水汽探测水平具有重要的科学和现实意义。

作为对流层的另外一个关键参量——T_m，其不仅是GNSS水汽探测的关键参数，也是Askne对流层延迟模型(Askne et al., 1987)计算ZWD信息的重要参数。在对流层低层大气中，水汽是灾害性天气形成与演变的关键因子，也是天气、气候变化发生和进程中的主要驱动力，其在全球能量平衡、水循环和大气辐射中发挥了极其重要的作用(Wang et al., 2007；Wang et al., 2009；Jin et al., 2009)。因此，掌握全球水汽变化的精细时空特性有利于监测全球的水汽循环，可为暴雨、台风和干旱等极端天气的监测和预报提供重要数据源，对提升气象预报水平和全球气候变化研究均具有显著的现实意义。而大气中的水汽极易受到地形和季节等因素的影响，使其在空间分布上具有不均匀性和在时间上存在快速变化等特性。传统的水汽监测手段主要依赖于探空气球、水汽辐射计和卫星监测等观测技术，而这些技术获取的水汽信息存在时空分辨率低下、设备价格昂贵等不足，难以满足现代气象学发展对低成本、高精度、高时空分辨率水汽信息的需求。而GPS技术的出现及其广泛应用较好地弥补了这些缺点。自从Bevis等(1992)首次提出采用GPS观测值来遥感大气水汽(Precipitable Water Vapor, PWV)信息后，利用GPS/GNSS技术进行水汽探测获得了广泛关注(Bevis et al., 1994；Rocken et al., 1997；Baltink et al., 2002；Bock et al., 2005；Deeter et al., 2007；Li et al., 2015；Manandhar et al., 2017；Huelsing et al., 2017)，主要是作为GNSS高精度应用之一的GNSS水汽探测也具备了GNSS技术的优点，如价格低廉、高精度和高时空分辨率等。近年来，随着GNSS技术的发展，GPS/GNSS水汽探测技术也得到了飞速发展。GPS/GNSS水汽探测技术的主要发展历程如下：在卫星观测系统数量上，其步入了从单卫星系统到多GNSS；在时间尺度上，其实现了从事后GNSS水汽探测到实时探测；在空间尺度上，其从区域尺度拓展到全球尺度。同时，作为GNSS水汽探测的关键参数之一的大气加权平均温度，其模型的构建也得到了极大关注。大气加权平均温度模型主要经历了以Bevis公式(1992)为代表的单因子线性模型到多因子线性/非线性模型的转变，完成了从区域模型到全球模型的拓展和实现了从气象参数模型到非气象参数模型(即事后到实时)的跨越。尽管如此，当前已有大气加权平均温度模型的模型表达式未同时顾及高度和纬度的变化。研究表明，大气加权平均温度与高度和纬度均表现出较强的相关性(Yao et al., 2014a；He et al., 2017)。随着全球GNSS监测站的数量不断增多，这些监测站积累了长期的GNSS观测数据，可为全球气候、极端天气的进程及短临预报等气象研究提供高精度、近实时(实时)、高时间分辨率的GNSS水汽信息。而大气加权平均温度是影响高精度 GNSS 水汽估计的关键因素之一，因此，亟须对全球大气加权平均温度模型进行精化，构建全球高精度、实时的大气加权平均温度模型，对改善全球 GNSS 水汽估计精度和促进 GNSS 气象学的应用均具有重要的现实意义。

1.2 对流层关键参量模型构建发展现状分析

对流层关键参量主要包括气温、气压、水汽压、对流层延迟和大气加权平均温度及其对应的垂直剖面函数等。本节内容主要围绕高精度全球对流层天顶延迟模型、对流层垂直剖面模型和大气加权平均温度模型的国内外研究现状，分析并探讨当前对流层关键参量模型存在的问题。

1.2.1 对流层延迟建模研究进展

对流层延迟是影响 GNSS、VLBI 和 SLR 等空间技术高精度导航定位的重要因素，也是大气科学研究的基础数据(对流层延迟信息可直接用于数值同化)。当前，在 GNSS 导航定位中主要采用对流层延迟模型来提供天顶对流层延迟信息。对流层延迟模型主要可分为两大类：一是需要依赖实测气象参数的模型，二是非气象参数模型(不需要实测气象参数的模型，即经验模型)。

在依赖实测气象参数的对流层延迟模型中，国际上比较经典的有 Hopfield、Saastamoinen 和 Black 等对流层延迟模型，其计算对流层延迟信息时，通常将 ZHD 和 ZWD 分开进行计算。Hopfield(1969)利用全球 18 个探空剖面资料构建了国际上第一个基于实测气象参数的对流层延迟模型——Hopfield 模型，该模型计算对流层延迟信息时需要输入气温、气压、水汽压和测站位置等参数。Saastamoinen(1972)以美国标准大气模型为基础也建立了基于实测气象参数的对流层延迟模型——Saastamoinen 模型，该模型将对流层分为两层，即在第一层中假设温度垂直递减率呈线性变化，而在第二层中温度垂直递减率为一常数，该模型也是利用气温、气压、水汽压、测站高度和纬度等参数分别计算 ZHD 和 ZWD，从而得到 ZTD。Black(1978)对 Hopfield 模型进行改进，构建了较为著名的 Black 模型。Ifadis(1986)构建了顾及气压、气温和水汽压等气象参数的 ZWD 模型——Ifadis 模型。Askne 等(1987)也建立了与大气加权平均温度、水汽压和水汽压递减率等气象参数有关的新 ZWD 模型——Askne 模型，该模型在输入实测气象参数的前提下能取得较好的 ZWD 计算精度，模型建立初期，由于大气加权平均温度不易获取，因此该模型的推广应用受到一定的限制。相关文献表明，Hopfield 和 Saastamoinen 等模型估计的对流层延迟信息的精度与非气象参数对流层延迟模型相比其优势并不明显，甚至更差(曲伟菁等，2008)，由于对流层层顶高度跟纬度有关，且对流层延迟具有显著的季节变化特性，因此上述模型参数的时空分辨率偏低，导致模型的精度受到限制。Ding 等(2016)以全球 GNSS 服务机构(International GNSS Service，IGS)提供的高精度 GNSS-ZTD 产品为参考值，分析了 Saastamoinen 模型计算 ZTD 与其相减获得的残差时间序列，并利用 BP 神经网络算法对残差进行建模，进而构建了基于实测地表气象参数的 ZTD 新模型(简称 ISAAS 模型)，结果表明新模型预报 ZTD 的精度相比于 Saastamoinen 模型提高了 12.4%。Yao 等(2018a)利用全球探空资料分析发现 ZWD 与水汽压具有较强的相关性，尤其在陆地区域和高纬度地区，在此基础上利用 ECMWF 再分析资料构建了顾及水汽压和 ZWD 季节变化的全球 2.5°×2.5°分辨率的 ZWD 格网模型(简称 GridZWD 模型)，新模型与 Saastamoinen，Hopfield 和 GPT2w 模型(Böhm et al.，2015)相比，其性能提升了近 10%～30%。然而，这些模型若要获得较好的对流层改正效果需依赖实测的气象参数，而 GNSS 监测站建立的最初目标是用于大地测量与地球动力学研究，大部分 GNSS 接收机上并未配有气象传感器设备，从而限制了它们在实时导航定位中的应用。因此，近年来对依赖实测气象参数模型研究的关注度有所降低。

随着 GNSS、VLBI 等空间技术广泛应用于各类空间飞行器的导航定位和制导，为了满足对流层延迟应用需求的实时性，利用大气再分析资料构建大区域或者全球的非气象参数对流层延迟模型(对流层经验模型)获得广泛关注，如 UNB 系列模型、EGNOS 模型和 GPT 系列模型等。Collins 等(1997)利用大气再分析资料建立了 UNB3 模型，该模型已应用于美国的广域增强系统(Wide Area Augmentation System，WAAS)，其在全球的平均精度与顾及实测气象参数的 Hopfield 和 Saastamoinen 模型的精度相当，当在高程大于 1km 以上区域使用时，其 ZTD 改正性能优于 Hopfield 模型。EGNOS 模型是欧盟星基广域增强系统(the European Geo-stationary Navigation Overlay System，EGNOS)采用的对流层延迟模型，该模型通过对 UNB3 简化得到(Penna et al.，2001)，EGNOS 模型无需实测气象参数，其在计算 ZTD 时只需输入时间和测站位置，因此成为目前全球广泛应用的对流层延迟模型。Leandro 等(2008)利用相对湿度代替了 UNB3 模型参数表中的水汽压，建立了 UNB3m 模型，该模型能有效改善对流层湿延迟的估计。Leandro 等(2009)对 UNB3m 模型继续精化，建立了 UNBw.na 模型，该模型能描述有限区域内对流层延迟的精细空间变化特征，但是其参数表的建立过程较复杂，且只适用于北美地区。尽管 UNB 系列模型和 EGNOS 模型摆脱了对实测气象数据的依赖，极大地方便了用户的使用，但这些模型存在气象参数表过于简单、时空分辨率偏低等不足。针对上述模型空间分辨率不足等问题，Krueger 等(2004)利用 NCEP 大气再分析资料建立了 1°×1°水平分辨的 TropGrid 模型，该模型在全球范围内使用的平均精度相比于 EGNOS 模型提高了 25%。Schüler(2014)在 TropGrid 模型中增加了对流层延迟的日周期变化，利用多年全球数据同化系统(GDAS)数值天气模型数据构建了 TropGrid2 模型，该模型能提供大气加权平均温度、对流层湿延迟等其他对流层关键参数，改善了模型的时间分辨率，但是其忽略了对流层延迟的半年周期变化。Takeichi 等(2010)基于数百个 GNSS 观测站精密提取的对流层延迟信息构建了适用于日本地区的格网 ZTD 改正模型——TGPs 模型，GNSS 用户可通过协议获取格网点的 ZTD 改正信息，该模型具有较高的精度。为了更好地满足卫星大地测量的大气修正，Böhm 等(2007)利用 ECMWF ERA-40 资料结合球谐函数建立了全球气压和温度模型(GPT 模型)。GPT 模型已在全球 GNSS 精密数据处理中得以广泛应用，当前的 GAMIT 和 Bernese 等高精度 GNSS 数据处理软件均采用了该模型，但是该模型只顾及了温度和气压的年周期变化。针对上述不足，Lagler 等(2013)结合了 GPT 和 GMF 模型(Böhm et al.，2006)，并在 GPT 的模型方程中增加了半年周期变化，利用 10 年 ECMWF 月均再分析剖面资料发展了全球格网对流层延迟模型——GPT2 模型。GPT2 模型可提供水平分辨率为 5°×5°的温度、压强及其递减率等对流层关键参数。Böhm 等(2015)对 GPT2 模型进一步改进得到水平分辨率高达 1°×1°的 GPT2w 模型，该模型相对于 GPT2 模型不仅提高了模型参数的水平分辨率，还增加提供了水汽压递减率和大气加权平均温度信息。尽管 GPT 系列模型在 GNSS、VLBI 等空间定位技术中得到广泛应用，但是 GPT 系列模型建模时采用的是 ECMWF 月均剖面资料，难以描述气象参数的日周期变化。总之，模型的垂直分辨率和时间分辨率仍有待提高。

随着国外在对流层延迟模型方面的研究及应用的不断深入，国内研究人员也开展了相应的研究，并取得了丰硕的成果。诸多学者利用 GNSS 观测值精密估计的对流层天顶延迟信息提出了不同区域的对流层延迟插值方法(王潜心等，2010；张小红等，2012；张宝成等，2012；尹慧芳等，2013；Zheng et al.，2018)和构建了高精度的区域性对流层延迟模型(熊永良等，2005；殷海涛，2006；戴吾蛟等，2011；姚宜斌等，2012；刘立龙等，2012；黄良珂等，2012，2013；钱闯等，2014；丁茂华等，2017)。此外，Yao 等(2019)结合 GNSS 观测值、气象数据和 GPT2w 模型构建了一个实时的区域多源融合对流层延迟模型。这些方法和模型具有较高的修正精度和时空分辨率，但是在其他区域的应用有待验证。与此同时，在大区域或全球范围内的对流层延迟模型构建方面，也开展了较为广泛的研究。Song 等(2011)利用多年 ECMWF 大气再分析资料，构建了适用于中国区域的对流层天顶延迟模型(简称 SHAO 模型)，其在中国地区的改正精度相对于 EGNOS 模型提升了 60.5%。黄良珂等(2014，2017)使用数年 IGS 站的高精度对流层天顶延迟数据对 EGNOS 模型在亚洲地区进行了单站精化，构建了亚洲地区的精化模型(SSIEGNOS 模型)，SSIEGNOS 模型能取得较好的单站 ZTD 改正效果，且在长期的 ZTD 预报中能保持稳定的性能。Liu 等(2017)构建了亚洲地区的 GPT2/GPT2w 与 Saastamoinen 的两个组合模型，即 GPT2+S 和 GPT2w+S 组合模型，结果表明，GPT2w+S 的 ZTD 计算精度优于 GPT2+S 组合模型，1°×1°水平分辨率的 GPT2w+S 模型的 ZTD 改正性能略优于 5°×5°水平分辨率的 GPT2w+S 模型。李薇等(2012)在分析 ZTD 的时空特性基础上，利用多年的 NCEP 再分析资料建立了一种全球格网 ZTD 新模型——IGGtrop 模型，该模型顾及了对流层延迟随经纬度和高程的变化，在全球范围内获得了较好的精度。Li 等(2015)对 IGGtrop 模型进行改进，发展了 IGGtrop_r_i(i=1，2，3)模型，新模型对赤道区域进行了简化，并极大地减少了模型参数，使新模型更好地应用于 GNSS(或北斗)的对流层延迟改正。毛健等(2013)利用全球 IGS 站的高精度 ZTD 产品分析了 ZTD 的精细时空特性，研究发现了 ZTD 与纬度和高程的独有特性，进而构建了全球的非气象参数 ZTD 模型，模型表现出较好的 ZTD 修正效果。姚宜斌等(2013)利用全球大地观测系统(Global Geodetic Observing System，GGOS)大气中心提供的 2°×2.5°(纬度×经度)分辨率的 ZTD 格网数据，结合球谐函数构建了全球非气象参数 GZTD 模型，随后其采用不同的建模思路建立了两种全球精化模型：GPT2+Saas 模型和 GZTDS 格网模型(姚宜斌等，2015a)，这些模型表现出了良好的对流层修正效果。此外，姚宜斌等(2015b)先后构建了高时间分辨率的 GZTD-6h 模型和 ITG 格网模型(Yao et al.，2015b)。GZTD-6h 模型顾及了 ZTD 的日周期变化，相比于 GZTD 模型其精度改善较为明显，而 ITG 格网模型顾及了 GPT2 和 TropGrid2 模型存在的不足，有效改善了新模型的精度，并提高了时间分辨率。赵静旸等(2014)利用 ECMWF 中心提供的 ERA-Interim 资料，构建了顾及垂直剖面函数的全球非气象参数对流层延迟模型(SHAO-H 模型)，该模型具有精度稳定、可适用于任意高度对流层延迟修正等优点。姚宜斌等(2016)联合 GGOS 大气格网 ZTD 和 IGS 中心提供的精密 ZTD 产品，在顾及对流层垂直剖面改正的基础上，以 Delaunay 三角网的形式存储模型参数，进而构建了多源数据联合的全球 ZTD 模型，新模型表现出全球适用和区域增强的优点。Sun 等(2017)基于非线性假设，利用 GGOS 大气 ZTD 格网产品，采用 GZTD 模型(姚宜斌等，2013)的 ZTD 垂直剖面函数，构建了顾及 ZTD 年周期、半年周期、4 个月变化和季度变化的全球 ZTD 格网模型(GZTDS 模型)，并结合 GZTDS 和 VMF1 模型建立了 GSTDS 模型，结果表明 GZTDS 模型计算 ZTD 的性能与 GPT2w 模型相当。Li 等(2018)顾及了 ZTD 垂直剖面函数的精细季节变化，分别采用指数函数和多项式函数去表征 ZTD 垂直剖面函数的平均值和振幅，其振幅按纬度进行分段表达，最终构建了两个非气象参数的 ZTD 模型，即 IGGtrop_SH 模型和 IGGtrop_rH 模型，这两个新模型均表现出良好的 ZTD 改正性能，IGGtrop_SH 模型的性能略优于 IGGtrop_rH 模型；此外，相对于 IGGtrop 模型，IGGtrop_SH 模型对其在北半球表现出显著的改善。

近年来，大气再分析资料不仅在对流层延迟模型构建方面发挥了重要作用，其积分计算的对流层延迟信息直接用于 GNSS 定位中的对流层大气改正也引起了极大关注(Lu et al., 2016a; Zheng et al., 2018)，尤其是利用大气再分析资料计算的对流层延迟信息能显著改善北斗卫星导航系统(BDS)/GNSS PPP 的定位精度和缩短其收敛时间(Lu et al., 2017)。然而，GNSS 站与其周边的 4 个大气再分析资料的格网点高程并不一致，那么在利用大气再分析资料格网点插值获取 GNSS 站点处的对流层延迟信息时需要对其进行高程归算，而对流层垂直剖面模型是高精度对流层延迟高程归算的关键。同时，高精度对流层垂直剖面模型也是构建高精度对流层延迟模型的基础。因此，在对流层高程归算中，高精度、高时空分辨率的对流层垂直剖面函数显得尤为重要。虽然上述部分对流层延迟模型已构建了相应的对流层垂直剖面函数模型，但是其时空分辨率仍然偏低。为此，Yao 等(2018b)利用 ECMWF 资料构建了全球水平分辨率为 5°×5°的格网 ZWD 分段垂直剖面模型——HZWD 模型，该模型表现出较高的 ZWD 高程改正精度，HZWD 的时空分辨率和稳定性均优于 GPT2w 和 UNB3m 模型。Hu 等(2019)分析了基于指数函数和高斯函数的 ZTD 垂直剖面函数的精度，最终结合高斯函数和 ECMWF ERA-Interim 月均资料构建了水平分辨率为 5°×5°的顾及季节变化的全球格网 ZTD 垂直剖面函数模型，新模型具有优异的 ZTD 高程改正性能。Sun 等(2019a)利用长期的 ERA-Interim 数据分析了 ZHD 和 ZWD 的垂直递减率函数的长期线性趋势、年周期和半年周期变化，在此基础上构建了顾及上述精细季节变化的水平分辨率为 1°×1°的全球 ZHD、ZWD 和加权平均温度垂直递减率函数格网模型，进而构建了新的全球格网对流层模型(GTrop 模型)，结果表明该模型的精度优于 GPT2w 模型，极大地改善了其在高海拔地区的 ZHD 估计精度。尽管如此，已有对流层垂直剖面模型构建时仅采用了单一格网点数据及月均剖面信息，因此全球对流层垂直剖面模型的模型参数仍有待进一步优化。

1.2.2 大气加权平均温度建模进展

GNSS 水汽具有近实时/实时、高精度、高时空分辨率、低成本等优点，已经广泛应用于暴雨、台风和强对流等极端天气的分析与临阵预报。T_m 是 GNSS 水汽反演的关键参数之一，与此同时，T_m 信息的精度也是影响高精度 GNSS 水汽获取的重要因素。在 GNSS 水汽探测中，尽管可以采用探空资料或大气再分析资料来积分计算 T_m，但是这些资料的发布具有一定的时延性，同时为了提高 T_m 的计算效率及为用户提供方便，需要建立一个 T_m 模型来满足 GNSS 水汽反演的要求。T_m 模型也主要分为两类：基于实测气象数据的模型和非气象参数模型。

Bevis 等(1992)首次在国际上提出 GPS 气象学的概念，并分析了在北美地区 T_m 与地表温度(T_s)具有较强的相关性，由此建立了著名的 Bevis 线性回归公式($T_m = a + bT_s$)。由于该模型方程的系数具有显著的季节和局地性，若要在其他地区使用获得高精度的 T_m 值，需要根据当地的探空资料对 Bevis 公式的系数重新估计(Bevis et al., 1992; Ross et al., 1997; Emardson et al., 1998)。随着 GPS/GNSS 水汽探测技术的不断发展，Bevis 公式的局地精化及基于实测气象参数的 T_m 模型的构建得到了极大的发展。李建国等(1999)研究了适合于中国东部地区和不同季节的关于 T_m 和 T_s 的线性回归方程，进而构建了适用于中国东部地区的 T_m 线性模型。陈永奇等(2007)利用中国香港探空站的多年探空资料构建了 T_m 和 T_s 的线性模型，该模型计算 T_m 的精度优于 Bevis 公式，并将其用于中国香港地区的 GPS 水汽估计。于胜杰(2009)分析了 Bevis 公式与高度的关系，在此基础上建立了可以适用于中国不同地区、不同海拔范围的 T_m 公式，研究结果发现当测站高程从几米到几千米变化时，精化后的模型与 Bevis 公式估计的 T_m 存在较大的差异。王勇等(2009)利用武汉地区的探空数据构建了武汉地区的 T_m 精化模型。单九生等(2012)利用江西两个探空站 12 年的探空数据构建了江西本地化 T_m 模型，该模型在江西地区的精度优于武汉地区的 T_m 模型，将其应用于江西地区的 GPS 水汽反演，获得了较高精度的 GPS 水汽信息。王晓英等(2011, 2012)分析了 T_m 与 T_s 和水汽压(e_s)的相关性，在此基础上建立了中国的 T_m 线性模型；此外，研究了 T_m 模型的季节性变化以及单气象因子与多气象因子得到的 T_m 回归模型之间的差异，针对缺少探空资料的区域，提出利用 ECMWF 大气再分析资料来构建局地的 T_m 线性模型。万蓉(2012)利用湖北及其附近的多个探空站资料，建立了湖北地区的 T_m 模型，并将其服务于该地区的 GPS/GNSS 水汽估计。Qin 等(2012)建立了适用于青藏高原地区的 T_m 与多气象因子相关的线性回归模型。龚绍琦(2013)利用中国区域 123 个探空站 3 年的资料分析了 T_m 与站点位置、T_s、e_s 和地表气压(P_s)的关系，对整个中国区域、中国区域按照气候分区和季节分区分别构建了相应的单气象因子和多气象因子的 T_m 模型，这些模型基本可用于中国地区的 GPS 水汽探测。张洛恺等(2014)利用郑州探空站剖面信息详细分析了 T_m 与 T_s、P_s、e_s 的相关性，进而构建了该地区的单因子和多因子的 T_m 模型。李黎等(2017)基于湖南地区 3 个探空站资料，构建了该地区的 T_m 与 T_s 本地化线性模型，新模型的性能优于 Bevis 公式，其能更好地适用于该地区的 GPS 气象服务。为了开展广西地区的 GPS/GNSS 水汽反演，Liu 等(2012)利用分布于广西地区的 4 个探空站资料，分别建立了广西 4 个城市的 T_m 线性模型和整个广西地区的 T_m 线性模型，并且分析了上述月均模型和年均模型的差异，结果表明构建的覆盖整个广西地区的 T_m 线性模型的精度要优于单一探空站构建的模型，且新模型的性能显著高于 Bevis 公式和中国区域已有 T_m 线性模型，新模型在广西地区 GNSS 水汽反演中获得了良好的效果。随后，Tang 等

(2013)和谢劭峰等(2017)继续对广西地区的 T_m 模型进行了精化。此外，针对广西地区探空站稀少的问题，陈发德等(2017)结合 GGOS 大气格网 T_m 产品，以探空站计算 T_m 信息为参考值获得 GGOS 大气 T_m 的残差序列，利用小波去噪算法构建了广西地区的 T_m 插值新模型，相比于 Bevis 公式和 GPT2w 模型，新模型显著地提升了 T_m 的计算精度。以上 T_m 模型基本是根据局地的无线电探空数据建立的，因此其在特定区域使用能取得较好的效果，但是不能适用于全球范围内。为了在全球范围内开展 GPS/GNSS 水汽探测研究，需构建一个全球适用的 T_m 模型。为此，Yao 等(2014a)利用 ECMWF 再分析资料分析了全球 T_m 与 T_s 的相关性，在此基础上按照一定的纬度间隔划分，构建了全球各个纬度范围内 T_m 与 T_s 的分区模型，新模型在全球表现出良好的性能。与此同时，Yao 等(2014b)分析了 T_m 与 T_s、P_s、e_s 在全球范围内的相关性，最终构建了全球 T_m 单气象因子模型和 T_m 多气象因子模型，这两个模型都取得了较好的效果。Ding(2018)基于神经网络算法建立了新的全球 T_m 模型(简称 NN 模型)，新模型只需输入 T_s 信息，其在实测 T_s 数据的支持下能取得较好的精度。姚宜斌等(2019b)针对 Bevis 公式在高海拔地区使用存在较大偏差的问题，研究了全球近地空间范围内(0~10km)的 T_m 与大气温度的相关性，建立了基于大气温度的全球 T_m 模型，新模型的模型系数顾及了年周期和半年周期变化，其在任意高度上计算 T_m 值均具有较高的精度。由于全球大多数 GNSS 站最初建立的目的是用于大地测量研究，并非用于 GNSS 水汽探测，因此，这些测站并未安装气象传感器。那么，基于实测气象参数的 T_m 模型难以用于实时的 GNSS 水汽探测。

为了满足实时 GNSS 水汽探测的要求，需要构建一个非气象参数 T_m 模型(经验模型)来提供实时的 T_m 信息。Emardson 等(2000)利用欧洲地区的探空资料构建了顾及纬度与 T_m 年周期变化的 T_m 经验模型，该模型可以用于实时的 GNSS 水汽探测。姚朝龙等(2015)利用中国低纬度地区的无线电探空站资料分析了 T_m 与高程的关系，在 Emardson 模型中加入了高程因子，进而构建了中国低纬度地区顾及地形变化的 Emardson 改进模型，改进模型与原模型相比，其精度显著提高。随后，刘立龙等(2016)和陈香萍等(2018)利用探空资料分别在新疆地区和青藏高原地区对 Emardson 模型系数进行重新估计(模型精化)，并分析了精化后的模型在这两个地区的适用性。针对中国西南地区地形起伏较大的情况，黄良珂等(2019)利用多年探空数据分析了 T_m 在高程上的变化，在该地区对 Emardson 模型进行精化，进而构建了两个精化模型，即顾及高程因子的 Emardson 精化模型(Emardson-H)和未顾及高程因子的 Emardson 精化模型(Emardson-I)，结果表明 Emardson-H 模型的性能优于 Emardson-I 模型。Zhang 等(2017)利用 ECMWF ERA-Interim 资料构建了中国的 T_m 新模型，新模型表现出良好的适应性。Liu 等(2018)从对流层层顶高度、地表温度及其递减率等角度出发进行公式推导，从而构建了与 T_s 相关的中国区域 T_m 新模型(简称 T_m 标准模型)，T_m 标准模型与 T_m 线性模型相比表现出更稳定的性能。Sun 等(2019b)利用 ECMWF 中心提供的最新的高时空分辨率的 ERA5 再分析资料，建立了水平分辨率为 0.5°×0.5°、时间分辨率为 1 小时的中国区域对流层格网新模型，新模型可提供 ZHD、ZWD 和 T_m 信息，相对于 GPT2w 模型，新模型能较好地捕获对流层延迟和 T_m 信息的日变化。尽管上述区域模型在当地应用均能取得较好的效果，但是在全球范围内使用有待进一步验证。

为了进一步开展全球实时 GNSS 水汽探测的研究，Yao 等(2012)利用全球探空站数据建立了一个基于测站位置和年积日的首个全球加权平均温度新模型(GWMT 模型)。由于 GWMT 模型构建采用的是陆地上的探空站，在海洋上缺乏建模资料，因此该模型在海洋地区存在系统偏差。随后，Yao 等(2013)对 GWMT 模型进行改进，建立了第二代全球 T_m 模型，即 GT_m-Ⅱ模型，该模型很好地消除了 GWMT 模型在海洋地区的系统误差。Chen 等(2014)利用 NCEP 再分析资料构建了顾及 T_m 年周期和半年周期变化的全球 T_m 新模型，新模型在全球取得了较好的全球精度。与此同时，Yao 等(2014c)在 GT_m-Ⅱ模型方程中增加了 T_m 日周期参数，并利用 GGOS 大气格网 T_m 数据进行建模，最终建立了全球 T_m 新模型(GT_m-Ⅲ模型)。此外，Yao 等(2015a)利用 GGOS 大气格网数据继续对 GWMT 模型进行精化，进而构建了新一代全球 T_m 模型——GWMT-G，新模型较多地解决了 GWMT 模型在海洋地区的异常问题。由于大多数全球 T_m 模型在构建时并未顾及 T_m 的垂直递减率，为此，He 等(2017)建立了一个顾及 T_m 高程和 T_m 季节变化的全球 T_m 新模型——GWMT-D 模型，该模型在不同高度上均取得了较好的效果。Manandhar 等(2017)分析了 GNSS 水汽转换系数(仅与 T_m 有关的函数)的时空特性，研究发现转换系数与纬度存在非线性变化，最终构建了与纬度和年积日有关的全球水汽转换系数新模型，新模型具有较少的模型参数，且能满足 GNSS 水汽反演的精度要求。姚宜斌等(2019a)利用 ECMWF 再分析资料分析了 T_m 的垂直剖面变化，发现其在 0~10km 范围内表现为一定的非线性变化关系，在此基础上构建了顾及 T_m 非线性垂直剖面函数的全球 T_m 新模型(GT_m-H 模型)，新模型与 GT_m-Ⅲ模型相比，其性能提升了 20%以上。此外，GPT2w 对流层模型(Böhm et al., 2015)、ITG 对流层模型(Yao et al., 2015b)和 GTrop 对流层模型(Sun et al., 2019a)也能为全球提供比较精确的 T_m 信息。尽管上述模型均表现出各自的优越性，但是在全球 T_m 模型方程的完善及建模数据源的使用方面仍有待进一步研究。

第2章　对流层关键参量计算原理与方法

对地观测技术的发展，极大地丰富了卫星导航定位观测数据、卫星遥感数据和气象观测数据。丰富的数据源也强有力地推动了对流层关键参量的精细建模及 GNSS 气象学的发展。而高精度、高时空分辨率的对流层关键参量模型的构建需依赖于高精度、高时空分辨率的观测数据。

本章首先详细介绍了对流层关键参量研究中所涉及的数据来源；其次，阐述了利用数据和模型来计算对流层延迟信息、大气加权平均温度和大气可降水量等对流层关键参量的原理和方法。

2.1　常用数据源简介

2.1.1　IGS 精密对流层产品

国际 GNSS 服务(International GNSS Service，IGS)是一个由超过 200 个组织参与的国际协作机构，于 1993 年由国际大地测量协会负责组建。IGS 主要由卫星跟踪站网、分析中心、中央局和管理委员会等组成。IGS 中心从 1994 年开始免费提供全球 IGS 跟踪站的观测数据及其 IGS 的各种产品(https：//cddis. nasa. gov/archive/gnss/products/)，旨在为全球大地测量与地球动力学的研究提供重要数据产品。IGS 的产品主要包括卫星星历(广播星历、超快星历、快速星历和最终星历)、卫星钟差及其 IGS 跟踪站的接收机钟差信息、全球 IGS 站的三维坐标及其变化率数据、地球自转参数和大气参数(对流层延迟信息和电离层 VTEC 格网数据)等产品。自 2013 年 4 月开始，IGS 中心可向全球 GNSS 用户提供高精度、实时的卫星轨道信息和卫星钟差产品，从而踏入了 GPS/GNSS 实时精密单点定位技术(Real-time Precise Point Positioning，RT-PPP)的新时代(Chen et al.，2013)。IGS 中心可向用户免费提供全球 IGS 站的精密对流层天顶延迟产品，该产品的时间分辨率为 5min，精度为 1. 5~5mm(Byun et al.，2009)。近年来，IGS 精密对流层延迟产品在 GNSS 对流层延迟模型的构建与检验、GPS/GNSS 估计 ZTD 的精度验证、大气再分析资料计算 ZTD 的精度评估及 GNSS 水汽反演中得到了广泛的应用。目前，IGS 中心包含了数千个 GNSS 基准站，其部分 IGS 基准站点位分布如图 2-1 所示。

2.1.2　中国大陆构造环境监测网络对流层产品

中国大陆构造环境监测网络(Crustal Movement Observation Network of China，CMONOC，简称陆态网络)是“十一五”期间国家建设的重大科技基础设施，由中国地震

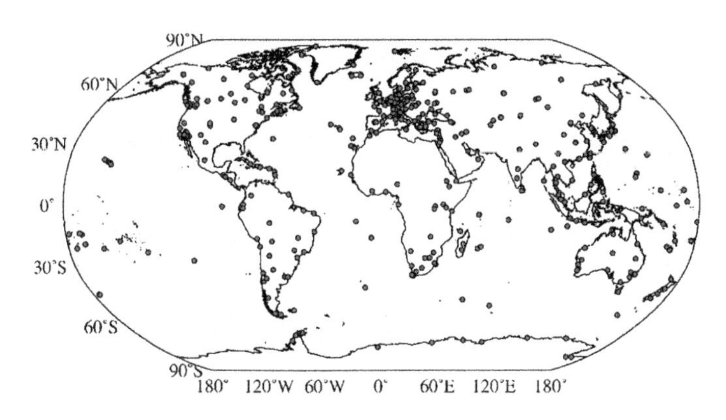

图 2-1 全球部分 IGS 基准站点位分布

局、总参测绘局、中国科学院、(原)国家测绘局、中国气象局和教育部等六部委联合共同承担建设，于 2006 年 10 月立项，2007 年 12 月正式开工建设，2012 年 3 月通过国家验收。陆态网络是以全球卫星定位系统为主，辅以 VLBI、SLR 和 InSAR 等空间技术，结合精密重力和精密水准观测技术，对地球岩石圈、水圈和大气圈变化进行实时监测的国家级地球科学综合观测网络。陆态网络由 260 个连续观测的基准站、2000 个不定期观测的区域站(图 2-2)、8 套可移动基准站、34 个连续重力站、700 个重力流动站、3 个 VLBI 站、7 个 SLR 站、70 个 InSAR 角反射器站、1 个国家数据中心和 5 个数据共享子系统构成的数据系统组成，主要用于监测中国大陆地壳运动、重力场形态及变化、大气圈对流层水汽含量变化及电离层离子浓度的变化，为研究地壳运动的时空变化规律、构造变形的三维精细特征、现代大地测量基准系统的建立和维持、汛期暴雨的大尺度水汽输送模型等科学问题提供基础资料和产品。陆态网络 260 个连续站和 2000 个区域站分布如图 2-2 所示。陆态网络的高精度 ZTD 对流层产品可通过中国地震局 GNSS 数据产品服务平台(http://www.cgps.ac.cn)免费获取，该对流层产品是利用 GAMIT/GLOBK 软件对原始 GNSS 观测数据以网络解算方式处理生成的，具有较高精度及可靠性。

2.1.3 甚长基线干涉测量数据

甚长基线干涉测量(Very Long Baseline Interferometry, VLBI)在 20 世纪 70 年代基于大地测量目的而提出，是一种空间天文大地测量技术。其原理就是利用两台独立发射本振信号的射电望远镜同时对同一射电源进行观测，利用射电干涉测量原理测定信号到达两台望远镜的时间延迟及延迟量，通过信号对比，从而精确测定两站基线向量以及射线望远镜到射线源方向的一种完整空间技术。VLBI 最初用于天体物理、天体测量和空间大地测量，由于它独具的超高空间分辨率和定位精度，并能进行全天候、全天时被动观测的优点，VLBI 出现不久，就被广泛应用于航天测控、精密时间比对等新的学科领域。从 20 世纪 60 年代末起，美国、苏联、欧洲、日本等国家都逐步建立了至今仍在使用和不断完善的航天 VLBI 测控网，并已成功进行了深空观测、地球同步卫星和大椭率地球卫星轨道的精密测量，取得了极好的效果。

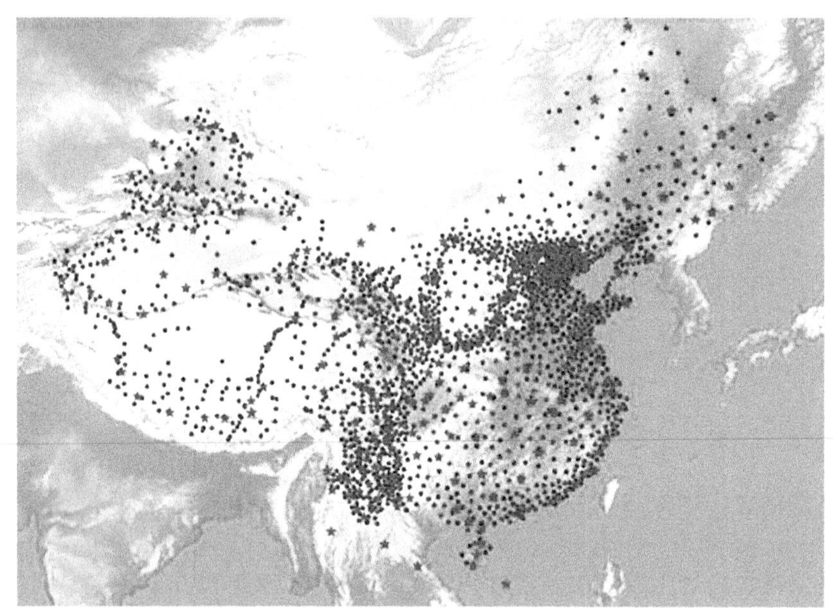

图 2-2　陆态网络 260 个连续站(深灰)和 2000 个区域站(黑色)分布图
(图片来源：中国地震局 GNSS 数据产品服务平台)

至今，VLBI 技术经过迅猛发展，先后经历了以下三个技术发展阶段：传统 VLBI、实时和准实时 VLBI 以及空间 VLBI。传统 VLBI 是 20 世纪 60 年代后期发展起来的射电干涉技术。随着通信技术的发展，现已出现了用数据通信网络代替磁带记录与传输，将数据直接传至数据中心处理。实时 VLBI 包括准实时和真实时 VLBI 两个技术层次。实时 VLBI 技术前者基于中低速通信网，需要中间存储转发设备；后者采用高速通信技术，无需中间缓存，边观测、边传输、边处理。空间 VLBI 是将地面 VLBI 技术与卫星技术相结合的新一代 VLBI 技术。它由 SVLBI 站、地面 VLBI 站、地面跟踪站和相关处理中心组成。目前 VLBI 已成为上述国家的一种常规的、不可替代的航天器精密轨道测量方法，在人造地球卫星、月球探测器、太阳系行星际探测器的高精度观测中得到了广泛应用。在对流层参数测量方面，VLBI 可通过测站天顶方向总延迟和映射函数估计对流层倾斜路径延迟进而获取相关的对流层参数信息。当前与 VLBI 相关的国际组织如下：

(1)IVS：International VLBI Service for Geodesy and Astrometry(应用于测地和天测的国际 VLBI 服务)，为全球性的 VLBI 应用于天体测量和地球动力学方面的合作组织，开展 VLBI 观测、数据处理及技术发展的国际合作并提供服务。

(2)EVN：European VLBI Network(欧洲 VLBI 网)。它首先是由欧洲国家发起成立的 VLBI 组织。自 1994 年起，中国的上海和乌鲁木齐 VLBI 站也参加了该组织，所以实质上为欧亚 VLBI 网。EVN 提供天体物理及某些天体测量课题的观测及进行 VLBI 技术发展的国际合作。

(3)APT：Asia-Pacific Telescope(亚太射电望远镜)，它由亚太地区 VLBI 组织或者台站组成，每年不定期地组织天文学和地球动力学方面的 VLBI 观测，并组织学术交流。

(4)CORE：Continuous Observation Rotation of Earth(地球自转连续观测)，它为美国NASA的一项研究计划，由美国NASA的GSFC主持，全球大多数具有天测/测地能力的VLBI台站参加了该项计划。其主要科学目的就是用VLBI技术高精度连续测量地球自转参数；同时，也为天球参考系、地球参考系的建立和维持及现代板块运动的观测提供高精度的数据。

(5)VSOP：VLBI Space Observatory Program(VLBI空间观测站计划)。它是日本文部省宇宙科学研究所主持的一项空间VLBI计划，它将一台等效口径8m的天线发射至地球卫星轨道上，构成了一个空间VLBI站，其远地点为2万余千米。全球大多数地面VLBI站均参加了该项计划的空地VLBI观测，所以它也形成了一项全球性的VLBI合作计划。

VLBI数据和相关说明可登录网站 https：//cddis. nasa. gov/archive/vlbi/进行浏览、下载。

2.1.4 COSMIC掩星数据

COSMIC计划(Constellation Observing System of Meteorology，Ionosphere and Climate，COSMIC)是由美国大学大气科学联盟(UCAR)和中国台湾空间计划局(NSPO)合作研究的空间科学项目，整个COSMIC系统是由6颗装载有高频采样的双频GPS接收机的低轨卫星组成的气象、电离层和气候的星座观测系统。COSMIC卫星的最终轨道具有72°倾角和800km高度，卫星轨道升交点在赤道上平均分布。星座每隔100分钟就能获得全球实时图，每天大约得到3000个大气垂直剖面数据，这些剖面数据包括从大约60km高度到地球表面的气象数据和大约90~180km的电离层数据，这些数据具有很多其他气象资料所不具备的优点。COSMIC计划的主要科学目标是尽可能为科学团体提供最有用的、近实时的大气层和电离层数据(在2~3h观测时段内)。其工作原理是利用低轨卫星与GPS卫星之间的掩星观测来反演大气层的折射率廓线，进而利用折射率廓线计算大气层的气压、温度和相对湿度等气象要素，因此COSMIC可以提供掩星点上空分层的气压、温度和相对湿度等气象要素的廓线资料。

在气象学领域，COSMIC数据将能够用于研究全球水汽分布以及绘制大气水汽的大气动态分布图，这在相当程度上可以对天气分析和预报起决定性作用。观测数据的高垂直分辨率将提供精确的重力位势，探测从对流层上部到平流层的重力波，以较好的精度揭示全球对流层顶的高度和形态，并加深对对流顶层与平流层的交换过程的了解。COSMIC的另一个重要目标是证实它对数值天气预报模型性能的改进，特别是对极地和海洋区域的数值天气预报的改进，将COSMIC数据同化于气象数值模型可以改进全球气象参数的精度。为了研究气候，COSMIC将长期稳定、高分辨率、高精度和广覆盖范围地监测地球的大气层，为检测气候变化、分离影响气候的自然和人为因素以及测试气候模型收集数据；利用赤道太平洋地区大气剖面数据，可以增强与厄尔尼诺事件有关的气候变化研究，这对其他远洋及深海区域亦为重要；使科学家能监测到全球大气层对局部地区事件(例如大规模的火山爆发、科威特石油火灾或印度尼西亚森林大火等)的反应。在电离层领域，COSMIC数据将为模型测试和初值假定提供稠密、精确和全球性的电子密度测量数据，从而加速空间天气物理模型的发展。同时，COSMIC得到的大量高性能电离层观测数据将推进空间天气的研究。当太阳风暴的影响在全球范围内扩散时，科学家将能够观测到全球电离层对太阳风暴影响的反应，并由此促进空间天气预报技术的发展。

COSMIC 星座的每颗低轨卫星将高精度地跟踪每一颗 GPS 卫星，其运行轨道资料能用于提高人们对地球引力场和大地水准面的认识，推进地球科学、卫星动力学以及它们在科研、民用和军事上的应用研究。由于地核-地幔、建筑、水文、冰层、海洋或大气的效果，引力场的变化揭示了地球质量分布的变化。对引力场更进一步的认识将提高卫星轨道测定的精度，并由此改进 GPS 测量精度，有利于大地测量科学的发展。

COSMIC 的数据分析和存储中心——CDAAC（the COSMIC Data Analysis and Archive Center）负责分析 COSMIC 数据。CDAAC 有两种计算结果：一种为天气和空间天气的监测和预报应用提供近实时解，另一种为天气和大气层的研究应用提供更精确、更有效的后处理结果。CDAAC 以平均 3h 的周期进行数据收集并生成产品。CDAAC 收集高精度的后处理卫星轨道数据后，大约在 1~2 个星期内提供给 IGS，为气候研究提供高精度产品。COSMIC 科学实验和 CDAAC 产品中的数据对任何国家、任何感兴趣的团体都是免费或以成本价复制和提供的。COSMIC 数据可以从 CDAAC 提供的网站（https://data.cosmic.ucar.edu/gnss-ro/）上免费获取。

2.1.5 无线电探空资料

全球无线电探空资料可通过 IGRA（Integrated Global Radiosonde Archive）网站（ftp://ftp.ncdc.noaa.gov/pub/data/igra）和美国俄怀明大学网站（http://weather.uwyo.edu/upperair/sounding.html）免费下载获取。目前，全球的探空站数量已超过 1500 个，每个探空站提供了由地面到近地空间约 30km 的气压、温度、风速、相对湿度和位势高等气象参数的分层数据和大气水汽（PWV）等地表参数。全球大部分的探空站每天提供 2 次探空数据（一般情况下在 UTC 00：00 和 12：00 时刻观测），只有部分地区的少数探空站每天提供大于 2 次的探空剖面信息。由于探空数据是根据探空气球上气象传感器实测获得的，因此在 GNSS 对流层延迟模型和大气加权平均温度模型等大气模型的构建和验证中得以广泛应用，其也是大气再分析资料制作的重要数据源。尽管探空站可通过探空气球提供垂直方向上不同剖面的实测大气参数信息，其探空数据仍然存在如下缺陷：

（1）探空站的探空气球极易受到天气因素的影响，因此采集的探空站剖面信息难以对其进行精度评价；

（2）不同国家和地区使用的探空气象传感器的类型不统一和观测时间不一致，进而导致探空站的探空剖面信息存在不一致性（Garand et al.，1992），此外，不同类型的探空气象传感器获取的探空资料也表现出各自的系统偏差（Wang et al.，2008）；

（3）探空气球在上升过程中也会受到云层等其他扰动因素的影响，进而导致探空气象传感器上采集的数据不准确（Wang et al.，1995；Chernykh et al.，2001）；

（4）探空站的气象传感器有时会出现设备故障等其他原因，导致采集的探空剖面信息出现较大偏差甚至粗差（Wang et al.，2002；Ciesielski et al.，2010）。图 2-3 为全球部分无线电探空站的分布图。

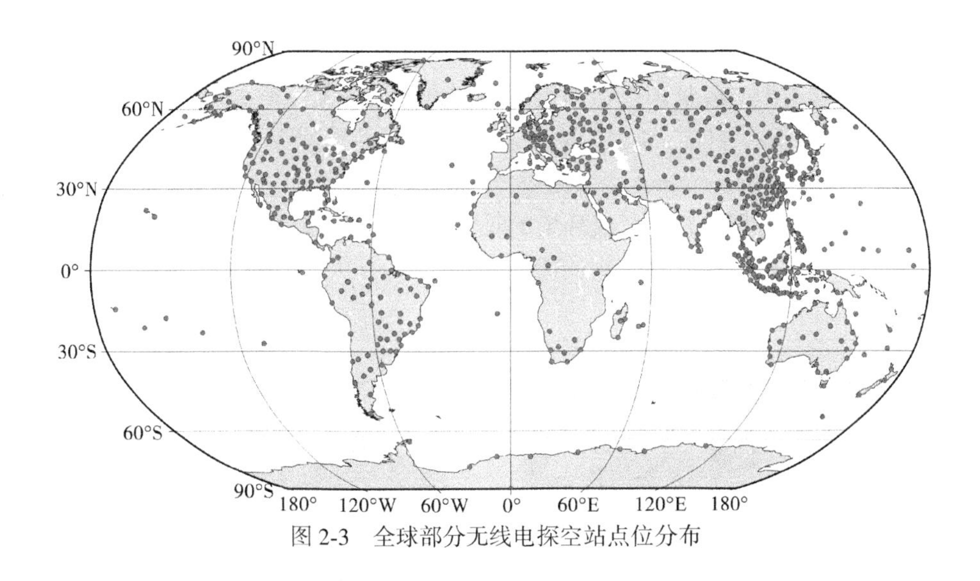

图 2-3 全球部分无线电探空站点位分布

2.1.6 中国地面气象观测资料

地面气象站泛指设在陆地上实施地面气象观测的场所。气象站设有气象观测场和气象观测所需的仪器设备装置，观测所得的资料，按世界气象组织规定的统一格式整理、编报，通过通信系统输给有关部门。中国气象数据网(http：//data.cma.cn)是中国气象局面向国内和全球用户开放气象数据资源的权威的、统一的共享服务平台，是开放我国气象服务市场、促进气象信息资源共享和高效应用、构建新型气象服务体系的数据支撑平台，以满足国家和全社会发展对气象数据的共享需求为目的，重点围绕标准规范体系建立、数据资源整合、共享平台建设和数据共享服务等四个方面开展工作。综合应用云计算、大数据和移动互联技术，服务对象面向政府部门、公益性用户、商业性用户在内的各类社会团体和公众用户。目前中国气象数据网可以提供 2000 多个国家级地面站逐小时值的数据，包括气温、气压、相对湿度、水汽压、风、降水量等要素小时观测值。这些气象站的气象传感器均得到妥善管理，并由中国气象局每年定期调整。中国气象数据网还可以通过全球通信系统获取的国外多个地面气象站定时观测资料，其时间分辨率为 3 小时。

2.1.7 Weather Underground 气象观测资料

Weather Underground 气象站是在 1991 年由密歇根大学一名博士后开发的，该平台作为商业化的服务平台，致力于为用户提供可靠、准确的天气预报信息，采用先进的技术监测和预报各地的天气信息。同时为该平台免费提供各气象站的温度、气压、相对湿度、降雨量等信息的历史记录，相关数据可在其官方网站(https：//www.wunderground.com/)上下载，该网站涵盖全球超过 2 万个气象站的气象数据，包括来自国家天气服务中心和个人气象站的数据，每隔 1、3 或 6 小时更新一次数据，具体取决于监测站。

2.1.8 ECMWF 大气再分析资料

欧洲中期天气预报中心(the European Centre for Medium-Range Weather Forecasts,

ECMWF)是一个由 34 个国家组成的机构，其可免费向成员国或有偿为非成员国提供数值预报产品。参与该组织的成员国包括澳大利亚、丹麦、法国、德国等 34 个国家，其整个工作流程如图 2-4 所示。目前，ECMWF 中心可免费提供长达数十年的 ECMWF 大气再分析产品(https://www.ecmwf.int/)，这些大气再分析产品为大气环境和海洋环境变化等研究提供了极其宝贵的数据源，如大气环境的长期变化、土壤温度变化、雪深长期变化、海面温度变化、可再生能源估算和动物迁徙等研究。

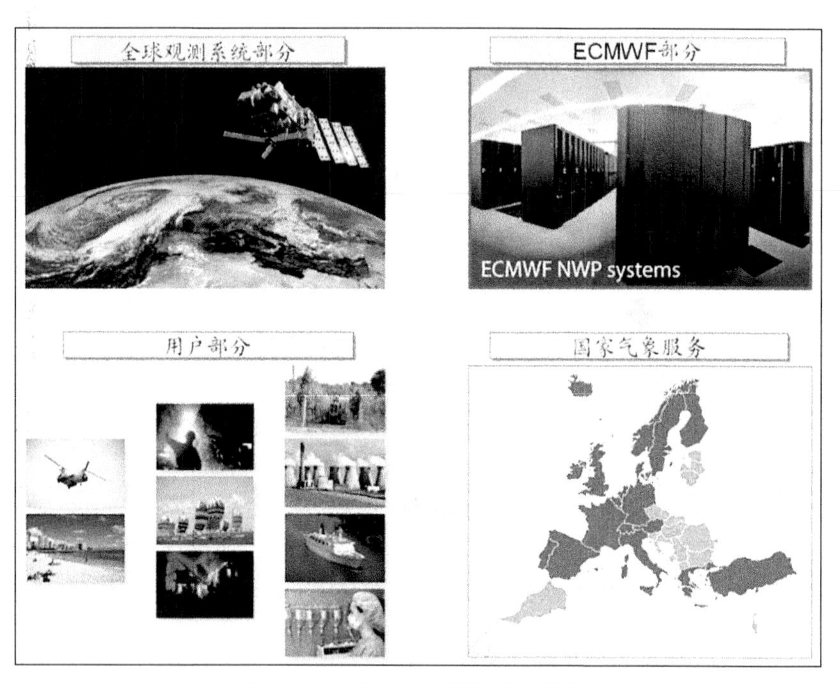

图 2-4　ECMWF 工作流程示意图

ECMWF 中心于 1979 年向全球推出首个大气再分析产品，即 ERA-15 再分析资料，并在 2002 年推出了其第二代大气再分析产品——ERA-40 再分析资料。近年来，ECMWF 中心的成员国及其他相关研究机构利用这两代大气再分析产品在气候预测和季节性预报等方面开展了广泛的研究。此外，ERA-15 和 ERA-40 大气再分析产品在天气预测指标的构建、极端天气的进程和协助预报等方面发挥了极其重要的作用。ERA-40 大气再分析产品作为 ECMWF 中心的第二代再分析产品，相比于第一代 ERA-15 大气再分析产品，其具有更高的空间分辨率和更齐全的数据产品，且该产品同化了更多种类的卫星监测数据。ECMWF 中心的第三代产品 ERA-Interim 大气再分析资料于 2006 年开始进行制作，使其成为了 ERA-40 大气再分析产品的替代品。相对于 ERA-40 大气再分析产品的生成，ERA-Interim 大气再分析资料制作采用的数据同化预报系统是通过对 ERA-40 的改进得到的，比如改进后的数据同化系统采用了四维变分分析和卫星数据偏差改正等(Simmons et al., 2007)，其较好地改善了 ERA-40 大气再分析产品的不足。目前，ERA-Interim 大气再分析产品在诸多领域得以广泛应用，并取得了较为显著的研究成果。在 GNSS 气象学方面，ERA-Interim

大气再分析产品的应用也获得了极大关注。如诸多学者利用该资料构建了区域或全球非气象参数的温压模型(Lagler et al., 2013; Böhm et al., 2015)、对流层延迟改正模型(Li et al., 2018)、对流层垂直剖面函数模型和大气加权平均温度模型(Hu et al., 2019; Sun et al., 2019a)等。此外,具有高时空分辨率的 ERA-Interim 大气再分析资料在 GNSS 水汽反演(赵静旸等, 2014)和 GNSS 精密定位中也得到了较为广泛的应用(Lu et al., 2016, 2017)。ERA-Interim 大气再分析资料包含了多种水平分辨率的格网产品,常用的水平分辨率为 1.5°×1.5°,时间分辨率为 6 小时(即 UTC 00:00, 06:00, 12:00, 18:00),其主要提供了较为齐全的地表参数、等压层分层数据(垂直分辨率为 37 层)和相关非时变参数等。

ERA-5 是 ECMWF 第五代全球气候再分析数据集,包括 1979 年至今的再分析数据。ERA-5 可提供逐小时的大气再分析数据,水平分辨率为 0.25°×0.25°,与 ERA-Interim 相比提供了更为齐全的地表参数、等压层分层数据(垂直分辨率为 37 层)和相关非时变参数,用户可以在 5 天内实时获得该数据集的每日初步更新。ERA-5 数据集是采用 ECMWF 的综合预测系统(Integrated Prediction System, IFS)的 CY41R2 模型中的四维变分数据同化(4D-Var)方案生成的,该方案包含了其前身 ERA-Interim 中可用的大部分参数,具有较高的时空分辨率。因此,ERA-5 数据集有望在未来得到广泛使用,并逐渐取代 ERA-Interim 数据集,而后者已于 2019 年 8 月 31 日停止更新数据。

2.1.9 MERRA-2 大气再分析资料

MERRA-2(The second Modern-Era Retrospective analysis for Research and Application)是美国宇航局(NASA)全球模拟与同化办公室(GMAO)推出的最新一代高时空分辨率的全球大气再分析资料。由于 MERRA 的数据同化系统不能融入一些重要的新的数据源,伴随着一些卫星设备的老龄化,而可用于 MERRA 数据同化系统的观测值数量急剧减少,导致了其数据同化系统在 2008 年不能正常工作。因此,MERRA-2 替代了 MERRA 大气再分析产品通过采用升级版本的 GEOS-5(the Goddard Earth Observing System Model, Version 5)数据同化系统(Molod et al., 2015; Gelaro et al., 2017)。目前,MERRA-2 采用的是最新的 5.12.4 版本的 GEOS-5 数据同化系统,该系统能同化微波探测仪、高光谱红外辐射仪和 GPS 掩星观测等其他设备的观测值。MERRA-2 实现了增量分析更新技术(IAU),使得降水在预报初期的平衡调整过程中得到改善,且允许更高频次的时间输出,以提供比 MERRA 更优的持续气候分析。此外,相对于 MERRA 大气再分析资料,MERRA-2 的质量得到了进一步改善,其中包括减少了一些虚假成分趋势项等。

所有 MERRA-2 大气再分析资料均具有相同的水平格网点,其在每个经度带上和纬度带上分别包含了 576 个格网点和 361 个格网点,对应的水平分辨率为 0.5°×0.625°(纬度×经度)。与 ECMWF 和 NCEP 等其他再分析资料类似,MERRA-2 大气再分析产品也提供了地表气象参数和分层气象参数,其中地表气象参数的时间分辨率为 1 小时(UTC 00:00, 01:00, …, 23:00),而分层气象参数的时间分辨率为 6 小时(UTC 00:00, 06:00, 12:00和 18:00),见表 2-1。对于 MERRA-2 分层气象参数,其具有两种垂直分辨率,即 72 层的模型层和 42 层的标准气压层。此外,MERRA-2 还提供了相同水平分辨率的地表高程(其高程基准为位势高)。所有的 MERRA-2 再分析产品均可通过网站免费下载获取(https://goldsmr4.gesdisc.eosdis.nasa.gov/data/MERRA2),下载获得的 MERRA-2 数据的文件格式均为 netCDF-4。

表 2-1　　　**常用的 MERRA-2 大气参数信息表**

	数据类型	水平分辨率(纬度×经度)	时间分辨率	垂直分辨率
地表气象参数	地表气压(P_s)	0.5°×0.625°	1 小时	—
	地表温度(T_s)	0.5°×0.625°	1 小时	—
	比湿	0.5°×0.625°	1 小时	—
	地表高程	0.5°×0.625°	—	—
分层气象参数	气压(P)	0.5°×0.625°	6 小时	42 层
	温度(T)	0.5°×0.625°	6 小时	42 层
	比湿	0.5°×0.625°	6 小时	42 层
	位势高	0.5°×0.625°	6 小时	42 层

2.1.10　NCEP 大气再分析资料

美国气象环境预报中心(National Center for Environmental Prediction, NCEP)目前有两个全球大气资料再分析计划:NCEP/NCAR 和 NCEP/DOE。前者是 NCEP 与美国国家大气研究中心(National Center for Atmospheric Research, NCAR)共同合作的项目,后者是 NCEP 与美国能源部(United States Department of Energy, DOE)共同合作的项目。计划的目的是向从事气候研究、监测及模拟工作的科学界提供一套系统完整的再分析资料库。NCEP/NCAR 全球大气再分析资料在 1996 年完成了 40 年的数据产品(1957—1996 年),又在 2001 年公布了 50 年的数据产品(1948—2001 年),目前,NCEP/NCAR 大气再分析资料计划仍在延续。NCEP/NCAR 是最早发展的、也是时间尺度最长的全球再分析资料,可提供从 1948 年 1 月至今一日 4 次(UTC 00:00, 06:00, 12:00 和 18:00)、逐日和逐月全球再分析数据以及每 8 日的预报产品。该系统所用的数值模式是 NCEP 业务预报中尺度全球谱模式(GSM, 1995 年 1 月开始使用),水平分辨率为 2.5°×2.5°(纬度×经度)和 T62 高斯格点(全球共有 192×94 个格网点),垂直分辨率为 17 层等压面,底层为 1000 hPa,顶层约为 10 hPa。NCEP/NCAR 同化系统所用的同化方案是三维变分同化技术(3D-Var),对各种来源(地面、船舶、无线电探空、测风气球、飞机、卫星等)的观测资料进行质量控制和同化处理。所同化的观测资料主要包括上层大气、地表常规观测资料和卫星遥感资料等。其中,上层大气观测资料主要包括无线探空仪观测的气温、水平风速和比湿资料,航空观测的风场和气温资料;地表观测资料主要是地表气压、海表面气压、温度、比湿和水平风场等资料,以及一些国际大气研究计划的特殊资料。NCEP/NCAR 再分析计划有两个独特之处:覆盖的时段长和非常综合的观测资料集。这项工作为世界气象业务和研究工作尤其是气候研究提供了高质量的研究资料。虽然 NCEP/NCAR 在气候诊断、模拟的各个方面有广泛应用，但 Kistler 等诸多学者指出，NCEP/NCAR 存在 3 处人为错误，包括 1974—1994 年期间误用了 1973 年的地面积雪数据，由澳大利亚整编的南半球海平面气压数据在经度上 180°错位，水汽扩散计算问题导致冬季某些高纬度地区出现虚假降雪，以及当地面风速为 0 时感热通量为 0 而造成地面温度不真实，这些问题在不同程度上影响了地面通量场的可信度。

NCEP/DOE 再分析资料是为了第二期大气模式比较计划(AMIP-Ⅱ)的检验和评估而实施的全球大气再分析资料计划，可被看作是 NCEP/NCAR 全球大气再分析资料计划的延续。NCEP/DOE 再分析产品的时间尺度是从 1979 年 1 月到现在，所用的数值预报模式、同化方案和观测系统等都与 NCEP/NCAR 大致相同，但修正了 NCEP/NCAR 再分析资料中存在的一些人为误差问题，增加了对陆地降水的简单同化，而且修改了数值模式中的一些物理过程和参数化方案。这些改进主要反映在近地表温度、辐射通量以及地表水分收支平衡等一些地表通量上，特别是对于 CMAP 降水资料的同化明显地改善了模式对土壤湿度的模拟。因此，NCEP/DOE 再分析资料可被看作是 NCEP/NCAR 再分析资料的更新和订正版本，该数据可在美国国家环境预测中心网站上下载(https://psl.noaa.gov/data/gridded/data.ncep.reanalysis2.html)。

2.1.11 JRA 大气再分析资料

JRA-25 是日本气象厅(JMA)利用 JMA 数值预报和同化系统所完成的全球大气再分析资料，也是迄今为止在亚洲地区所完成的第一套长期再分析资料，其时间尺度从 1979 年至 2004 年。JRA-25 再分析产品使用了最新的数值同化系统，而且同化了更为广泛的观测资料，其目的是不仅要满足气候研究和业务监测与预报的需要，而且要为提高亚洲地区天气和气候的分析与研究水平服务。JRA-25 所使用的数值预报模式为全球谱模式(JMA2002)，其时间分辨率为 6 小时(UTC 00：00，06：00，12：00 和 18：00)，水平分辨率为 1.25°×1.25°(纬度×经度)和 T106 高斯格网(全球共有 320×160 个格网点)，垂直方向上有 23 层等压面，模式顶层为 0.4 hPa，底层为 1000 hPa，也是利用 3D-Var 同化技术来同化常规观测资料和卫星遥感资料。常规观测资料主要包括陆地和海洋表面各种观测仪器所观测的气压、气温、风和湿度等资料，以及由航空飞机等观测的上层大气观测资料等(这些资料主要来自 ERA-40 观测系统中的 JRA 资料库)。卫星遥感资料主要包括大气运动矢量(AMV)观测，以及 TOVS 和 ATOVS 观测的亮度、温度和由 SSM/I 反演的降水量等资料。JRA-25 使用了新的质量控制方法对 TOVS 资料进行了质量控制，同时还用到了 JMA 的日海表气温、海冰和三维臭氧廓线资料作为模式的行星边界条件。JRA-25 在很多方面都体现出了一定的优越性，如 6 小时预测的全球总降水量时空分布和量级的表现都比较好，在全球降水的长期时间序列演变中也表现不错；JRA-25 还是第一套同化了热带风暴周围风廓线资料的再分析产品，因此，其对全球所有地区热带风暴的分析也较为合理。此外，JRA-25 对副热带大陆西海岸沿线底层云具有较好的描述，对雪深分析的质量也相对较高。

JRA-55 再分析资料是 JMA 于 2010 年开始实施并于 2013 年完成的，这是日本的第二个全球大气再分析项目。JRA-55 数据可用于各种气象应用、气象厅的业务工作和研究，这些数据将用于监测和分析与过去类似的气象事件。JRA-55 再分析资料历时 55 年，可追溯到 1958 年，正好赶上全球无线电探空仪观测系统的建立。与前身 JRA-25 相比，JRA-55 基于一种新的数据同化和预测系统(DA)，改进了日本第一次再分析资料 JRA-25 的许多不足。这些改进是通过实施更高的空间分辨率(TL319L60)、使用了一种新的辐射方案，对卫星辐射进行带有变分偏差校正(VarBC)的四维变分数据同化(4D-Var)以及引入随时间变化浓度的温室气体来实现的。JRA-55 早期质量评估的结果表明，与 JRA-25 相比，通过新的辐射方案和 VarBC 的应用(这也减少了不现实的温度变化)，平流层低层的温度偏置已经显著降低。在同化数据方面除了 JRA-25 所用的数据外，JRA-55 又加入了一些新的观测数据，如大气运动矢量(AMV)、晴空辐射(CSR)。JRA-55 数据可在互联网上下载，包括完全下载和数据格式转换服务(https://jra.kishou.go.jp/JRA-55)。其时间分辨率分为 3 小时(UTC 00:00, 03:00, 06:00, 09:00, 12:00, 15:00, 18:00, 21:00)、6 小时(UTC 00:00, 06:00, 12:00, 18:00)、24 小时和基于此累计的月尺度，空间分辨率分为 1.25°×1.25°和 T106 高斯格网(全球共有 320×160 个格网点)，等垂直方向上除了比湿、相对湿度、一些云数据只有 27 层等压面(1000~100 hPa)，其他分层数据有 37 层，顶层为 1 hPa，底层为 1000 hPa。

2.1.12　VMF 对流层产品

维也纳理工大学的 VMF 数据服务器(TU Vienna)可以为空间大地测量技术提供多种对流层产品数据并免费下载获取(https://vmf.geo.tuwien.ac.at/)。Global Geodetic Observing System(GGOS) Atmosphere 产品由维也纳理工大学开展的奥地利科学基金“GGOS Atmosphere”项目所提供，该项目旨在通过利用 ECMWF 中心提供的高精度、高时空分辨率的气象数据来计算提供大气角动量、大气延迟、大气重力场系数和大气负荷改正等大气产品，进而利用这些大气产品开展地球自转、卫星重力场测量等空间大地测量观测研究。GGOS 的大气延迟产品中包含了 6 小时分辨率的全球 IGS 站、VLBI 站和 DORIS 站等观测站点的对流层大气参数信息和全球格网点产品，表 2-2 列出了常用于 GNSS 大气研究的 GGOS 大气产品的信息。

表 2-2　**常用 GGOS 大气产品简介**

	产品形式	时间分辨率	水平分辨率	产品包含参数
事后产品	全球 IGS 站、VLBI 站、DORIS 站	6 小时	散点	测站名、MJD、a_h、a_w、ZHD、ZWD、T_m、测站气压、测站温度、测站水汽压、测站高程
	全球格网	6 小时	2°×2.5°	经纬度、a_h、a_w、ZHD、ZWD、T_m
		—	2°×2.5°	地表高程
预报产品	全球格网	6 小时	2°×2.5°	经纬度、a_h、a_w、ZHD、ZWD

注：MJD 为简化儒略日，a_h 和 a_w 分别表示 VMF 对流层投影函数的静力学延迟系数和湿延迟系数。

在 GNSS 大气研究中，最为常用的产品是时间分辨率为 6 小时、水平分辨率为 2°×2.5°(纬度×经度)的全球对流层延迟和 T_m 格网数据。已有文献对全球 GGOS Atmosphere 对流层延迟和 T_m 格网产品在全球的精度进行了检验(Yao et al., 2014c)，结果表明这些格网产品在全球表现出较高的精度和良好的稳定性。由于 GGOS Atmosphere 提供的全球对流层延迟和 T_m 格网产品具有高精度和高时空分辨率等优点，近年来，诸多学者利用这些大气产品在全球对流层延迟经验模型构建和全球 T_m 经验模型构建方面开展了广泛的研究，并取得了丰富的成果。此外，利用这些高精度、高时空分辨率的对流层延迟格网产品进行了 GNSS 精密单点定位的研究(Yao et al., 2018c)。

目前，GGOS 大气产品已不再提供，取而代之的是 VMF3 对流层产品。VMF3 对流层产品和 GGOS 大气产品一样，提供具有相同对流层参数的 6 小时事后产品(VMF3_EI)和预报产品(VMF3_FC)，其全球格网产品有 1°×1°和 5°×5°两种不同的水平分辨率。

2.2 对流层关键参量计算原理与方法

2.2.1 GNSS 信号折射与对流层延迟

GNSS 卫星发射的无线电信号在穿过大气层时，受到电离层和对流层的折射影响，会产生延迟和弯曲，从而造成测距误差。相关研究表明，当信号高度角大于 15°时，信号弯曲带来的误差约为 1cm，信号弯曲量很小，基本可以忽略不计。然而信号延迟量却很大，造成信号传输延迟，与大气参数有关的折射率也发生变化。在 GNSS 精密定位测量中，大气折射的影响被视为误差的主要来源，因此将其影响应尽可能消除干净。电离层造成的延迟称为电离层延迟，通过 GNSS 双频技术几乎可以完全消除；同样对流层所造成的延迟称为对流层延迟，而卫星信号 80%的折射发生在对流层，对流层造成的延迟只能通过数学改正模型来改正。在 GNSS 气象学中，我们所要求得的量就是大气对 GNSS 卫星信号的折射量，再通过大气折射率与大气折射量之间的函数关系就可以求出大气折射率，大气折射率的计算与气温、气压和水汽压力等气象参数相关，通过一定的数学模型关系，就可以求出我们所需要的对流层参数，这对于研究对流层参数的建模问题十分重要。

GNSS 信号穿过对流层时主要受两方面因素的影响：①GNSS 信号在大气中的传播速率比真空慢，会发生延迟；②GNSS 信号会发生弯曲。两种延迟都是由于在大气传播路径上的折射率的变化引起的。由于信号弯曲量小，而信号延迟量大，所以在计算 GNSS 对流层延迟估计时，仅考虑大气折射率变化所带来的信号延迟。假设对流层中某处的大气折射率为 n，信号在对流层中的传播速度为 $v = c/n$，c_0 是真空中的光速，c 是真实的光速，GNSS 信号传播的实际路径是 s（曲线路径），GNSS 接收机和卫星之间的直线距离是 G，GNSS 信号的对流层延迟量 ΔL 与大气折射量的关系可表示为：

$$\begin{aligned}\Delta L &= c_0\int\frac{\mathrm{d}s}{c} - G = \int n\mathrm{d}s - G = \int(n-1)\mathrm{d}s + (s-G)\\ &\approx \int(n-1)\mathrm{d}s = 10^{-6}\int_0^{\infty}N(s)\mathrm{d}s\end{aligned} \tag{2-1}$$

式中，$(s-G)$是信号路径弯曲的影响，称为几何路径延迟，该数值很小，仅占全部路径延迟的 0.1%，常忽略不计。因此，$\int(n-1)ds$ 即为对流层延迟，$-\int(n-1)ds$ 即为对流层延迟改正。由于$(n-1)$的数值很小，为方便计算，令 $N=(n-1)\times10^6$，N 称为大气折射指数(Atmospheric Refractivity)，其与气温、气压和湿度等气象参数有密切关系，不同学者给出了不同形式的折射指数计算公式。

1. Smith 和 Weintranb 方法

史密斯(Smith)和韦特兰博(Weintranb)经过大量的实验于 1953 年建立了下列函数关系(Smith et al., 1953)：

$$N = N_d + N_w = 77.6\frac{P}{T} + 77.6\times4810\frac{e}{T^2} \tag{2-2}$$

式中，N_d 为干折射率，N_w 为湿折射率，P 表示大气压(hPa)，e 表示水汽压(hPa)，T 表示气温(K)。

2. Essen 和 Froome 方法

大气折射指数 N 一般分为干气部分 N_d(与温度和大气压有关)和湿气部分 N_w(与温度和水汽压有关)。在对流层大气中，式(2-2)大约可精确到 0.5%，而干、湿折射率分别为(Essen et al., 1951)：

$$N = N_d + N_w \tag{2-3}$$

$$N_d = 77.64\frac{P}{T} \tag{2-4}$$

$$N_w = -12.96\frac{e}{T} + 3.718\times10^5\frac{e}{T^2} \tag{2-5}$$

3. Boudouris 和 Thayer 方法

经过气象学家的努力钻研和不断尝试，在 1974 年，Thayer 提出了 0.02%精度的折射指数 N 的计算公式，这是目前用得最多的折射公式：

$$N = k_1\frac{P_d}{T} + k_2\frac{e}{T} + k_3\frac{e}{T^2} = k_1\frac{P_d}{T} + \left(k_2 + \frac{k_3}{T}\right)\frac{e}{T} \tag{2-6}$$

在上式中，P_d 为干空气分压(hPa)。k_1、k_2、k_3 都是和折射率有关的物理常数，不同的研究人员有不同的实验测定值，具体数值可见表 2-3。在实际应用中，大多数人选用的是 Boudouris 或 Thayer 提供的实验值，其测定的精度较高。

表 2-3　**不同的大气折射物理常数值及其误差**

文　献	k_1(K/hPa)		k_2(K/hPa)		k_3($10^5\cdot K^2$/hPa)	
	测量值	误差	测量值	误差	测量值	误差
Smith and Weintranb (1953)	77.607	±0.013	71.600	±8.500	3.747	±0.031
Boudouris(1963)	77.604	±0.014	71.980	±11.000	3.754	±0.030
Thayer (1974)	77.604	±0.014	64.790	±0.080	3.776	±0.004

续表

文献	k_1(K/hPa)		k_2(K/hPa)		k_3(10^5·K^2/hPa)	
	测量值	误差	测量值	误差	测量值	误差
Hasaeaw and Stokesburv (1975)	77.600	±0.032	69.400	±0.150	3.701	±0.003
Bevis and Businger (1993)	77.600	±0.050	70.400	±2.200	3.739	±0.012

由气体的状态方程可知：

$$P_d = \rho_d R_d T \tag{2-7}$$

$$e = \rho_v R_v T \tag{2-8}$$

式中，ρ_d 和 ρ_v 分别为干空气和水汽的密度；R_d 和 R_v 分别为干空气和水汽的气体常数。由于 $\rho_d=\rho-\rho_v$，将式(2-7)和式(2-8)代入式(2-6)得：

$$N = k_1 R_d \rho + \left(k_2 - k_1 \frac{R_d}{R_v}\right)\frac{e}{T} + k_3 \frac{e}{T^2} \tag{2-9}$$

设 $k'_2 = k_2 - k_1 \dfrac{R_d}{R_v}$，由上式可得到 Davis(1985)给出的折射指数公式：

$$N = k_1 R_d \rho + \left(k'_2 + \frac{k_3}{T}\right)\frac{e}{T} \tag{2-10}$$

将对流层延迟量沿高度进行积分，可导出 GNSS 信号在对流层天顶方向(垂直方向)上的总延迟：

$$\begin{aligned}\Delta L^0 &= \int c\mathrm{d}t = \int c\left(\frac{\mathrm{d}s}{v} - \frac{\mathrm{d}s}{c}\right) = \int\left(\frac{c}{v} - 1\right)\mathrm{d}s = \int(n-1)\mathrm{d}s \\ &= \int N \times 10^{-6}\mathrm{d}s\end{aligned} \tag{2-11}$$

式中，dt 为电磁波在实际大气中的传播时间与其在真空中传播的时间差；ds 为天顶方向的路径。将式(2-10)代入式(2-11)得：

$$\Delta L^0 = 10^{-6} \times \left[\int k_1 R_d \rho \mathrm{d}s + \int\left(k'_2 + \frac{k_3}{T}\right)\frac{e}{T}\mathrm{d}s\right] \tag{2-12}$$

令

$$\Delta L_h^0 = 10^{-6}\int k_1 R_d \rho \mathrm{d}s \tag{2-13}$$

$$\Delta L_w^0 = 10^{-6}\int\left(k'_2 + \frac{k_3}{T}\right)\frac{e}{T}\mathrm{d}s \tag{2-14}$$

则有

$$\Delta L^0 = \Delta L_h^0 + \Delta L_w^0 \tag{2-15}$$

因此，对流层总延迟又分静力延迟 ΔL_h^0 (Hydrostatic Delay)和非静力延迟 ΔL_w^0 两个部分，ΔL_w^0 又被称为湿延迟(Wet Delay)，主要是因为它是水汽分子的极性成分对折射率的贡献。

式(2-15)又可表示为：

$$\mathrm{ZTD} = \mathrm{ZHD} + \mathrm{ZWD} \tag{2-16}$$

式中，ZTD 为天顶方向的对流层总延迟，即中性延迟，一般约为 2.4m；ZHD(Zenith Hydrostatic Delay)为静力延迟，数量级为 10^3mm；ZWD(Zenith Wet Delay)为湿延迟，一般为十几毫米，数量级为 10mm 左右。ZHD 一般占 ZTD 的 90%以上，受气象条件的影响较小，数值比较稳定。而 ZWD 虽然在 ZTD 中比重较小，不到 10%，但受气象条件的影响很大，其数值的变化量可相差数倍。从两极到赤道，其全年平均值为 0~300mm(Janes et al., 1991)。此外，两种延迟分量延伸到对流层的不同高度，ZHD 可延伸到 40km 左右的高度，ZWD 可延伸到 10km 左右的高度。ZTD 通常可以通过 GAMIT、Bernese 和 PANDA 等高精度 GNSS 数据处理软件解算测站接收到的 GNSS 观测数据来获取。ZHD 与地面气压具有很好的相关性，可以改正到毫米级精度，从而得到精度达毫米级的 ZWD。ZWD 与水汽含量可建立严格的正比关系，从而求解出大气可降水量。

如果信号的传播路径为倾斜路径(Slant Path)，简称斜径，则斜径订正公式为(Duan et al., 1996)：

$$\mathrm{ZTD} = \mathrm{ZHD} \cdot M_{\mathrm{h}}(\varepsilon) + \mathrm{ZWD} \cdot M_{\mathrm{w}}(\varepsilon) \tag{2-17}$$

式中，M_{h} 和 M_{w} 分别代表静力延迟(或干延迟)和湿延迟的投影(映射)函数，ε 表示卫星截止高度角。斜径订正值可在球面分层大气的假定下进行，由此引起的误差为 7(卫星仰角小于 15°时)~35mm(处于大气锋区时)。可通过对流层投影(映射)函数把斜路径方向的总延迟转换为天顶方向的总延迟。

2.2.2　对流层映射函数

在 GNSS 数据处理中，若把每颗卫星对应的斜径延迟都作为待估参数，则观测过程中增加一个观测值就会增加一个未知数，从而使得方程无法解算。鉴于此，对于大气延迟，GNSS 数据处理中只把测站天顶发现的延迟作为未知数进行估算，再通过干、湿映射函数投影到每个斜径方向上。

映射函数(Mapping Function, MF)定义为信号经过大气的电子路径的几何距离与天顶方向的比率。真正的映射函数是在假设球对称的基础上，利用探空资料得到的气压、温度和相对湿度的垂直廓线计算出的。地基 GNSS 气象学中，映射函数将天顶方向的延迟与斜路径方向的延迟联系起来，进行斜径延迟和天顶延迟之间的相互转换，准确的映射函数是求得准确的中性大气延迟的前提。因此，对于映射函数的研究是非常有必要的。对流层映射函数从发展至今已经日趋成熟稳定，主要的映射函数有以下几种：

1. 1/sinε

其中 ε 是卫星高度角。该类映射函数主要用于均匀大气，Saastamoinen(1972)映射函数、Black(1984)映射函数和 Hopfield(1997)映射函数都属于此类。Saastamoinen 映射函数适用于中纬度地区的美国标准大气模式计算出的修正系数，Hopfield 映射函数的经验系数则是从全球平均资料中得到的。

2. 连分式函数

映射函数通常采用连分式，例如，Chao(1974)映射函数分开考虑干、湿映射函数，并且不依赖于气象数据；Herring(1992)通过拟合 10 个北美探空气球站的观测数据，首次建立基于实测大气的MTT映射函数，该映射函数考虑干、湿分开，并且把连分式系数从与气象参数相关改成与温度和地理位置(纬度和高度)相关；Niell(1996)利用26个北半球无线电探空测站一年的数据建立了NMF映射函数，映射函数也是干、湿分开的，在NMF中连分式系数只与测站纬度、高度和年积日相关，其中湿映射函数主要与纬度有关。NMF映射函数公式如下：

$$M_{\mathrm{h}}^{\mathrm{Niell}}(\varphi,\ h,\ t,\ \varepsilon)=\frac{1+\dfrac{a_1}{1+\dfrac{a_2}{1+a_3}}}{\sin(\varepsilon)+\dfrac{a_1}{\sin(\varepsilon)+\dfrac{a_2}{\sin(\varepsilon)+a_3}}}+h\cdot\left(\frac{1}{\sin(\varepsilon)}-\frac{1+\dfrac{ha_1}{1+\dfrac{ha_2}{1+ha_3}}}{\sin(\varepsilon)+\dfrac{ha_1}{\sin(\varepsilon)+\dfrac{ha_2}{\sin(\varepsilon)+ha_3}}}\right) \tag{2-18}$$

$$M_{\mathrm{w}}^{\mathrm{Niell}}(\varphi,\ h,\ \varepsilon)=\frac{1+\dfrac{c_1}{1+\dfrac{c_2}{1+c_3}}}{\sin(\varepsilon)+\dfrac{c_1}{\sin(\varepsilon)+\dfrac{c_2}{\sin(\varepsilon)+c_3}}} \tag{2-19}$$

式中，$M_{\mathrm{h}}^{\mathrm{Niell}}$ 和 $M_{\mathrm{w}}^{\mathrm{Niell}}$ 分别为NMF干、湿映射函数；ε 是卫星高度角；h 为测站海拔高(km)；ha_1、ha_2、ha_3 为常数，且 $ha_1=2.53\times10^{-5}$，$ha_2=5.49\times10^{-3}$，$ha_3=1.14\times10^{-3}$；a_1、a_2、a_3 是与地理纬度 φ 和时间 t 有关的参数；c_1、c_2、c_3 是与地理纬度 φ 有关的参数。a_1、a_2、a_3 和 c_1、c_2、c_3 的具体计算公式分别为：

$$a_i(\varphi,\ t)=b_i(\varphi)-\Delta b_i(\varphi)\cdot\cos\frac{2\pi(t-\mathrm{d}t)}{356.25} \tag{2-20}$$

$$c_i(\varphi)=c_{\mathrm{iavg}}(\varphi_i)+(c_{\mathrm{iavg}}(\varphi_{i+1})-c_{\mathrm{iavg}}(\varphi_i))\times\frac{\varphi-\varphi_i}{\varphi_{i+1}-\varphi_i} \tag{2-21}$$

式中，t 为年积日；$\mathrm{d}t$ 对于南北半球分别取不同常数，北半球 $\mathrm{d}t=28$，南半球 $\mathrm{d}t=211$。当 $15°\leqslant\varphi\leqslant75°$ 时，$b_i(\varphi)$ 与 $\Delta b_i(\varphi)$ 分别是由表2-4与表2-5给出的经验值进行线性内插得到的，$c_i(\varphi)$ $(i=1,\ 2,\ 3)$ 是由表2-6给出的经验值进行线性内插得到；当 $\varphi<15°$ 时，$b_i(\varphi)=b_i(15°)$，$\Delta b_i(\varphi)=\Delta b_i(15°)$，$c_i(\varphi)=c_i(15°)$；当 $\varphi>75°$ 时，$b_i(\varphi)=b_i(75°)$，$\Delta b_i(\varphi)=\Delta b_i(75°)$，$c_i(\varphi)=c_i(75°)$。

表 2-4　　不同纬度 NMF 干映射函数的经验参数

纬度(°)	$b_1(\times10^{-3})$	$b_2(\times10^{-3})$	$b_3(\times10^{-3})$
15	1.2769934	2.9153695	62.610505
30	1.2683230	2.9152299	62.837393
45	1.2465397	2.9288445	63.721774
60	1.2196049	2.9022565	63.824265
75	1.2045996	2.9024912	64.258455

表 2-5　　不同纬度 NMF 干映射函数的经验参数的季节变化率

纬度(°)	$b_1(\times10^{-3})$	$b_2(\times10^{-3})$	$b_3(\times10^{-3})$
15	0.0	0.0	0.0
30	1.2709626	2.1414979	9.0128400
45	2.6523662	3.0160779	4.3497037
60	3.4000452	7.2562722	84.795348
75	4.1202191	11.723375	170.37206

表 2-6　　不同纬度 NMF 湿分量映射函数系数

纬度(°)	a_w(average)$(\times10^{-4})$	b_w(average)$(\times10^{-3})$	c_w(average)$(\times10^{-2})$
15	5.8021897	1.4275268	4.3472961
30	5.6794847	1.5138625	4.6729510
45	5.8118019	1.4572752	4.3908931
60	5.9727542	1.5007428	4.4626982
75	6.1641693	1.7599082	5.4736038

除以上采用简单气象参数的映射函数外，为了更好地描述特定地点和季节的延迟，也有一些复杂的映射函数(Davis，1985)，要求大气温度廓线的信息，如对流层顶高度和温度垂直递减率。但多数情况下没有这种信息，只能采用(标准大气)恒定值，这样做则会产生显著误差。

3. 几何映射函数

Foelsche 和 kirchengast(2001)提出了有关静力学延迟函数，除高度角外不包含其他参数，即

$$M(\varepsilon)=a\{\cos[\arcsin(b\cos\varepsilon)]-b\sin\varepsilon\} \tag{2-22}$$

其中，常数 a、b 可用地球半径和对流层高度计算出，在高度角大于 6°时，不用任何气象资料，可达到不差于其他模型的精度。

4. 直接映射函数

不同映射函数适用的高度角范围是不同的，例如，Davis 等(1985)映射函数的参数是在理想大气条件下得到的，适用于5°以上。Rocken 等(2001)利用数值天气预报模式开发了直接映射函数技术，可降低映射函数对高度角的依赖，从而改进 GNSS 反演水汽的精度。

映射函数的准确性必然影响估算斜径延迟的精度，也会影响定位精度，所以对映射函数的研究至关重要。为比较各类映射函数，Foelsche 和 kirchengast(2001)进行了映射值和真实值的对比试验，结果表明：依靠地面气象数据的映射函数(如 Davis 函数)是不可靠的，因为地面的气象状况(特别是温度)与高层大气状况关系不大；不依赖于地面气象数据的映射函数可信度高，其中 NMF 映射函数和 Chao 映射函数较好。在高度角大于15°时，各函数的差别不大，而在低高度角时，最好不使用有赖于地面气象数据的映射函数。因此，目前应用较多的是 NMF 映射函数和 MTT 映射函数。由于 NMF 映射函数模型认为地面气温的日变化和季节变化比 2000m 以上的大气要剧烈得多，则对依赖于地面参数的映射函数，地面参数就限制了模型的精度。基于大气层随时间呈周期性变化，NMF 映射函数采用美国标准大气模式中北半球一些地区(15°、30°、45°、60°和 75°)冬季(1 月)和夏季(7 月)的气温和相对湿度廓线，并考虑了南、北半球和季节性的非对称性。此外，映射函数中的干投影项还包含测站高程的改正，反映了大气密度随高度增加而减小的状况。

NMF 映射函数模型在各种 GNSS 数据处理软件中被广泛应用，在中低纬度地区效果很好，但是在高纬度地区的精度有所降低，在高程方向引起较大的误差。另外，由于大气对 GNSS 信号影响的复杂性，当信号高度角低时，映射函数的精度相应降低，而低高度角的 GNSS 观测数据包含了丰富的中性大气信息，亟须找到一个时间分辨率和精度都比较高的映射函数模型。

近几年来，动态映射函数模型得到快速的发展，现在主要研究的动态函数模型是 VMF1、VMF3 模型和 GMF/GPT 模型，这些动态映射函数在精度和可靠性上都比传统的映射函数模型有所提高。VMF1 模型是由 Boehm 等提出的对流层映射模型，建立在基于欧洲中尺度气象预报中心(ECMWF)提供的 40 年观测数据的再分析资料(ECMWF Reanalysis 40，ERA-40)的基础上。2004 年 Boehm 等提出 VMF(Vienna Mapping Functions)模型，随后改正了 VMF 模型的映射函数参数 b，c，从而发展成了 VMF1。VMF1 模型是基于 IGS 和 VLBI 站的，只能应用于这些测站是其主要缺陷；因此又发展了格网 VMF1 模型，在附加高程改正后修改为 VMF1_HT 映射函数。VMF1 模型通过提取 ECMWF 提供的初始高度角 3.3°的湿折射率资料，利用射线追踪法得到全球经纬方向分辨率为 1.25°×1.25°，时间分辨率 6h 的全球格网点干、湿映射函数参数 a_h，a_w。参数结果可以从维也纳理工大学大地测量研究所网站(https://vmf.geo.tuwien.ac.at/)上获取。

VMF1_HT 映射函数的参数 $b_h = 0.0029$，c_h 是与年积日(观测日期在一年的 365 天的日序，简称 doy)、纬度有关的函数，公式如下：

$$c_h = c_0 + \left\{\left[\left(\cos\left(\frac{doy - 28}{365} \cdot 2\pi + \psi\right)\right) + 1\right] \cdot \frac{c_{11}}{2} + c_{10}\right\} \cdot (1 - \cos\varphi) \qquad (2\text{-}23)$$

式中，系数 c_0、c_{10}、c_{11} 考虑了南北半球的非对称性，采用上式解算，式中的各系数如表

2-7 所示。

表 2-7　　**用于计算 VMF1 干延迟映射函数 c_h 的相关系数**

半球	c_0	c_{10}	c_{11}	ψ
北半球	0.062	0.001	0.006	0
南半球	0.062	0.002	0.006	π

湿映射函数参数采用 NMF 模型在 45°的值，即 $b_w = 0.00146$，$c_w = 0.04391$。VMF1 映射函数的模型以及相关实现函数可以从其官方网站(https：//vmf.geo.tuwien.ac.at/)上下载。VMFl 模型由于其部分投影参数需要通过实测气象观测得到，计算过程较为复杂，且实时性较差，很难得到推广应用。

为了克服 VMFl 模型投影系数 a 对实测气象数据的依赖，简化模型计算，Boehm 等(2006)在 VMF1 的基础上进行改善，使用 1999 年 9 月至 2002 年 9 月共 3 年的 ERA-40 再分析资料建立了类似 NMF 易于实现且精度相当于 VMF1 的全球投影函数(GMF/GPT)。其中，投影系数 b 和 c 沿用 VMF1 模型的计算方法，将系数 a_h 和 a_w 的年均值 a_{ave} 和振幅 a_{amp} 进行球谐展开，公式如(2-24)所示，球谐系数通过最小二乘拟合得到。

$$a = a_{ave} + a_{amp} \cdot \cos\left(\frac{doy - 28}{365} \cdot 2\pi\right) \tag{2-24}$$

$$a_i = \sum_{n=0}^{9}\sum_{m=0}^{n} P_{nm}(\sin\varphi) \cdot [A_{nm} \cdot \cos(m \cdot \lambda) + B_{nm} \cdot \sin(m \cdot \lambda)] \tag{2-25}$$

式中，a_i 表示均值 a_{ave} 或 a_{amp} 的振幅；P_{nm} 为勒让德多项式，φ 和 λ 分别表示测站点的纬度和经度；A_{nm} 和 B_{nm} 是用最小二乘拟合得到的 9 阶球谐函数 n 阶 m 次系数。GMF/GPT 模型是 VMF1 模型的简化，精度略逊于 VMF1 模型，但 GMF/GPT 在计算上更简便，且无需实测气象数据，仅需测站坐标及年积日即可提供全球范围的映射函数系数，虽然 GMF/GPT 模型计算的 ZHD 有部分系统误差，但正好可以补偿大气负荷的影响，因此在不改正大气负荷的时候 GMF/GPT 模型比 VMF1 模型精度略高。

为了克服 VMFl 模型调整了特定 3°高度角、站高和轨道高度等缺点，Landskron 和 Boehm(2018)在 VMF1 模型基础上发展了 VMF3 模型。VMF3 模型相对于 VMF1 模型对经验系数 b 和 c 进行了更复杂的处理，通过对 7 个高度角进行最小二乘法计算确定系数值。在低高度角时，VMF3 能够比 VMF1 更好地接近底层的射线跟踪延迟，但在更高的高度角时，VMF1 和 VMF3 之间的差异并不大。因此，VMF3 模型的使用取决于任务需求，对于高精度的应用来说，可以使用更完善的 VMF3 模型，对于一般精度要求不高的应用，VMF1 已经足够满足需求。

2.2.3　对流层天顶静力学延迟模型及其误差分析

天顶静力学延迟模型分为理论模型和经验模型。理论模型的形式比较简单，主要是依照折射率的不同而不同，常数的影响并不显著，如 AN 模型(Askne et al.，1987)。但利用理论模型计算静力学天顶延迟时，需要大气廓线资料，而高空探测数据稀少难以满足需要，所以在实际应用中，静力延迟的计算多采用气象经验模型。经验模型主要依赖于地面气压和用纬度、高度模拟的重力加速度。该类模型很多，有 Hopfield 模型、简化 Hopfield 模型、Saastamoinen 模型、Davis-Gold-Saastamoinen 模型、NATO 模型、Goad 模型、Chao-Hopfield 模型、Davis 模型、Marini 模型、Black 模型、Kouba 模型、Baby 模型、Herring 模型等。目前最著名、在对流层延迟参数计算中用得较多的是 Saastamoinen 模型和 Hopfield 模型，其他模型可认为是从这两种模型中演变而来的。这两种模型均可较为精确地推算天顶静力延迟，两者都与测站气压有关，其中 Saastamoinen 模型适用于测站地面温度未知的情况；而 Hopfield 模型则适用于已知中性大气层的高程情况，它与测站的温度有关。但这两种模型的计算结果有一定的差异，并且差异的大小受温度和湿度的影响较大，受气压的影响较小。根据天顶静力延迟定义式(2-13)，如能确定大气密度随高度的变化，则可将 ZHD 表达为地面气象要素的函数。由于对流层干大气较符合理想气体方程和流体静力学方程，并假设重力加速度为常数，对式(2-13)积分可得天顶静力延迟与地面气压成正比，即可以利用地面气压来反算天顶静力延迟。

1. Saastamoinen 模型

Saastamoinen(1972)提出计算天顶方向(垂直路径)静力延迟的公式为(Saastamoinen 模型)：

$$\mathrm{ZHD} = 10^{-6}\frac{k_1 R P_s}{g_m M_d} = 10^{-6}\frac{k_1 R_d P_s}{g_m} = \frac{2.2767 P_s}{f(\varphi,\ h_0)} \tag{2-26}$$

$$f(\varphi,\ h_0) = 1 - 0.00266\cos 2\varphi - 0.00028 h_0 \tag{2-27}$$

式中，ZHD 为天顶静力延迟(mm)；P_s 为地面气压(hPa)；R 为理想气体普适常数，取值为 8.31434 J/(mol·K)；M_d 为干空气摩尔质量，取值为 28.9644 g/mol；$R_d = R/M_d$；$g_m = 9.784/f(\varphi,\ h_0)$，为垂直大气柱质量中心的引力加速度，其平均值为 9.7877m/s²；$f(\varphi,\ h_0)$为纬度和高度的函数，反映了重力加速度随地理位置和海拔高度的变化，其中 φ 为测站的纬度，单位为°(度)；h_0 为大地高，单位为 km。

设 $\sigma_{\mathrm{ZHD_SA}}$是用 Saastamoinen 模型计算 ZHD 时由地面气象要素测量误差所引起的误差，其误差方程为：

$$\sigma^2_{\mathrm{ZHD\_SA}} = \left(\frac{2.2768}{f(\varphi,\ h_0)}\right)^2 \sigma^2_{\mathrm{P}} \tag{2-28}$$

式中：σ_{P}是地面气压的测量误差。因此，ZHD 的计算精度直接取决于地面气压的测量误差，诸多学者计算得出，地表气压对天顶静力学延迟的影响为 2mm/hPa。以上误差分析假定卫星高度角不小于 15°，此时利用不同模型计算的 ZHD 并无显著差异，故式(2-28)主要考虑的是气象要素的代表误差，否则还要考虑模型本身的误差。Saastamoinen 模型是当前计算 ZHD 使用最为广泛的 ZHD 模型，其计算 ZHD 的精度可高达亚毫米级(Vedel et al., 2001)。

2. Hopfield 模型

Hopfield 天顶静力学延迟 ZHD 模型表达式为：

$$\mathrm{ZHD} = 77.6 \times 10^{-6} \times P_s \times \frac{(h_d - h_s)}{5T_s} \tag{2-29}$$

$$h_d = 40136 + 148.72 \times (T_s - 273.16) \tag{2-30}$$

上式中，ZHD 的单位为 mm；P_s 表示测站所在地面的大气压(hPa)；T_s 表示测站上的绝对温度(K)；h_d 表示大地水平面与中性大气顶部之间的有效高度(m)，h_s 表示测站的大地高(m)。Hopfield 模型的误差方程为：

$$\sigma_{\mathrm{ZHD\_H}}^2 = \left(b - \frac{a}{T_s}\right)^2 \sigma_p^2 + \left(\frac{aP_s}{T_s^2}\right)\sigma_T^2 \tag{2-31}$$

上式中，$a = 155.2 \times 10^{-7}(488.4 + h_s)$；$b = 23081.344 \times 10^{-7}$；$\sigma_{\mathrm{ZHD_H}}$为用 Hopfield 模型计算 ZHD 时由地面气象数据测量产生的误差；σ_T 表示地面气温的测量误差，同样不考虑模型误差。由许多研究人员计算分析得出，Hopfield 模型计算的测量误差主要来自地面气压的测量误差，而受地面气温测量误差的影响要小得多。根据式(2-31)，若气压测量误差取 1 hPa，气温测量误差取 0.5K，则 Hopfield 模型计算 ZHD 误差有 2.45mm；若气压测量误差取 0.3 hPa，气温测量误差取 0.5K，则 Hopfield 模型计算 ZHD 误差有 0.74mm，即可达到 1mm 的计算精度。因此，无论是 Saastamoinen 模型还是 Hopfield 模型，要提高计算 ZHD 的精度，就必须提高地面气压的测量精度。

3. Black 模型

$$\mathrm{ZHD} = 0.002312(T_s - 3.96)\frac{P_s}{T_s} \tag{2-32}$$

在上式中，P_s 表示测站所在地面的大气压(hpa)，T_s 表示测站上的绝对温度(K)，此模型与前两种计算 ZHD 的模型相比，不同之处在于此模型只需要测站的地面气象参数即可，不需要测站的位置坐标。如果取地面气压为 940 hPa，地面温度为 298.16K，Black 模型的误差方程式与式(2-31)相同，即当地面气压误差小于 0.3 hPa 时，Black 模型计算 ZHD 的精度优于 1mm。

在卫星信号自外空传播至地面(约为 1000 hPa)时，ZHD 大约有 2.3m。在大气静力平衡的假设下，若地面气压观测的精度为 0.5 hPa，则这项延迟的估算精度优于 1mm。所以为了精细地分离出天顶湿延迟，在计算 ZTD 时应用精密的气象传感器来测定地面气象要素。目前数字气压表的精度为 0.2 hPa，气温的测量精度为 0.5°C，自动气象站安装的数字气压传感器的测量精度为 0.1 hPa，温度的测量精度为 0.3°C，完全可以满足 ZHD 高精度计算的要求。

以上天顶静力延迟的计算模型都是在理想化的大气条件下推得的，如假设大气处于静力平衡状态、气温以常数随高度递减(一般为 6.5K/km)、水汽压随高度的减小服从指数规律等。如果大气处于非静力平衡状态，上述模型计算出的 ZHD 与实际值会有一定偏差，误差的大小取决于风场和地形的分布，但误差值一般很小，约为正常情况的 0.01%，对应 ZHD 的误差只有 0.2mm，极端情况下也只有 1mm 的误差。而气温、水汽随高度的变化，通过长期测量能够取得满意的精度，且可以消除偶然气象事件的影响。在短于一年的测量中，也能反映季节变化。然而在实际大气中，大气温湿廓线是千变万化的，特别是在几小时到几天的短期测量中，剧烈天气系统的来临将引起路径延迟的较大变化。因此，在计算对流层延迟参数时如采用这些普适模型不一定能获得最优订正效果，为了提高对流层延迟参数的计算精度，有必要根据测站所在地或附近站点往年的气象探空资料(用于地面到20~25km的计算)和标准大气模型(用于25~100km的计算)建立局地订正模型，其订正精度可能优于Saastamoinen模型和Hopfield模型(谷晓平等，2004)。之所以要算到50km以上的平流层，是因为对流层以上的平流层大气对静力延迟订正也有15%左右的贡献(Rocken et al., 1993)。

2.2.4 对流层天顶湿延迟模型及其误差分析

湿延迟(ZWD)主要由对流层低层大气引起，其在天顶方向的延迟可表示为：

$$\mathrm{ZWD} = 10^{-6}\left[k'_2\int\left(\frac{e}{T}\right)\mathrm{d}z + k_3\int\left(\frac{e}{T^2}\right)\mathrm{d}z\right] \tag{2-33}$$

式中，湿延迟的单位为mm；$k'_2 = k_2 - m \cdot k_1$；$m = M_v/M_d$，为水汽和干空气的摩尔质量之比。

同时，湿延迟也可表示为(陈洪滨等，1996)：

$$\mathrm{ZWD} = 3.37 \times 10^{-1}\int_{H_0}^{H_S}\frac{e}{T^2}\mathrm{d}S \tag{2-34}$$

式中，H_S表示GNSS卫星高度；H_0表示测站的大地高；S则表示H_0与H_S之间的路径距离。如果直接计算湿延迟的订正值，需要在进行GNSS观测的同时用无线电探空仪测出T和e的垂直分布，因此用式(2-33)和式(2-34)来计算湿延迟很困难，并且也不便于实时反演大气可降水量。尽管也有不少湿延迟的计算模型，这类模型包括水汽廓线的理论假设和经验模式，都依赖于天线位置的水汽压，模型的差异主要表现在对水汽描述的不同上。Hopfield模型基于用四次廓线来描述湿折射率的假设，Saastamoinen(1973)假定水汽压随高度呈幂指数递减，Askne和Nordius(1987)在此基础上引入了水汽递减率参数。但Mendes和Langley(1999)利用分布于世界各地的50个探空站资料进行比较，得出的结论是：如果气压测量精确，静力学天顶延迟可估计到优于毫米级，湿天顶延迟能精确到厘米级，并且模型在中纬度的精度要优于低纬度。实际上，由于利用上述计算公式时，需要有测站上空精确的温度、水汽压的廓线资料参数，而实际应用中，这些精确的高空气象资料难以直接获得，在精度要求不高的情况下，它只能根据测站高度、温度、相对湿度以及经验模型来估算。

1. Saastamoinen模型

Saastamoinen天顶湿延迟计算模型为：

$$\mathrm{ZWD} = 0.002277\left(\frac{1255}{T_s} + 0.05\right)e_s \tag{2-35}$$

其中：

$$e_s = 6.108 \cdot \frac{\mathrm{RH}}{100}\exp\left(\frac{17.15T - 4684}{T - 38.45}\right) \tag{2-36}$$

在上式中，T_s表示观测站的地面气温(K)；e_s表示观测站的水汽分压(hPa)；RH为相对湿度。在中纬度地区使用该模型，可以得到精度为3~5mm的天顶湿延迟估计结果。

2. Hopfield 模型

Hopfield 天顶湿延迟计算模型为：

$$ZWD = \frac{77.6 \times 10^{-5} \times 4810 e_s}{5T_s^2}(h_w - h_s) \tag{2-37}$$

式中，$h_w = 11000\text{m}$；T_s 表示测站的地面气温(K)；e_s 表示测站的水汽分压(hPa)；h_s 表示测站的大地高(m)。

用于计算 ZWD 的两个气象经验模型需要地表水汽压，这不仅增加了地表气象要素需求的数量，还增加了气象要素观测误差对 ZWD 计算精度的影响，其中 1%的相对湿度误差可造成 1~3mm 的 ZWD 误差，导致应用不便且计算精度低。并且 ZWD 受气象因素影响较多，变化较为剧烈，无明显规律，利用目前提出的模型计算 ZWD 的精度难以满足实际应用需求。因此，在地基 GNSS 气象中，ZWD 通常是通过从天顶总延迟减去天顶静力学延迟来间接得到的，即

$$ZWD = ZTD - ZHD \tag{2-38}$$

由上式可知，ZWD 的计算精度受 ZTD 和 ZHD 的计算精度影响，其误差关系式为：

$$\sigma_{ZWD}^2 = \sigma_{ZTD}^2 + \sigma_{ZHD}^2 \tag{2-39}$$

式中，σ_{ZTD}为天顶总延迟的计算误差，它受轨道误差、多路径误差、坐标误差、散色误差等多项误差的影响。如之前讨论，静力延迟误差主要受地面气压测量误差的影响。通常情况下，IGS 提供的 ZTD 产品的误差在 1mm 左右，而 ZHD 往往是通过数学模型求得的，可见利用式(2-39)来计算 ZWD 时，计算 ZHD 的误差是 ZWD 误差的主要来源。

总体来说，推算天顶湿延迟的误差源有(李国平，2010)：

(1)按某一模型计算湿延迟时所引入的模型误差。

根据测试和比较，当卫星高度角≥15°时，模型误差在各模型计算结果之间无显著差异，约在毫米量级，为对流层时间延迟量的 0.5%左右，故模型误差可当作系统误差来考虑。

(2)计算天顶湿延迟时，由地面气象要素测量误差所产生的影响。

大气参数测定误差是由地面气温和水汽分压测定的误差引起的。设地面气温和地面水汽分压测定误差分别为±0.5℃和±1hPa，则由此引起卫星一次通过所求定的湿延迟的误差为±10~±15mm(在卫星高度角≥15°时)，这基本上属于观测的偶然误差(陈俊勇，1998)。

(3)由湿延迟推算天顶湿延迟时的投影误差和方位误差。

投影误差是将斜径方向湿延迟转换为天顶方向湿延迟时造成的，其转换函数常称为投影函数。不同学者导出的投影函数中，常含有彼此不同的大气和地理参数。但对这些不同的投影函数做比较后，可以发现：当卫星高度角大于 15°时，这些不同投影函数所求定的天顶方向湿延迟的差别很小，一般在±5mm 之内，最大不超过±15mm；而当采用 GPS 卫星高度角大于 15°的观测数据时，决定投影函数的主要参变量是卫星高度角，这里的高度角即为高度截止角(cut off angle)，指跟踪卫星的最低高度角。研究表明，即使卫星处于同高度角，但在不同方位时，湿延迟也会有±7mm 的误差，称为方位误差，即假设大气水汽在测站周围“各向同性”所引起的误差。特别当测站处于天气状况发生剧变时，不同方位的湿延迟最大差别可达上述误差的 5 倍以上。因此，在应用 GNSS 技术研究恶劣天气时

应当引起重视。而通常情况下，投影误差一般为±3mm，可作为偶然误差加以考虑。

(4)推算天顶湿延迟时所采用的取样时间间隔不当引起的误差。

为保证计算大气可降水量的高分辨率和可靠性，在推算天顶湿延迟时，取样的时间间隔内应能正确反映湿延迟的值，即在所选用的最佳取样时间间隔内，湿延迟的变化率应与测定精度相当。例如，若设 GNSS 湿延迟的测定精度为±10mm，而某一时刻的湿延迟的变化率为 20mm/h，则取样的最佳时间间隔应设为半小时左右，否则采样结果不能正确反映湿延迟的变化情况。但在实际作业中，取样时间间隔是固定的，很难根据湿延迟的变化率做相应调整。因此，常常出现要么取样时间间隔过长，降低了湿延迟的时间分辨率；要么过短，不能反映湿延迟的实际变化的情况。两种情况都增加了湿延迟的代表误差，所以采样时间误差也是反演可降水量的一个误差源。

2.2.5 大气可降水量反演原理

大气水汽是地球大气的重要组成部分，也是一种温室气体，水汽及其变化是天气、气候变化的主要驱动力，是灾害性天气形成和演变过程中的重要因子。大气水汽的变化与降水直接相关，在大气能量传输、天气系统演变、大气辐射收支、全球气候变化等多种气象演变中扮演着重要的角色。其对于温室效应的影响比大气中任何成分的影响都大，并与云、降水的分布有着密切的联系。由于大量的能量输送会伴随着水汽的变化，因此，水汽的分布是描述大气垂直方向稳定性的重要因子，也是大气风暴系统的结构和演变的重要因素。另外，水汽在大气中的许多化学反应中也发挥着重要的作用。

作为地球大气层的重要组成部分，水汽的含量虽然仅占整个地球大气体积的 0.1%～0.3%，由于其空间分布非常不均匀，使得其成为地球大气层中最活跃的因子。在两极地区，其水汽的含量相当稀少，一般少于 5mm，而在赤道附近，其含量可以达到 50mm 以上。在天顶方向上，在距离地面约 5km 内的大气层中却包含了 95%的水汽含量，由于其变化速度之快，因而其变化规律十分难以确定。大气可降水量(Precipitable Water Vapor, PWV)又称大气水汽总量，定义为地面上大气柱中的总水汽量，是表征大气水汽含量以及空中水资源的重要指标。对流层大气密度大，成分复杂，大气状况随地面气象变化而变化，这给对流层大气折射研究带来了极大的困难。目前，探测对流层中大气水汽含量的主要方式有无线电探空站观测、雷达观测、水汽辐射计和卫星观测等。但当前对大气水汽含量的探测主要依靠常规的无线电探空站观测，使用费用昂贵，每天仅进行两次观测，并且站点有限，尤其在海洋及一些缺少探空站的地区，水汽资料缺乏，时空分辨率远不能满足需要，离监测和预报中小尺度灾害性天气的要求还有很大差距。因此，新的大气水汽探测技术——地基 GNSS 探测 PWV 技术应运而生。该技术弥补了无线电探空资料在时空分辨率上的不足，并有效提供了精细化气象预报所需要的高精度、高时空分辨率、近实时/实时的大气水汽资料。

地基 GNSS 技术具有全球全天候观测、高精度、低成本、使用方便等特点，相对探空观测、卫星和雷达探测、微波辐射计等传统方式更具优势，为对流层大气水汽的探测提供了一种新的手段。近年来，随着全球导航卫星技术的深入发展，GNSS 精密测量的精度越来越高，通过间接计算的方式，可以进而求得较为精确的对流层大气可降水量，因而可用

GNSS 技术以遥感的方式来探测大气参数，研究对流层大气。目前，地基 GNSS 技术已较为成熟，其可探测获得 GNSS 台站上空高精度和高稳定性的 PWV 信息，精度优于 3mm。

GNSS 信号穿过中性大气层时将会受到对流层大气折射的影响，称为大气延迟。在 GNSS 导航定位中，常把大气延迟称为对流层延迟，将天顶方向上的对流层延迟定义为天顶总延迟(ZTD)，ZTD 可表示为 ZHD 和 ZWD 的总和。当前，可通过 GNSS 精密单点定位技术(Precise Point Positioning，PPP)或差分技术从 GNSS 信号中精密地提取出 ZTD 信息；同时，可利用 Saastamoinen 模型或大气再分析资料精确地估计出 ZHD 值，进而可得到精确的 ZWD 信息。IWV 的含义为对流层中垂直方向气柱中水汽的累计含量，而 PWV 是垂直方向气柱内的水汽含量全部折算成液态水的厚度，两者都可以用于描述对流层大气中的水汽总量。由于气象上习惯用单位面积上的液态水高度(单位：mm)来表示降水的多少，所以 GNSS 反演的大气水汽含量更多的是用 PWV 来表示，等效为单位面积上的液态水的高度(mm)，用 Businger 公式表示为：

$$\mathrm{PWV} = \mathrm{IWV}/\rho_{\mathrm{w}} \tag{2-40}$$

因为

$$\mathrm{PWV}/\Delta L_{\mathrm{w}}^{0} = k/\rho = \Pi \tag{2-41}$$

所以

$$\mathrm{PWV} = (k/\rho_{\mathrm{w}}) \cdot \Delta L_{\mathrm{w}}^{0} = \frac{10^6}{\rho_{\mathrm{w}} R_{\mathrm{v}} (k_3/T_{\mathrm{m}} + k'_2)} \cdot \Delta L_{\mathrm{w}}^{0} = \Pi \cdot \Delta L_{\mathrm{w}}^{0} \tag{2-42}$$

因此，利用 GNSS 信号反演 PWV 信息的公式如下(Askne et al.，1987；Bevis et al.，1994；Ross et al.，1997)：

$$\mathrm{PWV} = \Pi \cdot \mathrm{ZWD} \tag{2-43}$$

式中，Π 为无量纲水汽转换系数，是湿延迟与可降水量之间的转化参数，其表达式为：

$$\Pi = \frac{10^6}{\rho_{\mathrm{w}} R_{\mathrm{v}} [(k_3/T_{\mathrm{m}} + k'_2)]} \tag{2-44}$$

式中：$\rho_{\mathrm{w}} = 1 \times 10^3 \mathrm{kg/m^3}$ 为液态水的密度；$R_{\mathrm{v}} = 461.495 \mathrm{J \cdot kg^{-1} \cdot k^{-1}}$ 为水汽气体常数；k'_2、k_3 为大气物理参数，经验值通常为 22.13±2.20K/hPa、$(3.739 \pm 0.012) \times 10^5$K/hPa；$T_{\mathrm{m}}$ 为大气加权平均温度(K)。由公式可知，除 T_{m} 外其他参数均为常数，而且 T_{m} 在不同时间和不同地区均会发生变化，因此，如何准确求得对流层大气加权平均温度 T_{m} 显得尤为重要，是 GNSS PWV 反演中的关键参数。

从上述内容可知，地基 GNSS 遥感大气水汽的误差源主要来自测定天顶湿延迟的误差、转换系数的误差和转换模型本身的误差。

1. 大气加权平均温度

T_{m} 可以由测站上空水汽压和绝对温度沿天顶方向的积分函数求得，其数学表达式为：

$$T_{\mathrm{m}} = \frac{\int_{h_{\mathrm{s}}}^{\infty} (e/T)\,\mathrm{d}z}{\int_{h_{\mathrm{s}}}^{\infty} (e/T^2)\,\mathrm{d}z} \tag{2-45}$$

式中：e 和 T 分别为测站天顶方向某高度的水汽压(hPa)和绝对温度(K)；h_{s} 为测站大地高

(m)。一般在探空资料中，提供了相对湿度 RH 和绝对温度 T，而水汽压 e 并没有直接提供，但可以通过饱和水汽压 e_s (hPa) 和露点温度 T_d (℃，$T = T_d + 273.15$) 计算得到，公式为：

$$e = \frac{\mathrm{RH} \cdot e_s}{100} \tag{2-46}$$

$$e_s = 6.112 \times 10^{\left(\frac{7.5 \times T_d}{T_d + 273.15}\right)} \tag{2-47}$$

在实际中，公式(2-45)采用以下积分公式离散化得到：

$$T_m = \frac{\int_{h_s}^{\infty} (e/T)\,\mathrm{d}z}{\int_{h_s}^{\infty} (e/T^2)\,\mathrm{d}z} = \frac{\sum_1^n \psi(e_i,\ T_i)\Delta h_i}{\sum_1^n \phi(e_i,\ T_i)\Delta h_i} \tag{2-48}$$

式中：$\psi(e_i,\ T_i) = \frac{e_i}{T_i}$，$\phi(e_i,\ T_i) = \frac{e_i}{T_i^2}$；$\Delta h_i$ 表示第 i 层大气的厚度(m)；n 为探空观测层数；e_i 和 T_i 分别为第 i 层大气层的平均水汽压(hPa)和绝对温度(K)。这种计算方法叫数值积分法，而利用该方法计算的对流层加权平均温度是目前国内外学者公认的最为精确的方法。然而，由于探空观测费用昂贵，站点分布稀疏，并且每天只观测两次，T_m 很难精确求得，达不到加权平均温度的实时性要求。

根据 Bevis 的研究发现，加权平均温度 T_m 随季节和地区而变，通过统计发现 T_m 与地面温度 T_s 呈高度线性相关，两者的回归关系可表示为(Bevis et al.，1992)：

$$T_m = a + b\,T_s \tag{2-49}$$

式中，系数 a、b 可利用最小二乘法计算得到。Bevis 等利用美国本土的无线电探空资料通过线性回归获得了可广泛用于中纬度地区的基于地面温度的 Bevis T_m 模型，也是目前国内外常用的 T_m 经验模型：

$$T_m = 70.2 + 0.72T_s \tag{2-50}$$

该经验公式算出的 T_m 的均方根误差为 4.74K，PWV 的均方根误差为 2%~4%。由于 T_m 受纬度、季节和地形因素的影响，而 Bevis 公式适用于中纬度地区(27°~65°N)，且在高海拔地区适用性较低。大量研究表明，在 GNSS 反演 PWV 过程中建立局地加权平均温度模型可以获得较高的精度。因此，为了获得更准确的加权平均温度值，减小由此引起的 GNSS 反演 PWV 的误差，在掌握较长时间、较高质量气象资料的条件下，通常是根据区域气象数据采用统计回归分析方法推导出大气加权平均温度 T_m 与地面温度 T_m 的统计关系式(经验公式)，最后通过地面温度 T_s 数值来计算得到相应的 T_m 值，或建立其他函数形式的 T_m 计算模型，以提高对流层加权平均温度和相应的水汽转换系数的计算精度。

2. 水汽转换系数

水汽转换系数 Π 可以通过 T_m 计算得到，而 T_m 又是温度和气压的函数，其值随季节、地区在 0.156 附近变化。目前，获得转化系数 Π 的常用方法主要有：取常数 0.156(或取 1/6.4 ~ 1/6.5)，或采用 Bevis 公式计算，或建立局域加权平均温度模型。虽然取 Π 为一个固定的常数计算最为简单，但在一些地区，例如中国香港地区，Π 的值最大可达 0.17 (Liu，2000)，二者存在 0.014 的误差。如果 ZWD 取值为 50cm，那么由此引起的误差将达到 10mm，这一误差显然无法满足数值天气预报要求的 PWV 的精度。因此，在不同地区、不同季节，建议通过线性回归的方法建立局地加权平均温度模型，以获得更高精度的 PWV 估值。

转换系数 Π 值也可以不通过以上方法求得。其中，Emardson 等(1998)提出了根据测站纬度和年积日来计算转换系数 Π 的方法，计算公式如下：

$$\Pi^{-1} = a_0 + a_1\varphi + a_2\sin\left(2\pi\frac{\mathrm{doy}}{365}\right) + a_3\cos\left(2\pi\frac{\mathrm{doy}}{365}\right) \tag{2-51}$$

式中，φ 为测站纬度(°)；模型系数 a_0，a_1，a_2，a_3 可通过最小二乘方法求得。该公式计算转换系数时不需要气象数据，并且由于同一测站的纬度是固定的，所以转换系数只是测站日期的函数。之后，Emardson 和 Derks 等(2000)将该方法应用于欧洲地区，并提出一种混合模型：

$$\Pi^{-1} = a_0 + a_1T_\Delta + a_2T_\Delta^2 + a_3\varphi + a_2\sin\left(2\pi\frac{\mathrm{doy}}{365}\right) + a_4\cos\left(2\pi\frac{\mathrm{doy}}{365}\right) \tag{2-52}$$

式中，T_Δ 为地面温度与平均温度之差。姚朝龙等(2015)利用中国低纬度地区 20 个探空站 2008—2011 年的探空数据，分析了水汽转换系数值随测站纬度和海拔的变化特征，发现转换系数不仅受测站地理位置(纬度)的影响，而且还与地形起伏(海拔)有关，并在此 Emardson 公式的基础上建立了一种无需站点气象数据，仅与站点纬度、年积日和海拔相关的区域转换系数模型：

$$\Pi^{-1} = a_0 + a_1\varphi + a_2\sin\left(2\pi\frac{\mathrm{doy}}{365}\right) + a_3\cos\left(2\pi\frac{\mathrm{doy}}{365}\right) + a_4h \tag{2-53}$$

式中，h 为测站海拔(m)。其建立的区域模型的精度与通过加权平均温度获得的转换系数值的精度相当，可用于该区域无气象数据条件下的 GNSS PWV 反演。

3. PWV 积分计算

大气可降水量除了可以利用式(2-43)来计算之外，还可以通过无线电探空资料或再分析资料在垂直方向上对分层气象参数进行积分得到，其表达式为：

$$\mathrm{PWV} = \int_0^{P_0}\frac{q}{\rho_w g}\mathrm{d}P \tag{2-54}$$

式中，q 表示比湿(g/kg)，g 为重力加速度(cm/s^2)，P 为气压(mbar)。水汽压 e 与比湿之间存在如下关系：

$$q = 622 \times \frac{e}{P - 0.378e} \tag{2-55}$$

水汽压的计算方程为：

$$e_i = \mathrm{RH}_i \cdot e_s/100 \tag{2-56}$$

$$e_s = 6.112 \cdot 10^{\left(\frac{a\cdot T_i}{b+T_i}\right)} \tag{2-57}$$

式中，RH 表示相对湿度(%)，e_s 表示饱和水汽压(mbar)，T 表示大气温度(℃)。当 $T \geqslant 0$℃时，a 取 7.5，b 取 237.3，反之，$T<0$℃时，a 取 9.5，b 取 265.5。

将式(2-54)离散化，可以得到从地面 P_0 到大气顶界($P=0$)PWV 的计算表达式：

$$PWV = \frac{1}{g}\sum_{p_0}^{p} q \cdot \Delta P \tag{2-58}$$

利用式(2-55)~式(2-58)即可积分计算得到PWV。

2.2.6 高精度GNSS数据处理软件

由于大气可降水量与天顶方向的对流层延迟密切相关，如何从GNSS原始观测数据中解算出较高精度的天顶总延迟就成为首先需要解决的问题。实际上，GNSS解算的天顶总延迟只是GNSS定位的一个对流层产品，所以GNSS解算的天顶总延迟的精度与定位精度密切相关。要从GNSS观测网中解算出高精度的对流层产品，要求定位精度优于10^{-8}~10^{-9}m，而GNSS接收机厂商提供的解算软件远远不能满足这一精度要求。因为它们往往忽略了长距离定位中不可忽略的一些因素，如轨道的摄动计算、对流层折射改正、测站位置受地壳运动的固体潮影响而发生的漂移等。因此，为了获得可靠的解算结果，必须使用高精度GNSS数据解算软件，才能根据接收到的GNSS观测数据以解算出高精度的对流层天顶总延迟，从而反演出高精度的GNSS水汽产品。可见，选用好的数据处理方法和解算软件对GNSS测量的结果影响甚大。目前，国际上常用的几种GNSS高精度数据处理软件如下：

1. GAMIT/GLOBK软件

美国麻省理工学院(MIT)和加州大学圣地亚哥分校(UCSD)斯克普斯海洋研究所(SIO)合作研制了GAMIT/GLOBK(GAMIT GPS analysis software)。GAMIT只要注册申请并经过MIT授权许可，可免费获取使用。该软件采用双差技术和相对定位方案，不但精度较高，而且开放源代码，使用者可根据需要修改源程序，因此相对其他解算软件来说，在国内应用更为广泛。

GAMIT的发展主要经历了如下四个阶段(姜卫平，2017)：

(1)20世纪70年代末，MIT在研究GPS接收机的时候，就开始了GAMIT软件的编写工作，其初始代码来自1960—1970年间行星星历解算及VLBI等相关软件；

(2)自1987年起，GAMIT软件被正式移植到基于UNIX的操作系统平台；

(3)1992年IGS的建立，促进了GAMIT软件自动化处理能力的提高；

(4)自20世纪90年代中期以来，GAMIT软件真正实现了对GPS数据的自动批处理。

GAMIT软件代码基于Fortran语言编写，由多个功能不同并可独立运行的程序模块组成。具有处理结果准确、运算速度快、版本更新周期短以及在精度许可范围内自动化处理程度高等特点。利用GAMIT可以确定地面站的三维坐标和对空中飞行物定轨，在利用精密星历和高精度起算点的情况下，基线解的相对精度能够达到10^{-9}左右，解算短基线的精度能优于1mm，是世界上最优秀的GNSS软件之一。GAMIT软件用于处理双差观测量时，可应用最小二乘法进行参数估计，不仅可以人工手动干预处理，也可以调用软件的自动处理模块。软件的定权方法主要包括与基线长度成反比或根据高度角定权、观测值等权等，推荐以根据高度角定权作为常用观测值定权方法，表示为高度角平方的反比。因为日月引力和其他天体引力对地表海水和地球隆起部分的作用所产生的某些地球物理效应，包括岁差、章动、极移、潮汐等，GAMIT软件可以采用适当的模型进行改正。同时，GAMIT软件可进行地球自转参数和卫星轨道的估计，计算地面测站点的相对位置。此外，在估计大气水平梯度参数和求解对流层天顶延迟参数时，通常根据观测时间自行确定参数个数并采用线性分段模型。

近年来，该软件在数据自动处理方面做了较大的改进。其不仅可在基于工作站的UNIX操作平台下运行，而且可以在基于微机的Linux平台下运行。

GLOBK(Global Kalman Filter)是一个卡尔曼滤波器，可联合解算空间大地测量和地面观测数据。其处理的数据为"准观测值"的估值及其协方差矩阵，"准观测值"是指由原始观测值获得的测站坐标、地球自转参数、轨道参数和目标位置等信息。其发展主要经历了如下三个阶段：

(1)20世纪80年代中期由美国麻省理工学院开始了GLOBK软件的代码编写工作，该软件最初用于处理VLBI数据；

(2)自1989年起，GLOBK软件扩展了其对利用GAMIT得到的GPS基线解算结果的数据处理能力；

(3)20世纪90年代，GLOBK软件扩展了其对SLR及SINEX文件的数据处理能力，完成了GLOBK软件主要功能模块的研制。

GLOBK软件主要有以下三个方面的应用：

(1)产生测站坐标的时间序列，检测坐标的重复性，同时确认和删除那些产生异常域的特定站或特定时段；

(2)综合处理同期观测数据的单时段解以获得该期测站的平均坐标；

(3)综合处理测站多期的平均坐标以获得测站的速度。

目前，GLOBK经过不断完善和发展，不仅可以接受GIPSY和Bernese等其他GNSS数据处理软件的初步解算成果，而且还可以使用经典大地测量和SLR的探测数据和初步结果。

2. Bernese软件

Bernese软件是由瑞士伯尔尼大学天文研究所开发的商业软件，该软件功能非常强大，解算精度高，除了能定轨、定位、估计地球自转参数之外，还能大量吸收融合各种有效改善定轨、定位精度的方法。Bernese软件采用双差技术和相对定位方案，应用的是IGS的精密星历，并且包含有一整套短基线GPS观测网的解算方案，可在不加入长基线观测数据(如IGS永久跟踪站)进行联合解算的情况下，利用局地GPS观测网的短基线观测数据就可得到较为精确的对流层延迟值，特别适合局域GPS观测网。另外，Bernese软件相比于其他高精度软件，此软件运算速度快并且解算精度高，在大批观测量的数据解算中更能体现出一定的速度优势。该软件的主体源程序由Fortran、Perl语言写成，既可在UNIX操作系统也可在DOS和Windows操作系统中运行，因而该软件在欧美、日本和中国台湾地区的大学拥有众多用户。但Bernese软件属于付费软件，软件的源代码也不对外公开。

3. GIPSY软件

美国喷气推进实验室(Jet Propulsion Laboratory，JPL)开发的商业软件GIPSY/OASIS-Ⅱ(其全称为GPS inferred positioning system-orbit analysis and simulation software)是采用Fortran语言和C语言编写而成的，GIPSY软件属于非开源软件，主要应用的系统环境是

UNIX 和 Linux 两个版本。该软件解算精度高，功能强大，采用非差技术和精密单点定位(PPP)方案，用的是 JPL 的精密轨道和卫星时钟改正，但使用较为复杂，多在一些研究机构中使用。

GIPSY 没有像 GAMIT/GLOBK 一样专门配置类似 GLOBK 的滤波器，但它的参数估计采用了卡尔曼滤波的方法。相对于 GAMIT 软件，GIPSY 软件除前面已经提到的非差处理模式外，还有以下优势：数据处理的时间只随观测点数而呈线性增长；能直观检查出验后残差中是否存在周跳。

4. PANDA 软件

PANDA 软件是由武汉大学卫星导航定位技术研究中心自 2001 年起自主研发的高精度卫星导航数据分析软件，98%的程序代码独立编写，具有完全自主的知识产权。该软件可以联合处理星载 GNSS 数据、地面 GNSS、SLR、DORIS、VLBI 等多类观测数据，不仅可以实现 GNSS 导航卫星的精密轨道确定，而且可以实现遥感、气象、海洋、资源等多类、多颗低轨卫星同时精密定轨，以及大量地面 GNSS 和 SLR 地面跟踪站坐标的解算。各类卫星的定轨精度可以达到厘米级，地面跟踪网的相对定位可达毫米级。该软件不仅可以应用于我国一系列卫星计划，同时可以作为科研平台，应用于大地测量学、地球动力学、气象学等科学研究领域，已被国际上多家著名研究机构所采用(荷兰代尔夫特理工大学(TU Delft)，英国诺丁汉大学，台湾交通大学等)。研究成果已经在多个国防和航天项目中得到了应用，相关领域涉及舰艇的高精度实时导航、低轨卫星的精密定轨方案设计及仿真验证、导航星座的高精度定轨方案设计及仿真验证等。特别是定位导航数据综合处理软件平台以及时空基准的广义网平差平台的形成，填补了我国在利用该技术进行精密定轨方面的空白。

另外，除了上述的高精度 GNSS 数据处理软件外，还有德国 GFZ 的 EPOS 软件，美国得克萨斯大学的 TEXGAP 软件、英国的 GAS 软件以及挪威的 GEOSAT 软件等。

高精度的 GNSS 数据处理软件都可以解算出测站坐标、卫星轨道，同时解算出测站天顶方向的大气延迟参数。其中天顶总延迟的解算方法有两种：一种是采用最小二乘估计法，在给定的时间间隔里，每个测站确定一个大气延迟参数，即在给定的时间间隔里，视 ZTD 为常数；另一种是利用卡尔曼滤波方法把 ZTD 当作一个随机过程来处理。在这两种估计方法中均假定 GNSS 接收机天线周围的大气是各向同性的。然而，由于各种 GNSS 解算软件设计的出发点和侧重点不同，采用的天顶延迟模型和映射函数模型有所不同，解算出的结果可能会有系统偏差。Dodson 和 Baker(1998)用 Bernese、GIPSY 和 GAS 软件对欧洲某局域 GPS 观测网的数据进行了比较性解算试验，结果表明，三种软件虽然都能用于 GPS 水汽解算，但 GAS 软件与另外两种软件的差异较大，与 Bernese 和 GIPSY 结果的均方根误差(RMS)分别为 1.59mm 和 1.92mm，而 Bernese 与 GIPSY 的结果相近，RMS 为 0.89mm。日本学者 Iwabuchi 等(2004)对筑波高密度 GPS 观测试验获得的数据采用 Bernese、GIPSY 和 GAMIT 三种 GPS 软件对数据处理结果进行了比较，发现由于双差方案中消除了时钟误差，故采用双差方案的相对定位软件 GAMIT 的 RMS 误差比采用精密单点定位的 GIPSY 小 1/2。另外，在实时处理时，IGS 的超快速产品 IGU(IGS Ultra rapid products)预报轨道的精度有很大的提高，可以满足实时计算 PWV 的需要。

2.2.7　多源数据高程基准统一

一般情况下，不同来源的气象数据采用的高程基准也不一致，在进行多源数据计算对比前需要将不同高程基准下的气象数据统一到同一高程基准。例如地基 GNSS 站观测数据和 GGOS 大气格网地表数据对应的是大地高（椭球高），探空站观测数据对应的是位势高（Geopotential Height），大气再分析资料的观测数据对应的是位势（Geopotential），地面气象站的观测数据对应的是正高（海拔高）。

位势（重力势，单位：m^2/s^2）是气象学中常用的表示高度的方法，是气象学中的一种假想的高度。在气象学中，为了理论计算和应用的方便，等压面上各个不同地点的高度不采用一般的几何高度，而是以单位质量的物体从海平面上升到某高度克服重力所做的功来表示。采用位势高代替几何高度的主要原因有两个：

（1）沿等位势面移动物体不抵抗重力做功，根据实测气压和温度可方便计算位势高度；

（2）便于理论上处理一些问题，如计算大气能量时，垂直坐标采用位势高度，则重力无水平分量，方程可以简化。

下面给出了将各高程统一到正常高系统下的具体方法。

1. 将位势转化为位势高

$$\mathrm{GPH} = \mathrm{GP}/g \tag{2-59}$$

式中，GPH 表示位势高；GP 表示位势；g 表示当地的实际重力加速度，一般可取近似值 9.80665 g/m^2。

2. 将位势高转化为正高

$$H_{\text{正}}(\mathrm{GPH},\ \varphi) = \frac{R(\varphi)\cdot Y_{45}\cdot \mathrm{GPH}}{Y_s(\varphi)\cdot R(\varphi) - Y_{45}\cdot \mathrm{GPH}} \tag{2-60}$$

式中，$H_{\text{正}}$表示正高；φ 表示纬度；$Y_s(\varphi)$表示旋转椭球表面的正常重力值；$R(\varphi)$表示在纬度为 φ 时的地球有效半径；Y_{45}表示椭球面在纬度为 45°时的正常重力值，其值取为 9.80665m/s^2。$Y_s(\varphi)$和 $R(\varphi)$的计算公式如下：

$$Y_s(\varphi) = 9.780325\cdot\left[\frac{1 + 0.00193185\cdot\sin\varphi^2}{1 - 0.00669435\cdot\sin\varphi^2}\right]^{0.5} \tag{2-61}$$

$$R(\varphi) = \left[\frac{6378.137}{1.006803 - 0.006706\cdot\sin\varphi^2}\right] \tag{2-62}$$

3. 将正高或大地高转化为正常高

$$H_{\text{大地}} = H_{\text{正}} + N \tag{2-63}$$

$$h = H_{\text{大地}} - \xi = H_{\text{正}} + N - \xi \tag{2-64}$$

式中，$H_{\text{大地}}$为大地高；h 为正常高；N 和 ξ 分别表示大地水准面差距和高程异常。该转换过程通常利用美国国家地理空间情报局发布的 EGM2008（Earth Gravitational Model 2008）来改正（http：//icgem.gfz-potsdam.de/calcpoints）。该模型在中国大陆与在全球范围内的精度相当，高程异常总体精度在 20cm 左右，在我国东部精度较好（华北地区在 9cm 左右，华中、华东地区在 12cm 左右），西部地区精度较差，在 24cm 左右（章传银等，2009）。

2.2.8 气象参数空间插值方法

当所有的气象参数都转换到统一的高程系统下，由于不同测站所处的空间位置不同，因此需要对处于不同空间位置的气象数据进行垂直方向和水平方向上的插值运算。在垂直插值(外推)方面，若测站高度高于格网点高度，则可利用再分析分层资料相邻层之间的气象参数进行线性插值计算得到，反之，需要在垂直方向上进行一定的外推。在水平插值方面，可利用测站附近四个格网点上垂直插值(外推)后得到的参数通过最近点法或反距离加权法或双线性内插方法得到对应位置上的气象参数。

2.2.8.1 垂直插值

在垂直插值(外推)方面，不同的气象参数依赖于不同的垂直插值方式。

1. 气温垂直插值公式

对于气温来讲，认为其随高度呈线性变化，其垂直递减率(γ)一般取平均常数-0.0065K/m，或者利用再分析分层数据最底下三层数据计算温度递减率，但是后者有时会大于0.01K/m或者是负值，会引入较大的误差(Wang et al., 2016)。因此，在多数情况下，通常取平均递减率为常数且能够获取较好的结果(Yang et al., 1985; Wang et al., 2005)。温度的线性垂直插值公式为：

$$T = T_0 - \gamma(h - h_0) \tag{2-65}$$

式中，T 和 T_0(K)分别表示在高度为 h 和 h_0(m)时对应的温度值。

再分析资料的高空气象资料按等压面分层选择气象参数，同一层格网点对应的气压相等，高程不同。为了避免高差过大引起的误差累计，在进行垂直方向插值时，首先根据目标高程判断出与气象观测站位置临近的上下两层，再在两层之间进行各气象参数的插值计算。对于分层的温度，可以根据相邻两层的温度和位势来计算温度递减率：

$$\gamma = \frac{T_{\text{upper}} - T_{\text{lower}}}{h_{\text{upper}} - h_{\text{lower}}} \tag{2-66}$$

式中，γ 是温度递减率，h_{upper} 和 h_{lower} 分别代表上下两层的位势高度，T_{upper} 和 T_{lower} 分别代表上层和下层的温度。测站点高度的温度 T_z^i 可以表示为：

$$T_z^i = T_{\text{lower}} + \gamma(z - h_{\text{lower}}) \tag{2-67}$$

式中，T_z^i 是高度 z 处的温度。

2. 气压垂直插值公式

对于地表气压来讲，考虑其随高度呈指数变化，气压的垂直插值公式为：

$$P = P_0\left[1 - \frac{\gamma(h - h_0)}{T_0}\right]^{\frac{g \cdot M}{R \cdot \gamma}} \tag{2-68}$$

$$g = 9.8063 \cdot \left\{1 - 10^{-7}\frac{h + h_0}{2}[1 - 0.0026373 \cdot \cos(2\varphi) + 5.9 \cdot 10^{-6} \cdot \cos^2(2\varphi)]\right\} \tag{2-69}$$

式中，P 和 P_0(hPa)分别表示在高度为 h 和 h_0(m)时对应的气压值；M 为干空气的摩尔质量，通常取值为0.0289644 kg/mol；R 为理想气体常数，通常取值为8.31432[N · m/

(mol · K)]；g 为重力加速度；φ 为测站的纬度(弧度)。气压也可以通过简化标准大气模型来进行插值：

$$P = P_0 [1 - 0.0000226(h - h_0)]^{5.225} \tag{2-70}$$

刘立龙等(2013)通过上述标准大气模型分析了 GNSS 站气压与相邻探空站气压、GNSS 站与探空站之间不同高差条件下线性和非线性的关系，得出了基于分段高差的气压插值公式：

$$\begin{cases} P = P_0[0.9993 - 0.0001(h - h_0)], & h - h_0 < 100\text{m} \\ P = P_0[1 - 1.1808 \times 10^{-4}(h - h_0) + 5.6377 \times 10^{-9}(h - h_0)2], & h - h_0 \geqslant 100\text{m} \end{cases} \tag{2-71}$$

该公式与标准大气模型精度相当，且在高差小于 100m 时，其计算更为简单。但该公式仅能保证高差小于 1500m 时气压插值的精度。因此，该公式的适用性低于标准大气模型。

对于高空分层气压来讲，分别将上下两层格网点的气压插值到测站高度的插值公式为(Jiang et al., 2016)：

$$H_p^i = \frac{h_{\text{upper}} - h_{\text{lower}}}{\ln(p_{\text{lower}}/p_{\text{upper}})} \tag{2-72}$$

$$p_z^i = p^i \cdot \exp\left(-\frac{z - h^i}{H_p^i}\right) \tag{2-73}$$

式中，H_p^i 表示上下两层之间的标高；h_{upper} 和 h_{lower} 分别代表上下两层的位势高度；p_{upper} 和 p_{lower} 分别代表上层和下层的气压；p_z^i 表示测站点高度 z 处的气压，p^i 表示高度 h^i 的气压，h^i 表示离测站的高度最近的等压面高度。

3. T_m 垂直插值公式

$$T_m = T'_m - \gamma(h - h_0) \tag{2-74}$$

式中，T_m 和 T'_m 分别表示在高度为 h 和 h_0 时对应的温度值；γ 表示 T_m 垂直递减率，由于 T_m 和高程存在着近似的线性变化关系，通常可以利用当地的再分析资料 T_m 数据和对应的地表高程数据计算求取。

4. PWV 垂直插值公式

不同高度上 PWV 的插值计算常用公式如下(Leckner et al., 1978)：

$$\text{PWV}_{h_1} = \text{PWV}_{h_2} \cdot \exp(-(h_1 - h_2)/2000) \tag{2-75}$$

式中，PWV_{h_1} 和 PWV_{h_2} 分别表示在高度为 h_1 和 h_2 时对应的大气可降水量。

2.2.8.2　水平插值

在水平插值方面，一般采用最近点法、平均值法、反距离加权法(IDW)和双线性插值法(Bilinear)四种常用的水平方法进行插值。图 2-5 为格网点水平插值示意图，P 为测站上待插值点；a、b、c、d 分别为离测站最近的周围四个格网点；D_1、D_2、D_3、D_4 分别为各个格网点到 P 点的直线距离；S_1 和 S_2 分别为 a(或 b)和 d(或 c)在竖直方向上到 P 点的距离，S_3、S_4 分别为 a(或 d)和 b(或 c)在水平方向上到 P 点的距离。

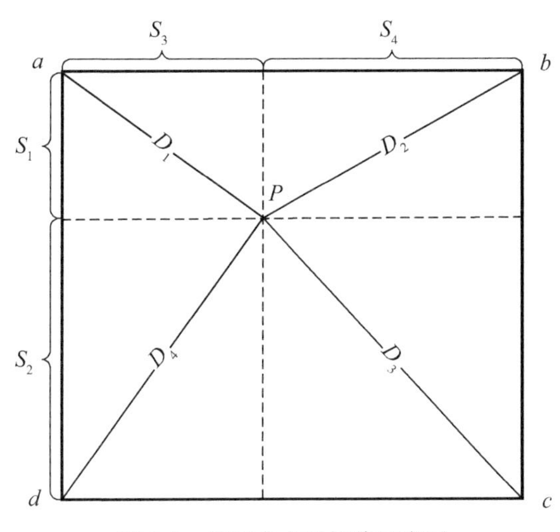

图 2-5 格网点水平插值示意图

1. 最近点法

根据测站的经纬度坐标找到与其距离最近的格网点，则以该格网点的气象数据作为测站点的气象观测值。该方法与利用邻近的 GNSS 测站气象观测资料、探空站数据作为待插值 GNSS 站参考数据相类似。最近点法可用下式表示：

$$P_{待插值点} = P_{最近格网点} \tag{2-76}$$

式中，$P_{待插值点}$为测站上的待插值点，$P_{最近格网点}$为离测站最近的格网点的气象参数值。最近点法计算简单，但对最近点气象参数依赖性强，对所插值的气象参数约束不大，插值距离越远，插值的精度越差。

2. 平均值法

最近点法只是简单地以最近格网点的气象参数值作为测站的气象参数值，并没有充分利用各个格网点的气象数据，也未考虑各格网点与测站气象参数之间的相关性。因此，考虑离测站最近的周围四个格网点气象参数值的平均值作为该站的气象数据。即

$$P_{待插值点} = \frac{P_a + P_b + P_c + P_d}{4} \tag{2-77}$$

式中，P_a、P_b、P_c和 P_d 为离测站点最近的周围四个格网点的气象参数值。

3. 反距离加权法(IDW)

最近点法较为简单地考虑了距离在气象参数插值过程中的影响因素，而平均值法则充分考虑了格网点与测站点气象参数间的相关性，但却忽略了距离对于气象参数相关性的影响。显然，待插值的测站处的气象参数既与距离有关又与格网点上的气象参数有关。距离越远，测站与格网点气象参数之间的相关性越小。反之，则越大。因此，可以通过利用测站到其周围四个格网点的距离和格网点上的气象参数求出待插值的测站点上的气象参数。

反距离加权(Inverse Distance Weighted，IDW)法是一种较为常用且计算简便的空间插值方法。该方法是基于这样的假设：两个事物的相关性会随着二者之间距离的增加而减小。因此，该方法是以待插值点与其周边所已知的样本点之间的距离作为权重，采用加权

平均的方式进行计算。距离待插值点越远的已知样本点，其相应的权重越小。其计算公式可表示为：

$$P_{待插值点} = \sum \frac{1}{D_i^2} \times P_i \Big/ \sum \frac{1}{D_i^2} \tag{2-78}$$

式中，D_i 为测站到第 i 个格网点间的距离，P_i 为第 i 个格网点上的气象参数值。

4. 双线性插值法(Bilinear)

双线性插值(Bilinear)，又称为双线性内插。在数学上，双线性插值是有两个变量的插值函数的线性插值扩展，其核心思想是在两个方向上分别进行一次线性插值。如图 2-5 所示，要获得待插值点 P 上的气象参数值，首先根据 S_1 和 S_2 分别求得竖直方向上的权重 P_1、P_2，再根据 S_3 和 S_4 分别求得水平方向上的权重 P_3、P_4：

$$P_1 = \frac{S_1}{S_1 + S_2} \tag{2-79}$$

$$P_2 = \frac{S_2}{S_1 + S_2} \tag{2-80}$$

$$P_3 = \frac{S_3}{S_3 + S_4} \tag{2-81}$$

$$P_4 = \frac{S_4}{S_3 + S_4} \tag{2-82}$$

最后通过以下公式得到待插值点 P 上的气象参数值：

$$P_{待插值点} = P_3 \times (P_a \times P_1 + P_d \times P_2) + P_4 \times (P_b \times P_1 + P_c \times P_2) \tag{2-83}$$

由于反距离加权和双线性插值法考虑了待插值的测站处的气象参数与周围格网点上的气象参数距离加权关系，相对其他插值方式插值精度更为可靠，因此，通常选择反距离加权或双线性插值法对气象格网产品进行水平方向上的插值。

第3章　对流层关键参量模型

对流层延迟作为对流层关键参量之一，其是影响 GNSS、VLBI、SLR 及 DORIS 等空间技术高精度导航定位的关键因素。当前，在 GNSS 导航定位中主要采用对流层延迟模型来修正对流层延迟。对流层延迟模型主要可分为两大类：一是需要依赖实测气象参数的模型，这类模型需要实测的气象参数作为输入；二是非气象参数模型(不需要实测气象参数的模型，即经验模型)。利用大气再分析资料也可获得较为精确的对流层延迟信息，但是需要依靠高精度、高时空分辨率的对流层垂直剖面模型将格网点处的信息插值到 GNSS 站点处。作为对流层的另外一个关键参量——T_m，其不仅是 GNSS 水汽探测的关键参数，也是 Askne 对流层延迟模型计算 ZWD 信息的重要因子。

近年来，诸多学者开展了高精度、高时空分辨率的区域或全球的对流层延迟模型、对流层垂直剖面模型及大气加权平均温度模型的精化研究，并建立了系列区域或全球对流层关键参量模型，这些模型在区域或全球范围内均表现出了各自的优越性，其在高精度卫星导航定位及大气探测中具有重要的应用。

本章详细介绍了当前常用的区域或全球的对流层延迟模型、对流层垂直剖面函数模型及大气加权平均温度模型等对流层关键参量模型，并探讨了当前对流层关键参量模型中所存在的问题。

3.1　对流层延迟模型

3.1.1　依赖实测气象参数的对流层延迟模型

在依赖实测气象参数的对流层延迟模型中，国际上比较经典的有 Hopfield、Saastamoinen 和 Black 等对流层延迟模型，这些模型都是基于理想气体状态方程和相应的假设建立的，其计算对流层延迟信息时，通常将 ZHD 和 ZWD 分开进行计算。

Hopfield(1969)利用全球 18 个探空剖面资料构建了国际上第一个基于实测气象参数的对流层延迟模型——Hopfield 模型，该模型计算对流层延迟信息时需要输入气温、气压、水汽压和测站位置等参数，其计算 ZHD 和 ZWD 的公式分别详见第 2 章的式(2-29)~式(2-30)和式(2-37)。Saastamoinen(1972)以美国标准大气模型为基础也建立了基于实测气象参数的对流层延迟模型——Saastamoinen 模型，该模型将对流层分为两层，即在第一层中假设温度垂直递减率呈线性变化，而在第二层中温度垂直递减率为一常数，该模型也是利用气温、气压、水汽压、测站高度和纬度等参数分别计算 ZHD 和 ZWD，从而得到 ZTD。其计算 ZHD 和 ZWD 的公式分别详见第 2 章的式(2-26)~式(2-27)和式(2-35)~式

(2-36)。

Black(1978)对 Hopfield 模型进行改进，构建了较为著名的 Black 模型，其计算 ZHD 的公式详见第 2 章的式(2-32)。对于 ZWD 计算，Black 模型则是不需要通过气象参数来计算的，而是通过不同纬度带取相应的常数值来获取。Ifadis(1986)构建了顾及气压、气温和水汽压等气象参数的 ZWD 模型——Ifadis 模型。Askne 等(1987)也建立了与大气加权平均温度、水汽压和水汽压递减率等气象参数有关的新 ZWD 模型——Askne 模型，该模型在输入实测气象参数的前提下能取得较好的 ZWD 计算精度，其计算公式如下：

$$\mathrm{ZWD} = 10^{-6} \cdot \left(k'_2 + \frac{k_3}{T_\mathrm{m}}\right) \cdot \frac{R_\mathrm{d} e}{(\lambda + 1) g_\mathrm{m}} \tag{3-1}$$

式中，e 为水汽压；T_m 为大气加权平均温度；k'_2、k_3 为大气物理参数，经验值通常为 $(22.13 \pm 2.20)\mathrm{K/hPa}$、$(3.739 \pm 0.012) \times 10^5\mathrm{K/hPa}$；$g_\mathrm{m}$ 为重力系数，可简单取 $9.80665\mathrm{m/s^{-2}}$；R_d 为干气体常数，可取 $287.054\ \mathrm{J \cdot kg^{-1} \cdot K^{-1}}$；$\lambda$ 为水汽递减因子。其中计算 T_m 的表达式详见第 2 章的式(2-48)，计算 λ 和 g_m 的表达式如下：

$$e = e_\mathrm{s}\,(p/p_\mathrm{s})^{\lambda+1} \tag{3-2}$$

$$g_\mathrm{m} = 9.784 \cdot (1 - 0.00266\cos 2\varphi - 0.28 \cdot 10^{-6} h) \tag{3-3}$$

式中，e_s 为饱和水汽压(hPa)；p 和 p_s 分别为气压和测站地表气压(hPa)；φ 为测站的纬度(弧度)；h 为测站高度(m)。Askne 模型建立初期，由于大气加权平均温度不易获取，因此该模型的推广应用受到了一定的限制。

上述模型都是基于理想气体状态方程和相应的假设建立的，在有测站实测气象参数时，改正精度可达分米甚至厘米级，若采用标准大气参数，改正效果较差。加上由于对流层层顶高度跟纬度有关，且对流层延迟具有显著的季节变化特性，上述模型参数的时空分辨率偏低，因此在使用这些模型时将不可避免地产生一定的系统误差，导致模型的精度受到限制。因此亟须开展高精度、高时空分辨率的全球的对流层延迟模型的精化研究。

Ding 等(2016)以全球 GNSS 服务机构(International GNSS Service，IGS)提供的高精度 GNSS-ZTD 产品为参考值，分析了 Saastamoinen 模型计算 ZTD 与其相减获得的残差时间序列，并利用 BP 神经网络算法对残差进行建模，进而构建了基于实测地表气象参数的 ZTD 新模型(简称 ISAAS 模型)，结果表明新模型预报 ZTD 的精度相比 Saastamoinen 模型提高了 12.4%。

Yao 等(2018a)利用全球探空资料分析发现 ZWD 与水汽压具有较强的相关性，尤其在陆地区域和高纬度地区，在此基础上利用 ECMWF 再分析资料构建了顾及水汽压和 ZWD 季节变化的全球 2.5°×2.5°分辨率的 ZWD 格网模型(简称 GridZWD 模型)。但在低纬度地区，ZWD 与水汽压的相关性较弱，仅利用 ZWD 与水汽压的线性关系来建立模型，其残差仍较大，因此通过利用非线性周期函数对残差进行建模，细化了残差之间的关系。模型表示式如下：

$$\mathrm{ZWD} = a_0 e + \Delta\mathrm{ZWD} \tag{3-4}$$

$$\begin{aligned}\Delta\mathrm{ZWD} = {} & a_1 + a_2\cos\left(2\pi\frac{\mathrm{doy}}{365.25}\right) + a_3\sin\left(2\pi\frac{\mathrm{doy}}{365.25}\right) \\ & + a_4\cos\left(4\pi\frac{\mathrm{doy}}{365.25}\right) + a_5\sin\left(4\pi\frac{\mathrm{doy}}{365.25}\right)\end{aligned} \tag{3-5}$$

式中，e 为水汽压(hPa)；ΔZWD 为 ZWD 的残差(mm)；doy 表示年积日；a_0 表示比例系数，a_1、a_2、a_3、a_4 和 a_5 为季节残差校正函数的系数，a_1 为系数的平均值，a_2、a_3 为年周期振幅系数，a_4、a_5 为半年周期振幅系数。该模型与 Saastamoinen，Hopfield 和 GPT2w 模型(Böhm et al.，2015)相比，其性能提升了近 10%~30%。

上述所描述的依赖实测气象参数的对流层延迟模型如表 3-1 所示。在地表气象参数可获得的情况下，这类模型的效果相比非气象参数模型表现最优。然而，这些模型若要获得较好的对流层改正效果需依赖实测的气象参数，而 GNSS 监测站建立的最初目标是用于大地测量与地球动力学研究，大部分 GNSS 接收机上并未配气象传感器设备，从而限制了它们在实时导航定位中的应用。加上不少学者的研究成果都表明，Hopfield 和 Saastamoinen 等模型估计的对流层延迟信息的精度与非气象参数对流层延迟模型相比其优势并不明显，甚至更差(曲伟菁等，2008)。因此，近年来对依赖实测气象参数模型研究的关注度有所降低，因此这类模型的应用偏少。

表 3-1 **依赖实测气象参数的对流层延迟模型**

模型	需要输入的参数	计算的对流层参数	参考文献
Hopfield 模型	气温、气压、水汽压、测站高度	ZTD、ZWD、ZHD	Hopfield，1969
Saastamoinen 模型	气温、气压、水汽压、测站高度、纬度	ZTD、ZWD、ZHD	Saastamoinen，1972
Black 模型	气温、气压	ZTD、ZWD、ZHD	Black，1978
Ifadis 模型	气温、气压、水汽压	ZWD	Ifadis，1986
Askne 模型	大气加权平均温度、水汽压、水汽压递减率	ZWD	Askne et al.，1987
ISAAS 模型	气温、气压、水汽压、测站高度、纬度	ZTD	Ding et al.，2016
GridZWD 模型	经度、纬度、测站高度、水汽压	ZWD	Yao et al.，2018a

3.1.2 非气象参数的对流层延迟经验模型

基于实测的气象观测数据的经验对流层模型可以获得较好的对流层延迟参数值，但并非所有测站都配备有专业的气象传感器设备，从而限制了它们在实时导航定位中的应用。随着 GNSS、VLBI 等空间技术广泛应用于各类空间飞行器的导航定位和制导，为了满足对流层延迟应用需求的实时性，方便用户获取实时、高精度的对流层延迟信息，利用大气再分析资料构建大区域或者全球的非气象参数对流层延迟模型(对流层经验模型)获得了广泛关注，如国外的 UNB 系列模型、EGNOS 模型、TropGrid 系列模型和 GPT 系列模型，国内的 IGGtrop 系列模型、GZTD 系列模型、ITG 模型和 GTrop 模型等。表 3-2 汇总了常用的非气象参数的全球对流层延迟模型。

表 3-2　国内外经典非气象参数全球对流层延迟模型

模型	需要输入的参数	可获得的对流层参数	参考文献
UNB3 系列模型	时间、纬度、高程	ZTD、ZWD、ZHD、温度、压强、水汽压、温度及水汽递减率等	Collins et al., 1997 Leandro et al., 2008, 2009
EGNOS 模型	时间、纬度、高程	ZTD、ZWD、ZHD、温度、压强、水汽压、温度及水汽递减率等	Penna et al., 2001
TropGrid 系列模型	时间、经度、纬度、高程	ZTD、ZWD、ZHD、温度、T_m、压强、水汽压、温度及水汽递减率等	Krueger et al., 2004 Schüler, 2014
GPT 系列模型	时间、经度、纬度、高程	ZTD、ZWD、ZHD、温度、T_m、压强、水汽压、温度及水汽递减率等	Böhm et al., 2007 Lagler et al., 2013 Böhm et al., 2015
ITG 模型	时间、经度、纬度、高程	ZTD、ZWD、ZHD、温度、T_m、压强、水汽压、温度递减率等	Yao et al., 2015b
GTrop 模型	时间、经度、纬度、高程	ZWD、ZHD、T_m	Sun et al., 2019a
IGGtrop 系列模型	时间、纬度、经度、高程	ZTD	李薇等, 2012 李薇等, 2015 Li et al., 2018
GZTD 系列模型	时间、纬度、经度、高程	ZTD	姚宜斌等, 2013 姚宜斌等, 2015a 姚宜斌等, 2015b 姚宜斌等, 2016 Sun et al., 2017

3.1.2.1　UNB 系列模型

UNB 系列模型是加拿大纽布伦斯威克大学(University of New Brunwick, UNB)为美国的广域增强系统(Wide Area Augmentation System, WAAS)的推广应用而建立的对流层延迟模型。它将美国标准大气资料沿纬度进行格网化，得到一个 15°纬度间隔的大气参数表(温度、压强、水汽压、温度垂直递减率、水汽压垂直递减率)，以此估算所需气象参数。经过 UNB 学者的不断研究改进，目前 UNB 系列模型包括 UNB1、UNB2、UNB3、UNB3m 和 UNB. na 等。

UNB3 模型是 Collins 等(1997)针对 Saastamoinen 模型中气象参数在使用上的不足，利用 1966 美国标准大气资料推出了对流层天顶模型，推导了温度(T)、压强(P)、水汽压(e)、温度垂直递减率(β)和水汽压垂直递减率(λ)共 5 个气象参数的年均值和周年变化振幅，全球纬度每 15°一组。UNB3 模型除了包含气象参数的年均值和周年变化振幅，还由 Saastamoinen 模型、Niell 投影函数组成(Niell, 1996)。用户可以根据自己的纬度和时间，利用余弦函数计算所需要的气象参数，以便确定大气延迟。表 3-3 和表 3-4 分别列出了 5 个气象参数在不同纬度(φ)的年均值和振幅值。

表 3-3 **UNB3 模型中的 5 个气象参数的年均值**

φ(°)	P(mbar)	T(K)	e(mbar)	β(K/m)	λ
≤15	1013.25	299.65	26.31	6.30×10^{-3}	2.77
30	1017.25	294.15	21.79	6.05×10^{-3}	3.15
45	1015.75	283.15	11.66	5.58×10^{-3}	2.57
60	1011.75	272.15	6.78	5.39×10^{-3}	1.81
≥75	1013.00	263.65	4.11	4.53×10^{-3}	1.55

表 3-4 **UNB3 模型中的 5 个气象参数的振幅值**

φ(°)	P(mbar)	T(K)	e(mbar)	β(K/m)	λ
≤15	0.00	0.00	0.00	0.00	0.00
30	-3.75	7.00	8.85	0.25×10^{-3}	0.33
45	-2.25	11.00	7.24	0.32×10^{-3}	0.46
60	-1.75	15.00	5.36	0.81×10^{-3}	0.74
≥75	-0.50	14.50	3.39	0.62×10^{-3}	0.30

UNB3 模型计算对流层延迟的第一步是根据测站的纬度和测量时间，通过表 3-3 和表 3-4 来计算用户位置的 5 个气象参数，其中 5 个气象参数的年均值和振幅的计算公式如下：

$$\mathrm{AVG}_{\varphi}=\begin{cases}\mathrm{AVG}_{15}, & \varphi\leqslant 15\\ \mathrm{AVG}_{75}, & \varphi\geqslant 75\\ \mathrm{AVG}_{i}+\dfrac{(\mathrm{AVG}_{i+1}-\mathrm{AVG}_{i})}{15}(\varphi-\varphi_{i}), & 15<\varphi<75\end{cases} \tag{3-6}$$

$$\mathrm{AMP}_{\varphi}=\begin{cases}\mathrm{AMP}_{15}, & \varphi\leqslant 15\\ \mathrm{AMP}_{75}, & \varphi\geqslant 75\\ \mathrm{AMP}_{i}+\dfrac{(\mathrm{AMP}_{i+1}-\mathrm{AMP}_{i})}{15}(\varphi-\varphi_{i}), & 15<\varphi<75\end{cases} \tag{3-7}$$

式中，AVG_{φ} 和 AMP_{φ} 分别表示气象参数的年均值和振幅值，φ_i 表示表中的纬度，i 为表格中距离插值点最近的格网点纬度索引。计算出 5 个气象参数的年均变化值和振幅值后，根据下式即可计算出对应年积日的 5 个气象参数值：

$$X(\varphi,\ \mathrm{doy})=\mathrm{AVG}_{\varphi}+\mathrm{AMP}_{\varphi}\cdot\cos\left(2\pi\frac{\mathrm{doy}-28}{365.25}\right) \tag{3-8}$$

在计算出对应年积日和纬度的 5 个气象参数及振幅后，ZHD 和 ZWD 的计算可通过下式求得：

$$ZHD = \frac{10^{-6}k_1 R_d P_0}{g_m} \cdot \left(1 - \frac{\beta H}{T_0}\right)^{\frac{g}{R_d \beta}} \tag{3-9}$$

$$ZWD = \frac{10^{-6}(T_m k_2' + k_3) R_d}{g_m \lambda' - \beta R_d} \cdot \frac{e_0}{T_0} \cdot \left(1 - \frac{\beta H}{T_0}\right)^{\frac{g\lambda'}{R_d \beta} - 1} \tag{3-10}$$

$$T_m = T \cdot \left(1 - \frac{\beta R_d}{g_m \lambda'}\right) \tag{3-11}$$

$$\lambda' = \lambda + 1 \tag{3-12}$$

式中，g_m和g分别表示圆柱体大气的重力加速度和地表重力加速度；T_0、P_0、e_0、β、λ分别为式(3-6)和式(3-7)计算出来的气象参数；H为站点高程；R_d为干气体常数，可取287.054J·kg^{-1}·K^{-1}；T_m为水蒸气平均温度，单位为K；k_1、k_2'、k_3为大气物理参数。最终对流层总斜延迟可由下式计算：

$$STD = ZHD \cdot M_h + ZWD \cdot M_w \tag{3-13}$$

式中，M_h和M_w分别表示静力学延迟和湿延迟的Niell投影函数(Niell，1996)。

UNB3模型经过验证，在北美地区，UNB3模型估计的对流层天顶延迟偏差优于20cm，平均误差为2cm(Collins et al.，1998)；在全球地区内，UNB3模型的平均精度与顾及实测气象参数的Hopfield和Saastamoinen模型的精度相当，当在高程大于1km以上区域使用时，其ZTD改正性能优于Hopfield模型。

UNB3m模型是UNB3模型的改进版本，Leandro等(2008)利用相对湿度代替了UNB3模型中的水汽压，建立了UNB3m模型。UNB3m模型克服了UNB3模型中相对湿度值的不符性，该模型能有效改善对流层湿延迟的估计，其他的气象参数及计算模型与UNB3模型一致，表3-5给出了UNB3m模型的相对湿度的平均值和振幅值。

表3-5　**UNB3m模型中相对湿度的平均值和振幅值**

φ(°)	平均值(%)	振幅(%)
≤15	75.0	0.0
30	80.0	0.0
45	76.0	-1.0
60	77.5	-2.5
≥75	82.5	2.5

根据表3-5中相对湿度在不同纬度范围的平均值和振幅，结合国际地球自转服务(IERS)提供的相对湿度与水汽压的转换关系，即可计算出UNB3m模型的ZTD信息，其转换关系如下(McCarthy et al.，2003)：

$$e_0 = \frac{RH}{100} \cdot e_f \cdot f_w \tag{3-14}$$

其中，e_f和f_w分别表示饱和水汽压和增强因子，其可分别表示为：

$$e_f = 0.01 \cdot \exp(1.2378847 \times 10^{-5} T_0^2 - 1.9121316 \times 10^{-2} T_0 + 33.93711047 - 6.3431645 \times 10^3 T_0^{-1}) \tag{3-15}$$

$$f_w = 1.00062 + 3.14 \times 10^{-6} P_0 + 5.6 \times 10^{-7} (T_0 - 273.15)^2 \tag{3-16}$$

UNB3m 模型采用相对湿度估计湿延迟，使得平均偏差约为 0.5cm，但当高度超过 2km 时，湿延迟的平均偏差达到−6.1cm(Leandro et al., 2006)。Leandro 等(2009)对 UNB3m 继续精化，建立了 UNBw.na 模型。它利用北美地面气象资料建立了水平分辨率为 5°×5°的二维大气参数表，同时顾及对流层延迟随纬度及经度的变化，可以描述有限区域内对流层延迟的精细空间变化特征，误差比 UNB3m 模型减小了 30%，但是其参数表的建立过程较复杂，且只适用于北美地区。

3.1.2.2 EGNOS 模型

EGNOS 模型是欧盟星基广域增强系统(the European Geo-stationary Navigation Overlay System, EGNOS)采用的对流层延迟模型，该模型通过对 UNB3 简化得到(Penna et al., 2001)，利用 1°×1°格网的欧洲中尺度数值预报中心 ECMWF 资料发展起来。EGNOS 模型在各个 15°纬度格网点上提供了与 UNB3m 模型同样的 5 个气象参数(温度(T)、压强(P)、水汽压(e)、温度垂直递减率(β)和水汽压垂直递减率(λ))在平均海平面上的值。EGNOS 模型的主要特点是计算对流层天顶延迟时无需实测的气象参数，其在计算对流层天顶延迟时用户只需输入纬度和年积日，利用余弦函数计算出自己所需要的气象参数，进而基于高程改正计算出对流层天顶延迟，非常适用于 GNSS 实时导航，因此成为全球广泛应用的对流层延迟模型之一。

基于 EGNOS 模型获取对流层天顶延迟的计算过程为：首先基于测站的纬度和年积日求得平均海平面处的 5 个气象参数，基于此计算相应的平均海平面处的对流层天顶延迟，然后由测站的高程计算测站处的对流层天顶延迟。EGNOS 模型能较好地描述平均天顶对流层延迟。

由平均海平面的天顶对流层延迟计算接收机处的天顶对流层延迟量的计算公式为：

$$D_{\mathrm{dry}} = Z_{\mathrm{dry}} \left[1 - \frac{\beta H}{T}\right]^{\frac{g}{R_d \beta}} \tag{3-17}$$

$$D_{\mathrm{wet}} = Z_{\mathrm{wet}} \left[1 - \frac{\beta H}{T}\right]^{\frac{(\lambda+1)g}{R_d \beta} - 1} \tag{3-18}$$

式中，D_{dry} 和 D_{wet} 分别为对流层天顶干延迟和湿延迟；Z_{dry} 和 Z_{wet} 分别为平均海平面的对流层天顶干延迟和湿延迟；g 为重力加速度，可取 9.8065m/s^2；H 为测站的高程(m)；T 为平均海平面的温度(K)；β 是温度垂直递减率(K/m)；λ 是水汽压垂直递减率(K/m)；R_d 为干气体常数，可取 287.054J/kg · K。

那么，平均海平面的天顶对流层干延迟和湿延迟可分别表示为：

$$Z_{\mathrm{dry}} = \frac{10^{-6} k_1 R_\mathrm{d} P}{g_\mathrm{m}} \tag{3-19}$$

$$Z_{\mathrm{wet}} = \frac{10^{-6} k_2 R_\mathrm{d}}{g_\mathrm{m}(\lambda + 1) - \beta R_\mathrm{d}} \times \frac{e}{T} \tag{3-20}$$

式中，$k_1=77.604$K/mbar，$k_2=382000\text{K}^2$/mbar；$g_m=9.784\text{m/s}^2$；P 为平均海平面气压(mbar)；e 是平均海平面的水汽压(mbar)。

EGNOS 模型平均海平面的 5 个气象参数(温度(T)、压强(P)、水汽压(e)、温度垂直递减率(β)和水汽压垂直递减率(λ))的计算表达式为：

$$\xi(\varphi,\ D)=\xi_0(\varphi)-\Delta\xi(\varphi)\times\cos\left(\frac{2\pi(D-D_{\min})}{365.25}\right) \tag{3-21}$$

式中，$\xi(\varphi,\ D)$为 5 个气象参数，只与测站的纬度 φ 和观测的年积日 D 有关；$\xi_0(\varphi)$为各个气象参数的年均值；$\Delta\xi(\varphi)$为各个气象参数的季节变化值；$D_{\min}$为各气象参数的年变化最小值的年积日(北半球 $D_{\min}=28$，南半球 $D_{\min}=211$)。$\xi_0(\varphi)$和 $\Delta\xi(\varphi)$可根据全球(或某地区)平均海平面的各气象参数拟合获得。表 3-6 和表 3-7 分别给出了不同纬度圈 5 个气象参数的年平均值和季节变化值。

经检验，EGNOS 模型计算的对流层天顶延迟的精度与具有实测气象参数的 Saastamoinen 模型和 Hopfield 模型相当，无明显的系统偏差，平均 RMS 仅为 5cm，高于用标准大气参数的 Saastamoinen 模型和 Hopfield 模型计算的精度，能满足 GNSS 米级定位精度对流层延迟改正需要，可作为适用的 GNSS 实时定位和导航的对流层天顶延迟的改正模型，特别是接收机内部的改正模型(曲伟菁等，2008)。

表 3-6　**EGNOS 模型中的 5 个气象参数的年平均值**

φ(°)	P(mbar)	T(K)	e(mbar)	β(K/m)	λ
≤15	1013.25	299.65	26.31	6.30×10^{-3}	2.77
30	1017.25	294.15	21.79	6.05×10^{-3}	3.15
45	1015.75	283.15	11.66	5.58×10^{-3}	2.57
60	1011.75	272.15	6.78	5.39×10^{-3}	1.81
≥75	1013.00	263.65	4.11	4.53×10^{-3}	1.55

表 3-7　**EGNOS 模型中的 5 个气象参数的季节变化值**

φ(°)	ΔP(mbar)	ΔT(K)	Δe(mbar)	$\Delta\beta$(K/m)	$\Delta\lambda$
≤15	0.00	0.00	0.00	0.00×10^{-3}	0.00
30	-3.75	7.00	8.85	0.25×10^{-3}	0.33
45	-2.25	11.00	7.24	0.32×10^{-3}	0.46
60	-1.75	15.00	5.36	0.81×10^{-3}	0.74
≥75	-0.50	14.50	3.39	0.62×10^{-3}	0.30

黄良珂等(2014，2017)使用数年 IGS 站的高精度对流层天顶延迟数据对 EGNOS 模型在亚洲地区进行了单站精化，构建了亚洲地区的精化模型(SSIEGNOS 模型)。以分布于亚洲地区 46 个 IGS 站 2008—2010 年实测的高精度 ZTD 作为参考值，得到 EGNOS 模型计算的 ZTD 的日均偏差，对计算的日均偏差进行拟合得到 SSIEGNOS 模型：

$$
\mathrm{Bias}(\varphi_i,\lambda_i,t)=\begin{cases}\mathrm{Bias}_{\mathrm{mean}}(\varphi_i,\lambda_i)+\mathrm{Amp}_1(\varphi_i,\lambda_i)\cdot\cos\left(\dfrac{2\pi}{365.25}(\mathrm{doy}-d_1(\varphi_i,\lambda_i))\right)\\+\psi(t),\varphi_i<30^\circ\mathrm{N}\\\mathrm{Bias}_{\mathrm{mean}}(\varphi_i,\lambda_i)+\mathrm{Amp}_1(\varphi_i,\lambda_i)\cdot\cos\left(\dfrac{2\pi}{365.25}(\mathrm{doy}-d_1(\varphi_i,\lambda_i))\right)\\-\mathrm{Amp}_2(\varphi_i,\lambda_i)\cdot\cos\left(\dfrac{4\pi}{365.25}(\mathrm{doy}-d_2(\varphi_i,\lambda_i))\right)+\xi(t),\varphi_i\geqslant30^\circ\mathrm{N}\end{cases}\tag{3-22}
$$

$$
\mathrm{ZTD}_{\mathrm{SSIEGNOS}}=\mathrm{ZTD}_{\mathrm{EGNOS}}-\mathrm{Bias}(\varphi_i,\ \lambda_i,\ t)\tag{3-23}
$$

式中，年积日 doy 和日均 $\mathrm{Bias}(\varphi_i,\ \lambda_i,\ t)$ 为已知量；φ 为测站纬度，λ 为测站经度；$\mathrm{Bias}_{\mathrm{mean}}(\varphi_i,\ \lambda_i)$ 为偏差的年均值；$\mathrm{Amp}_1(\varphi_i,\ \lambda_i)$ 和 $\mathrm{Amp}_2(\varphi_i,\ \lambda_i)$ 分别为偏差的年周期和半年周期振幅；$d_1(\varphi_i,\ \lambda_i)$ 和 $d_2(\varphi_i,\ \lambda_i)$ 分别为偏差的年周期和半年周期相位；$\psi(t)$ 和 $\xi(t)$ 为残差；$\mathrm{ZTD}_{\mathrm{SSIEGNOS}}$ 为 SSIEGNOS 模型计算的 ZTD 值，$\mathrm{ZTD}_{\mathrm{EGNOS}}$ 为 EGNOS 模型计算的 ZTD 值，$\mathrm{Bias}(\varphi_i,\ \lambda_i,\ t)$ 是对 EGNOS 模型的修正值，即由式(3-22)计算求得。

SSIEGNOS 模型能取得较好的单站 ZTD 改正效果，其预测 ZTD 的精度相对于 EGNOS 模型有明显提高，且在长期的 ZTD 预报中能保持稳定的性能。

3.1.2.3　TropGrid 系列模型

尽管 UNB 系列模型和 EGNOS 模型摆脱了对实测气象数据的依赖，极大地方便了用户的使用，但这些模型存在气象参数表过于简单、时空分辨率偏低等不足。针对上述模型空间分辨率不足等问题，Krueger 等(2004)利用美国国家环境预报中心(NCEP)的大气再分析资料建立了 1°×1°水平分辨率的 TropGrid 模型。

TropGrid 模型采用 Saastamoinen 模型和 Askne 模型来分别计算 ZHD 和 ZWD，最终计算获得 ZTD。但在气象参数的计算获取上与其他模型略有不同，其气象参数以 1°×1°格网水平分辨率来存储。TropGrid 模型中的一些气象参数以季节变化(地面气压、温度递减率和水气压递减率)建模，或以季节变化及日变化(温度、相对湿度和水汽压)来建模。

TropGrid 模型中仅随季节变化的大气参数用下列方程式表达：

$$
a=a_{\mathrm{Mean}}+a_{\mathrm{Ampl}}\cdot\cos\left(\frac{2\pi}{365.25}\cdot(\mathrm{doy}-\mathrm{doy}_{\mathrm{Winter}})\right)\tag{3-24}
$$

式中，a_{Mean} 和 a_{Ampl} 分别表示气象参数 a 的平均值和振幅值；doy 为年积日；$\mathrm{doy}_{\mathrm{Winter}}$ 为气象参数的平均值和振幅冬季最大值的年积日。

具有季节变化和附加日变化的大气参数 l 以下列方程式建模：

$$
l=a+b\cdot\cos\left(\frac{2\pi}{24}\cdot(h-c)\right)\tag{3-25}
$$

式中，h 是小时(UTC 时)；系数 a 为年变化振幅，b 为日变化振幅，c 为一天中最小小时(取决于季节变化)。其中 a、b 和 c 都遵循式(3-24)的计算公式。

TropGrid 模型在全球范围内使用的平均精度相比于 EGNOS 模型提高了 25%。为了进一步改进该模型，Schüler(2014)在 TropGrid 模型中增加了对流层延迟的日周期变化，利用多年全球数据同化系统(Global Data Assimilation System，GDAS)数值天气模型数据构建了 TropGrid2 模型，该模型能提供大气加权平均温度、对流层湿延迟等其他对流层关键参数，改善了模型的时间分辨率。TropGrid2 模型在全球计算 ZTD 的平均 RMS 为 3.8cm，平均偏差为-0.3cm，但不足的是其忽略了对流层延迟的半年周期变化。

3.1.2.4　GPT 系列模型

为了更好地满足卫星大地测量的大气修正，Böhm 等(2007)利用 1999—2002 年 ECMWF 提供的空间分辨率为 15°×15°的 ERA-40 再分析资料的全球月均气压和气温产品，结合 9 阶 9 次球谐函数建立了顾及年变化的全球气压和温度模型(Global Pressure and Temperature，GPT 模型)。GPT 模型已在全球 GNSS、VLBI 以及 DORIS 等精密数据处理中得以广泛应用，当前的 GAMIT 和 Bernese 等高精度 GNSS 数据处理软件均采用了该模型。

GPT 模型考虑了年周期变化，气压和气温参数均可用下式计算得到：

$$a = a_{\mathrm{ave}} + a_{\mathrm{amp}} \cdot \cos\left(\frac{\mathrm{doy} - 28}{365} \cdot 2\pi\right) \tag{3-26}$$

式中，a 表示海平面上的气压或气温值，a_{ave} 和 a_{amp} 分别表示平均值和振幅；doy 表示年积日，这里年周期变化相位固定为年积日 28 天，通过 9 阶 9 次球谐函数将海平面上的气压和气温的均值和振幅值进行展开，即

$$a_i = \sum_{n=0}^{9}\sum_{m=0}^{n} P_{nm}(\sin\varphi) \cdot [A_{nm} \cdot \cos(m \cdot \varphi) + B_{nm} \cdot \sin(m \cdot \varphi)] \tag{3-27}$$

式中，a_i 表示均值 a_{ave} 或振幅 a_{amp}；P_{nm} 为勒让德多项式，φ 和 λ 分别表示测站点的纬度和经度；A_{nm} 和 B_{nm} 是用最小二乘拟合得到的 9 阶球谐函数 n 阶 m 次系数。

GPT 模型使用方便，只需输入测站位置和年积日就能提供地球上任一点的气温和气压，且全球适用。但是存在一些缺陷，例如，由于建模采用 9 阶 9 次球谐函数，导致模型水平分辨率为 20°，相对比较粗糙；只考虑了平均周期和年周期，且初始相位固定为年积日 28 天，导致时间精度较低；采用固定的气温随高程减小的变化率，气压的递减率也是基于标准大气建立的，与实际情况相比具有一定的误差(姚宜斌等，2015)。

针对 GPT 模型的缺点，Lagler 等(2013)结合了 GPT 和 GMF 模型(Böhm et al.，2006)，在 GPT 的模型方程中增加了半年周期变化项并估计了各个周期项的初相，利用 2001—2010 年共 10 年的 ECMWF 月均再分析剖面资料发展了全球格网对流层延迟模型——GPT2 模型。GPT2 模型利用格网数据代替 9 阶 9 次球谐函数进行成果表达，分别估计每个格网点上的平均周期、年周期和半年周期的气温递减率，压强递减率也是基于每个格网点的实际气温得到的，提高了模型的空间分辨率。GPT2 模型可提供水平分辨率为 5°×5°的水汽压、温度、压强及其递减率等对流层关键参数，模型表达式如式(3-28)所示：

$$a = a_0 + a_1 \cdot \cos\left(\frac{\mathrm{doy} - c_1}{365.25} \cdot 2\pi\right) + a_2 \cdot \cos\left(\frac{\mathrm{doy} - c_2}{365.25} \cdot 4\pi\right) \tag{3-28}$$

式中，a_0 表示平均值；a_1 表示年周期振幅；c_1 为年周期初相；a_2 表示半年周期项振幅；c_2 为半年周期项初相。GPT2 模型提供的气温、气压和水汽压在全球范围内均具有很高的精确度和稳定性，可代替 GPT 广泛用于各种气象学研究中。但在南北极地区精度仍然较低。

Böhm 等(2015)对 GPT2 模型进一步改进，利用 ECMWF 提供的 2001—2010 年共 10 年的 ERA-Interim 再分析资料构建得到水平分辨率高达 1°×1°的 GPT2w 模型，该模型相对

于 GPT2 不仅提高了模型参数的水平分辨率，还增加提供了水汽压递减率和大气加权平均温度信息，是目前最先进的对流层延迟模型之一。其能提供水平分辨率为 1°×1°和 5°×5°的大气加权平均温度 T_m、地表温度 T_s、地表气压 P_s、水汽压 e_s 及其水汽压递减因子 λ 等对流层参数，这些对流层参数的模型表达式如下：

$$
\begin{aligned}
X(t) = & A_0 + A_1\cos\left(2\pi \frac{\text{doy}}{365.25}\right) + A_2\sin\left(2\pi \frac{\text{doy}}{365.25}\right) \\
& + A_3\cos\left(4\pi \frac{\text{doy}}{365.25}\right) + A_4\sin\left(4\pi \frac{\text{doy}}{365.25}\right)
\end{aligned} \tag{3-29}
$$

式中，$X(t)$表示 T_m、T_s、P_s、e_s 等对流层参数，A_0 表示其平均值，A_1，A_2 表示年周期系数，A_3，A_4 表示半年周期系数，这些模型系数均是以水平分辨率为 1°×1°和 5°×5°的规则格网存储。GPT2w 模型的使用非常简便，具体过程如下：首先输入用户的位置和时间；其次查找离用户最近的 4 个格网点；最终采用双线性插值算法即可计算获得用户位置处的对流层参数信息。由于 GPT2w 模型只提供上述气象参数，其计算对流层延迟时需要结合 Saastamoinen 模型(式(2-26)~式(2-27))和 Askne-Nordius 模型(式(3-1)~式(3-3))来分别计算 ZHD 和 ZWD 值，最终获得 ZTD 值。

GPT2w 模型经分布在全球的 341 个 GNSS 站验证，其计算 ZTD 的全球平均偏差在所有测站上均低于 1mm，全球 RMS 平均误差约为 3.6cm。此外，国内多个学者对 GPT2w 模型计算其他对流层关键参量的精度也进行了验证。孔建等(2018)利用南极地区的探空站数据验证了 GPT2w 模型计算的气压、气温及水汽压在南极地区的精度，表明 GPT2w 模型精度较高，在地面附近精度可达到与全球其他区域精度一致的水平，但随着高度的增加，偏差和 RMS 误差有不同程度的增大，精度有所下降。由模型计算的 ZTD 也有较高的精度，可达厘米级，与全球其他地区精度较为一致。黄良珂等(2019)以 GGOS Atmosphere 格网产品和探空站资料为参考值，评价 GPT2w 模型在中国地区计算对流层加权平均温度 T_m 的精度和适用性，结果表明：在中国地区，1°分辨率的 GPT2w 模型精度和稳定性优于 5°分辨率，且 GPT2w 模型表现出显著的系统性误差；T_m 的偏差和 RMS 误差均具有明显的时空变化特性，季节变化表现为春冬季较大、夏季较小，空间变化上 RMS 误差表现为随纬度增加而变大；受地形起伏和 T_m 日周期变化影响，T_m 在中国西部和东北地区误差较大。朱明晨等(2019)利用中国探空站数据对 GPT2w 计算的气温、加权平均温度、气压和水汽压进行精度检验及分析，结果表明，GPT2w 模型的气温平均偏差为 1.31℃，均方根误差为 3.62℃；加权平均温度的平均偏差为-1.58K，均方根误差为 4.07K；气压和水汽压平均偏差的绝对值在 1 hPa 以内，其均方根误差分别为 6.98 hPa 与 3.04 hPa。总体而言，GPT2w 模型在全球地区范围内具有较高的精度和稳定性，是目前应用较为广泛的对流层延迟经验模型之一。

GPT3 模型为 Landskron 和 Böhm(2018)基于欧洲中尺度天气预报中心的月均值气压分层资料建立的一种提升全球气压温度的经验模型。GPT3 模型同 GPT 模型与 GPT2w 模型一样，采用的投影函数都是 GMF 模型，其精度大致与 VMF1 相仿，但是没有时延问题。GPT3 模型的气象参数数量与 GPT2w 模型保持一致，建模数据也与 GPT2w 模型相同，与 GPT2w 模型相比，该模型改善了映射函数系数，从而有效克服了低高度截止角时引起的映射函数误差。GPT3 模型也提供了水平分辨率为 1°×1°和 5°×5°的两个版本，其中在 5°×5°分辨率的版本，GPT3 模型同 GPT2w 模型的计算结果相同，而在 1°×1°的版本上其计算结果略优于 GPT2w 模型，但耗时稍长。然而，GPT3 的主要优势是它与 VMF3 完全一致。今后将确定一种新的映射函数以取代 Niell 映射函数(1996)的高度校正，该方法有望进一步改进 GPT3 及其对地球表面以外或附近位置对流层延迟建模的能力。

GPT 系列模型可以从网站(https：//vmf. geo. tuwien. ac. at/)上下载。尽管 GPT 系列模型在 GNSS、VLBI 等空间定位技术中得到广泛应用，但是 GPT 系列模型建模时采用的是 ECMWF 月均剖面资料，难以描述气象参数的日周期变化。总之，模型的垂直分辨率和时间分辨率仍有待提高。

3. 1. 2. 5　ITG 模型

TropGrid 和 GPT 系列模型是两种较为常用的模型。其中 TropGrid2 模型虽然增加了对流层延迟的日周期变化来提高时间分辨率，却忽略了对流层延迟的半年周期变化。虽然 GPT2 模型考虑了对流层延迟的半年周期变化，然而它没有考虑日周期变化。为克服上述模型的缺点，Yao 等(2015b)提出并开发了一种基于 2001—2010 年 ERA-Interim 再分析资料改进的对流层格网新模型(Improved Tropospheric Grid，ITG)。该模型顾及了年、半年和日周期变化，其中日周期变化的振幅和初相被定义为周期函数。ITG 模型能提供水平分辨率为2. 5°×2. 5°的 T_m、T_s、P_s、ZWD 及温度递减率等多个对流层参数，这些对流层参数的模型表达式如下：

$$a = a_0 + a_1\cos\left(2\pi\frac{\text{doy} - c_1}{365.25}\right) + a_2\cos\left(4\pi\frac{\text{doy} - c_2}{365.25}\right) + a_3\cos\left(2\pi\frac{\text{hod} - c_3}{24}\right) \quad (3\text{-}30)$$

式中，a 表示 T_m、T_s、P_s、ZWD 等对流层参数；a_0 表示平均值；a_1、a_2 和 a_3 分别表示年周期、半年周期和日周期变化系数；c_1、c_2 和 c_3 分别表示年周期、半年周期和日周期变化初相；hod 为小时。将日周期变化的幅值和初始相位估计为具有年周期和半年周期的周期函数。以日周期变化 a_3 的振幅和初始相位为例，可将其扩展为式(3-31)：

$$a_3 = a_M + a_{A1}\cos\left(2\pi\frac{\text{doy} - c_{P1}}{365.25}\right) + a_{A2}\cos\left(4\pi\frac{\text{doy} - c_{P2}}{365.25}\right) \quad (3\text{-}31)$$

ITG 的 15 个模型系数提高了 GPT2 和 TropGrid2 的时间分辨率。ITG 以 2. 5°×2. 5°的规则格网的形式整体表示，分辨率可以根据需要进行调整。通过模型得到站点周围的 4 个格网点系数后，再用双线性插值可计算得到站点内的对流层参数值。通过 698 个气象观测站数据、280 个 IGS 跟踪站的 ZTD 产品和 GGOS 提供的 T_m 产品对 ITG 模型和以往的模型进行了性能比较，结果表明，ITG 能提供偏差为 0. 04cm、RMS 为 3. 73cm 的全球对流层延迟修正，其整体表现最佳。

3. 1. 2. 6　GTrop 模型

在前面所提到的模型中，建模数据时间跨度有限，且均未考虑对流层延迟和 T_m 建模中的长期线性趋势。如果建模时不考虑这些线性趋势，随着时间的推移，模型不确定性将会增加，这在一定程度上限制了这些模型的准确性。此外，对流层延迟和 T_m 的垂直变化在以往的建模研究中没有得到很好的模拟，这也影响了模型高程校正的性能。为克服上述模型的缺点，Sun 等(2019a)利用 1979—2017 年长期 ERA-Interim 再分析资料建立了一个新的全球经验模型 GTrop(Global Tropospheric Model)。该模型不仅考虑了 ZHD、ZWD 和 T_m 的长期线性变化趋势和季节变化特征(年周期和半年周期变化)，还结合了 ZHD、ZWD 和 T_m 的垂直变化计算，以改进它们的高度校正，这些对流层参数的模型表达式如下：

$$\begin{aligned} TD = & \left[A_1 + A_2(Y-1980) + A_3\cos\left(2\pi\frac{doy}{365.25}\right) + A_4\sin\left(2\pi\frac{doy}{365.25}\right) + A_5\cos\left(4\pi\frac{doy}{365.25}\right)\right. \\ & \left. + A_6\sin\left(4\pi\frac{doy}{365.25}\right)\right] \times \left\{1 - \left[A_7 + A_8(Y-1980) + A_9\cos\left(2\pi\frac{doy}{365.25}\right)\right.\right. \\ & \left.\left. + A_{10}\sin\left(2\pi\frac{doy}{365.25}\right) + A_{11}\cos\left(4\pi\frac{doy}{365.25}\right) + A_{12}\sin\left(4\pi\frac{doy}{365.25}\right)\right](h-h_0)\right\}^{5.225} \end{aligned} \tag{3-32}$$

$$\begin{aligned} T_m = & \left[B_1 + B_2(Y-1980) + B_3\cos\left(2\pi\frac{doy}{365.25}\right) + B_4\sin\left(2\pi\frac{doy}{365.25}\right) + B_5\cos\left(4\pi\frac{doy}{365.25}\right)\right. \\ & \left. + B_6\sin\left(4\pi\frac{doy}{365.25}\right)\right] - \left[B_7 + B_8(Y-1980) + B_9\cos\left(2\pi\frac{doy}{365.25}\right)\right. \\ & \left. + B_{10}\sin\left(2\pi\frac{doy}{365.25}\right) + B_{11}\cos\left(4\pi\frac{doy}{365.25}\right) + B_{12}\sin\left(4\pi\frac{doy}{365.25}\right)\right](h-h_0) \end{aligned} \tag{3-33}$$

式中，TD 表示 ZHD 和 ZWD 参数(m)；A_i 和 B_i(i=1～12)表示模型系数；Y 表示年份；h_0 和 h 分别表示格网点高度和目标高(km)。这些模型系数均是以水平分辨率为 1°×1°的规则格网存储。当使用该模型时，只需要提供目标处的纬度、经度、大地高和特定的时间(年份和年积日)，模型就会找到最接近目标位置的四个格网点，然后通过式(3-32)和式(3-33)计算目标高度上这四个点所需参数，最后通过双线性插值在给定位置插值出所需的对流层参数。

该模型经验证，在 ZHD、ZWD 和 T_m 的计算上均比 GPT2w 模型具有更高的精度，极大地改善了在高海拔地区(相对于格网点高度)的 ZHD 和 T_m 估计精度。

3.1.2.7 IGGtrop 系列模型

李薇等(2012)在分析 ZTD 的全球时空特性基础上，利用四年(2006—2009 年)的 NCEP 再分析资料，建立了一种 1°×1°空间分辨率的全球格网 ZTD 新模型——IGGtrop 模型，该模型顾及了对流层延迟随经、纬度和高程的变化。

IGGtrop 模型建立的具体步骤如下：

(1)将全球大气区域按纬度 φ、经度 λ、高度 h 划分为各维上均匀分布的三维格网(φ_i, λ_j, h_k)，格网的分辨率为($\Delta\varphi$, $\Delta\lambda$, Δh)，其中，模型格网高度分辨率 Δh 依气象数据的高度分辨率而定。对于具有均匀水平分辨率($\Delta\varphi$, $\Delta\lambda$, Δh)的气象数据，设模型格网的水平分辨率 $\Delta\varphi \geqslant \Delta\varphi_a$，$\Delta\lambda \geqslant \Delta\lambda_a$，即 $\Delta\varphi$ 和 $\Delta\lambda$ 的取值一般与气象数据的水平分辨率相同，当精度要求较低时，也可使其低于气象数据的水平分辨率。对于水平面上非均匀分布的气象数据，可依据数据的水平分布密度和所需改正精度选取合适的空间格网。本研究中所选的三维格网分辨率在纬度、经度和高度方向上分别为 2.5°×2.5°和 1km。

(2)根据气象资料中的大气参数值，包括大气压强 $P(\varphi, \lambda, h, t)$、温度 $T(\varphi, \lambda, h, t)$以及相对湿度 $\mathrm{RH}(\varphi, \lambda, h, t)$或水汽压 $e(\varphi, \lambda, h, t)$，$t$(以天为单位)表示时间，利用 Boudouris 和 Thayer 方法(式(2-12))计算对流层天顶延迟 $\mathrm{ZTD}(\varphi, \lambda, h, t)$，然后将其插值到模型的三维格网点$(\varphi_i, \lambda_j, h_k)$上，从而得到每个格网点上的对流层天顶延迟的时间序列 $\mathrm{ZTD}(\varphi_i, \lambda_j, h_k, t)$。

(3)利用式(3-34)对步骤(2)中所得的各格网点上的对流层天顶延迟时间序列 $\mathrm{ZTD}(\varphi_i, \lambda_j, h_k, t)$进行拟合，计算格网点的模型参数。对于 15°S～15°N 以外的地区，模型参数为：年平均值 $\mathrm{ZTD}_{\mathrm{mean}}(\varphi_i, \lambda_j, h_k)$和年变化幅度 $\mathrm{ZTD}_{\mathrm{amp}}(\varphi_i, \lambda_j, h_k)$(相位取固定值)；对于 15°S～15°N 的赤道地区，模型参数为：年平均值 $\mathrm{ZTD}_{\mathrm{mean}}(\varphi_i, \lambda_j, h_k)$，年变化幅度 $\mathrm{ZTD1}_{\mathrm{amp}}(\varphi_i, \lambda_j, h_k)$和相位 $D1(\varphi_i, \lambda_j, h_k)$以及半年变化幅度 $\mathrm{ZTD2}_{\mathrm{amp}}(\varphi_i, \lambda_j, h_k)$和相位 $D2(\varphi_i, \lambda_j, h_k)$。

$$\mathrm{ZTD}(\varphi_i,\lambda_j,h_k,t)=\begin{cases}\mathrm{ZTD}_{\mathrm{mean}}(\varphi_i,\lambda_j,h_k)-\mathrm{ZTD}_{\mathrm{amp}}(\varphi_i,\lambda_j,h_k)\cdot\cos\left(\dfrac{2\pi}{365.25}(t-D)\right), \\ \qquad 15^\circ\mathrm{S}<\varphi_i\leqslant 90^\circ\mathrm{S}\ 或\ 15^\circ\mathrm{N}<\varphi_i\leqslant 90^\circ\mathrm{N} \\ \mathrm{ZTD}_{\mathrm{mean}}(\varphi_i,\lambda_j,h_k)-\mathrm{ZTD1}_{\mathrm{amp}}(\varphi_i,\lambda_j,h_k) \\ \cdot\cos\left(\dfrac{2\pi}{365.25}(t-D1(\varphi_i,\lambda_j,h_k))\right)-\mathrm{ZTD2}_{\mathrm{amp}}(\varphi_i,\lambda_j,h_k) \\ \cdot\cos\left(\dfrac{4\pi}{365.25}(t-D2(\varphi_i,\lambda_j,h_k))\right), 15^\circ\mathrm{S}\leqslant\varphi_i\leqslant 15^\circ\mathrm{N}\end{cases} \tag{3-34}$$

式中，D 一般取固定值(北半球为 28d，南半球为 211d)；t 为年积日。

由 IGGtrop 模型计算测站 $A(\varphi, \lambda, h)$处对流层天顶延迟的方法：先根据测站的经、纬度和高度确定其所在的格网点(i, j, k)，再将年积日和格网点$(i, j, k=1: N)$(N 为高度格网的格点数)上的模型参数(对于 15°S～15°N 以外地区：$\mathrm{ZTD}_{\mathrm{mean}}(\varphi_i, \lambda_j, h_{k=1:N})$和 $\mathrm{ZTD}_{\mathrm{amp}}(\varphi_i, \lambda_j, h_{k=1:N})$；对于 15°S～15°N 地区：$\mathrm{ZTD}_{\mathrm{mean}}(\varphi_i, \lambda_j, h_{k=1:N})$，$\mathrm{ZTD1}_{\mathrm{amp}}(\varphi_i, \lambda_j, h_{k=1:N})$，$D1(\varphi_i, \lambda_j, h_{k=1:N})$，$\mathrm{ZTD2}_{\mathrm{amp}}(\varphi_i, \lambda_j, h_{k=1:N})$和 $D2(\varphi_i, \lambda_j, h_{k=1:N})$)代入式(3-34)计算 1：$N$ 所有高度格网的对流层天顶延迟 ZTD；然后，根据测站的高度 h 和 ZTD 先对 ZTD 在高度上进行插值，得到在测站高度上的 ZTD(由于 ZTD 随高度近似指数递减，对 ZTD 取对数后，在高度上做样条插值得到 ZTD 的对数从而得到测站高度上的 ZTD)。最后对同一高度 h 上的 ZTD 进行水平线性插值得到测站 A 的对流层天顶延迟 ZTD。

IGGtrop 模型的特点是建立方法较为简单，使用时无需实测气象参数且计算简便，而且有较好的模拟精度和改正效果，全球 125 个 IGS 站的平均误差和平均 RMS 分别为 −0.8cm和 4.0cm，优于同等条件下 EGNOS，UNB3 和 UNB3m 的对流层延迟模型。IGGtrop 模型的另一优点是误差随高度增加没有明显变化，从而避免了其他许多模型随高度增加而精度明显降低的情况。

李薇等(2015)对 IGGtrop 模型进行改进，发展了 IGGtrop_ri(i=1，2，3)模型。新模型对赤道区域 ZTD 算法进行了简化，在 ZTD 变化不大的区域生成较低分辨率的自适应空间格网，并创建用于优化模型参数存储的方法，因此极大地减少了模型参数(约为原

IGGtrop 模型 3.1%~21.2%的参数)，使新模型更好地应用于北斗/GNSS 的对流层延迟改正。新的 IGGtrop 模型在纬度 10°S~10°N 中使用单一模型参数代替原来模型的 5 个参数，将原来的 IGGtrop 算法修改为：

$$\mathrm{ZTD}(\varphi,\lambda,h,t)=\begin{cases}\mathrm{ZTD}_{\mathrm{mean}}(\varphi,\lambda,h)-\mathrm{ZTD}_{\mathrm{amp}}(\varphi,\lambda,h)\cdot\cos\left(\dfrac{2\pi}{365.25}(t-D)\right), & |\varphi|\geqslant 10^{\circ}\\ \mathrm{ZTD}_{\mathrm{mean}}(\varphi,\lambda,h), & |\varphi|<10^{\circ}\end{cases}\tag{3-35}$$

经验证，除了赤道附近的一些地方，IGGtrop_r_1 模型的性能与原来的 IGGtrop 模型非常接近，因此对于那些区域以外的 GNSS 用户，它可以代替 IGGtrop。IGGtrop_r_2 的性能适中，模型参数数量适中。从 IGGtrop_r_1 到 IGGtrop_r_3，全球平均 ZTD 误差变化不大，偏差范围和均方根误差范围均略有增加，与原 IGGtrop 模型相比，它们能够以更少的模型参数提供类似的 ZTD 预测结果，分别约为 IGGtrop 模型的 21.2%、10.7%和 3.1%。IGGtrop_r_3 的模型参数最少，该模型全局平均偏差约为 0.8cm，均方根误差约为 4.0cm，不同区域对应的偏差在 6.4~4.3cm 之间，RMS 误差在 2.1~8.5cm 之间。北斗系统和其他 GNSS 用户可以根据自己的应用和研究需求选择最适合的 IGGtrop_r_i(i=1, 2, 3)模型。

Li 等(2018)进一步对 IGGtrop 模型进行改进，在新模型中顾及了 ZTD 垂直剖面函数的精细季节变化，分别采用指数函数和多项式函数去表征 ZTD 垂直剖面函数的平均值和振幅，其振幅按纬度进行分段表达，最终构建了两个非气象参数的 ZTD 模型，即IGGtrop_SH 模型和 IGGtrop_rH 模型。

IGGtrop_rH 模型的 ZTD 采用原 IGGtrop_r_1 模型，即式(3-34)来表达，其 ZTD 平均值($\mathrm{ZTD}_{\mathrm{mean}}$)的垂直分布可以用五次多项式函数或指数函数加上一个偏移量来表示，如式(3-36)和式(3-37)所示；ZTD 季节变化振幅($\mathrm{ZTD}_{\mathrm{amp}}$)的垂直分布可以表示为五次多项式函数，即如式(3-38)所示：

$$\mathrm{ZTD}_{\mathrm{mean}}(h)=\sum_{i=0}^{5}a_i h^i\tag{3-36}$$

$$\mathrm{ZTD}_{\mathrm{mean}}(h)=\exp\left(\sum_{i=0}^{m}k_i h^i\right)+c,\ m=2,3\text{ 或 }4\tag{3-37}$$

$$\mathrm{ZTD}_{\mathrm{amp}}(h)=\sum_{i=0}^{5}\beta_i h^i\tag{3-38}$$

式中，h 为高度；模型系数 a_i 和 k_i、c 分别用式(3-36)和式(3-37)进行最小二乘来拟合 $\mathrm{ZTD}_{\mathrm{mean}}$的垂直剖面分布；模型系数 β_i 则拟用式(3-38)进行最小二乘来拟合 $\mathrm{ZTD}_{\mathrm{amp}}$的垂直剖面分布。

IGGtrop_SH 模型的 ZTD 采用式(3-39)来表达，其模型系数 a_0 与 IGGtrop_rH 模型类似，可采用式(3-36)和式(3-37)表达；模型系数 a_1、b_1、a_2 和 b_2 则用五次多项式函数(式(3-38))来表示。

$$\begin{aligned}\mathrm{ZTD}(\mathrm{doy})=&a_0+a_1\cos\left(2\pi\frac{\mathrm{doy}}{365.25}\right)+b_1\sin\left(2\pi\frac{\mathrm{doy}}{365.25}\right)\\&+a_2\cos\left(4\pi\frac{\mathrm{doy}}{365.25}\right)+b_2\sin\left(4\pi\frac{\mathrm{doy}}{365.25}\right)\end{aligned}\tag{3-39}$$

式中，a_0 为 ZTD 平均值；a_1，b_1 为年变化系数，a_2，b_2 为半年变化系数；doy 为年积日。

GGtrop_SH 同时考虑了 ZTD 的年变化和半年变化，而 IGGtrop_rH 只考虑了 ZTD 的年变化。经验证，IGGtrop_SH 的全球 RMS 平均误差约为 3.86cm，而 IGGtrop_rH 的 RMS 平均误差约为 3.97cm，这两个新模型均表现出良好的 ZTD 改正性能，IGGtrop_SH 模型的性能略优于 IGGtrop_rH 模型；此外，将 IGGtrop_SH 模型与之前的 IGGtrop 模型进行对比发现，加入半年变化后，北半球的 ZTD 修正效果得到明显改善，尤其是中纬度地区，而南半球则没有明显的变化。

3.1.2.8 GZTD 系列模型

姚宜斌等(2013)利用全球大地观测系统(Global Geodetic Observing System，GGOS)大气中心提供的 2002—2009 年全球 2°×2.5°(纬度×经度)分辨率的 ZTD 格网数据，结合球谐函数构建了全球非气象参数 GZTD 模型。模型表达式如下：

$$\mathrm{ZTD}(\mathrm{doy}, h) = \left[a_0 + a_1\cos\left(2\pi\frac{\mathrm{doy} - a_2}{365.25}\right) + a_3\cos\left(4\pi\frac{\mathrm{doy} - a_4}{365.25}\right)\right]\exp(\beta h) \quad (3\text{-}40)$$

式中，doy 为年积日；h 为高度；a_0、a_1、a_3 分别为在平均海平面上的 ZTD 年均值、年周期变化振幅和半年周期变化振幅；a_2 和 a_4 分别为年周期变化和半年周期变化相位；β 为将 h 高度(大地高或正高)处的 ZTD 改正到平均海平面处的改正常数，取-0.00013137。然后采用 10 阶 10 次的球谐函数将上述 5 个参数进行球谐展开，即

$$a_i = \sum_{n=0}^{10}\sum_{m=0}^{n} P_{nm}(\sin\varphi)\cdot[A_{nm}^{i}\cos(m\lambda) + B_{nm}^{i}\sin(m\lambda)]\ (i = 0, 1, \cdots, 4) \quad (3\text{-}41)$$

式中，P_{nm} 为勒让德多项式；φ 和 λ 分别为格网点纬度和经度；A_{nm}^{i} 和 B_{nm}^{i} 为使用最小二乘拟合确定的球谐函数 n 阶 m 次系数(共 5×121 个非零系数)。

GZTD 模型经全球 385 个 IGS 站进行精度检验，其全球平均偏差和 RMS 误差分别为-0.02cm和 4.24cm。总体上 GZTD 模型全球平均精度高于 EGNOS 模型和 UNB 系列模型，特别是在南半球地区。且 GZTD 模型精度总体上与 IGGtrop 模型相当，除 1~2km 高度范围和 45°N 附近的欧洲西部地区，GZTD 精度都略优于 IGGtrop。但 GZTD 模型相对于 IGGtrop 模型最大的优点就是使用简单，所需参数少。

随后，姚宜斌等(2015a)采用不同的建模思路建立了两种全球精化模型：利用 GPT2 模型来提供温度、气压和水汽压等气象参数，然后将这些参数代入 Saastamoinen 模型计算天顶对流层延迟，据此建立了精化的 GPT2+Saas 模型；利用 GGOS Atmosphere 2001—2010 年的 ZHD 和 ZWD 数据在 4°×2.5°(纬度×经度)的格网点上拟合式(3-40)中的 ZTD 模型系数，并不再用球谐函数进行表达，而直接以文本形式存储这些格网点上的模型系数信息，由此确立 GZTDS 格网模型。经验证，这些模型表现出了良好的对流层修正效果，两种新模型的对流层延迟估计精度均明显优于 UNB3m 模型，其中 GZTDS 模型表现出最佳的精度和稳定性。

此外，姚宜斌等(2015b)采用 2002—2009 年 GGOS Atmosphere 提供的 6 小时(0 时，6 时，12 时，18 时)全球格网 ZTD 数据构建了高时间分辨率的 GZTD-6h 模型。与 GZTD 使用全球日平均 ZTD 不同，按照 ZTD 数据的时间分辨率 6h 由式(3-40)分别拟合出 4 个时刻(0 时，6 时，12 时，18 时)的相应时域变化参数。采用式(3-41)10 阶 10 次的球谐函数将

上述4组共20个参数进行球谐展开，最后得到GZTD-6h模型的基本系数。利用全球IGS站进行检验后的GZTD-6h模型的全球平均偏差和RMS分别为−0.22cm和4.05cm。GZTD-6h模型顾及了ZTD的日周期变化，相比于GZTD模型其精度改善较为明显。

姚宜斌等(2016)联合2005—2012年GGOS大气格网ZTD和IGS中心提供的精密ZTD产品，在顾及对流层垂直剖面改正的基础上，以Delaunay三角网的形式存储模型参数，进而构建了多源数据联合的全球ZTD模型。在ZTD的年周期和半年周期变化特性的基础上，增加日周期项(IGS数据另增加半日周期项)，模型拟合公式如下：

$$
\begin{cases}
\mathrm{ZTD}_G = a_0 + a_1\cos\left(2\pi \dfrac{\mathrm{doy} - a_2}{365.25}\right) + a_3\cos\left(4\pi \dfrac{\mathrm{doy} - a_4}{365.25}\right) \\
\qquad + a_5\cos\left(2\pi \dfrac{\mathrm{hod} - a_6}{24}\right) \\
\mathrm{ZTD}_I = a_0 + a_1\cos\left(2\pi \dfrac{\mathrm{doy} - a_2}{365.25}\right) + a_3\cos\left(4\pi \dfrac{\mathrm{doy} - a_4}{365.25}\right) \\
\qquad + a_5\cos\left(2\pi \dfrac{\mathrm{hod} - a_6}{24}\right) + a_7\cos\left(4\pi \dfrac{hod - a_8}{24}\right)
\end{cases}
\tag{3-42}
$$

式中，ZTD_G和ZTD_I分别为GGOS格网点上的ZTD和IGS测站ZTD，doy为年积日，hod为UTC时，a_0，a_1，a_3分别为ZTD的年均值、年周期变化振幅和半年周期变化振幅，a_2和a_4分别为年周期变化初相和半年周期变化初相，a_5和a_7分别为日周期变化振幅和半日周期变化振幅，a_6和a_8分别为日周期变化初相和半日周期变化初相。对GGOS每个格网点和IGS站点周期拟合后的时域参数，与GZTD模型的构建不同，不用对其进一步球谐展开，而是直接以全球Delaunay三角网的形式保存，可以避免球谐展开本身所带来的模型误差。应用多源模型估计用户位置和时刻的ZTD时，分为以下3个步骤进行：

(1)根据待求点的平面位置(经度和纬度)选择所在Delaunay三角形，然后利用保存的时序系数计算待求时刻三角顶点位置的ZTD。

(2)顾及高度变化对对流层延迟的影响，将3个顶点位置的ZTD按下式归算到待求位置的高度：

$$
\begin{cases}
\mathrm{ZTD}_h = \mathrm{ZTD}_{h_0} \cdot \exp(\beta \cdot \Delta h) \\
\Delta h = h - h_0
\end{cases}
\tag{3-43}
$$

式中，ZTD_{h_0}为散点所在高度h_0的ZTD，ZTD_h为归算到待求点高度h的ZTD，Δh为高度差，β为高度指数归算系数，其值与GZTD模型相同，为−0.00013137。

(3)根据三角顶点和待求点位置(经度和纬度)，对已经过高度归算的三角ZTD值采用线性插值的方法计算出待求点的ZTD。

多源模型只需时间、纬度、经度和高度作为输入参数，无需实测气象数据即可计算ZTD。经过检验，使用未参与建模的IGS站进行检验，结果显示多源模型的全球平均偏差为−0.31cm，全球平均RMS为4.16cm，明显优于GZTD模型，且与目前性能优异的GPT2w模型精度相当。多源模型的改正精度在空间和时间上具有良好的稳定性，同时多源模型在有IGS站支持的地区改正效果明显优于GZTD和GPT2w模型。多源模型表现出全球适用和区域增强的优点。

Sun 等(2017)基于非线性假设，利用 GGOS 大气 ZTD 格网产品，采用 GZTD 模型的 ZTD 垂直剖面函数，构建了顾及 ZTD 年周期、半年周期、4 个月变化和季度变化的全球 ZTD 格网模型(GZTDS 模型)，并结合 GZTDS 和 VMF1 模型建立了 GSTDS 模型。结果表明 GZTDS 模型计算 ZTD 的全球偏差在-3.36~2.41cm 之间，均方根差为 3.46cm，性能与 GPT2w 模型相当。而 GSTDS 模型对倾斜延迟估计的性能取决于天顶角，该模型精度随天顶角的增大而非线性地降低，因此仍需对 GSTDS 模型精度表现进行详细的研究。

3.2　对流层垂直剖面模型

近年来，大气再分析资料不仅在对流层延迟模型构建方面发挥了重要作用，其积分计算的对流层延迟信息直接用于 GNSS 定位中的对流层大气改正也引起了极大关注。然而，测站与其周边的 4 个大气再分析资料的格网点高程并不一致，那么在利用大气再分析资料格网点插值获取测站点处的对流层延迟信息时需要对其进行高程归算，而对流层垂直剖面模型是高精度对流层延迟高程归算的关键。同时，高精度对流层垂直剖面模型也是构建高精度对流层延迟模型的基础。因此，在对流层高程归算中，高精度、高时空分辨率的对流层垂直剖面函数显得尤为重要。虽然前面章节介绍的部分对流层延迟模型已构建了相应的对流层垂直剖面模型，但是其时空分辨率仍然偏低。为此，不少学者对此利用多源数据和不同的方法进行了高精度对流层垂直剖面模型建立的研究工作，如 HZWD 模型、基于高斯函数的 ZTD 垂直剖面函数模型(Hu et al., 2019)和 GTrop 模型等。

1. HZWD 模型

Yao 等(2018b)利用 2001—2010 年月均的 ERA-Interim 分层资料构建了全球水平分辨率为 5°×5°的格网 ZWD 分段垂直剖面模型——HZWD 模型。在分析了 ZWD 垂直方向上变化的基础上，把对流层分为三个高度间隔(小于 2km、2~5km 和 5~10km)，并确定了在这些高度内的 ZWD 拟合函数间隔，模型表达式如下：

$$\mathrm{ZWD}(B,\ L,\ H)=\begin{cases}z_1+a_1\cdot H+a_2\cdot H^2,\ H<2000\mathrm{m}\\ z_2\cdot\exp(\beta_2\cdot(H-2000)),\quad 2000\mathrm{m}\leqslant H<5000\mathrm{m}\\ z_3\cdot\exp(\beta_3\cdot(H-5000)),\quad 5000\mathrm{m}\leqslant H\leqslant 10000\mathrm{m}\\ 0,\quad H>10000\mathrm{m}\end{cases}\tag{3-44}$$

式中，B 为纬度(°)；L 为经度(°)；H 为高度(m)；函数系数 z_1、z_2 和 z_3 可分别视为在 0~2km、2~5km 和 5~10km 高度处的 ZWD。通过公式(3-44)拟合每个格网点的 ZWD 垂直剖面数据，可以得到相应的函数系数 z_1、z_2、z_3、a_1、a_2、β_2 和 β_3 的时间序列。考虑到这些系数具有年周期和半年周期性，使用公式(3-45)拟合公式(3-44)得到每个格网点上的函数系数：

$$\begin{aligned}r(\mathrm{doy})=&c_0+c_1\cos\left(2\pi\frac{\mathrm{doy}}{365.25}\right)+b_1\sin\left(2\pi\frac{\mathrm{doy}}{365.25}\right)\\&+c_2\cos\left(4\pi\frac{\mathrm{doy}}{365.25}\right)+b_2\sin\left(4\pi\frac{\mathrm{doy}}{365.25}\right)\end{aligned}\tag{3-45}$$

式中，c_0 为平均值；c_1，b_1 为年变化系数，c_2，b_2 为半年变化系数；doy 为年积日。HZWD 模型只需要时间、纬度、经度和高度作为输入参数，它在没有气象数据的情况下可以计算出 ZWD。该模型表现出较高的 ZWD 高程改正精度，HZWD 的时空分辨率和稳定性均优于 GPT2w 和 UNB3m 模型，可以为导航和定位提供不同高度上 ZWD 校正产品。

2. 基于高斯函数的 ZTD 垂直剖面函数模型

Hu 等(2019)分析了基于指数函数和高斯函数的 ZTD 垂直剖面函数的精度，最终结合高斯函数和 ECMWF 的 ERA-Interim 月均资料构建了水平分辨率为 5°×5°的顾及季节变化的全球格网 ZTD 垂直剖面函数模型。其中，基于指数函数的 ZTD 垂直剖面函数模型表达式如下：

$$\mathrm{ZTD}_t = \mathrm{ZTD}_0 \cdot \exp(\beta \cdot (h_t - h_0)) \tag{3-46}$$

式中，ZTD_t 为在目标高 h_t(m)上的 ZTD 值；ZTD_0 为在高度 h_0(m)上的 ZTD 值。类似地，基于高斯函数的 ZTD 垂直剖面函数模型表达式如下：

$$\mathrm{ZTD}_t = \mathrm{ZTD}_0 \cdot \exp\left\{\frac{(h_0 - b)^2 - (h_t - b)^2}{c^2}\right\} \tag{3-47}$$

式中，b 和 c 为高斯函数系数(m)。由于系数 b 和 c 呈现出一定的季节变化规律，因此将每个格网点上的系数都拟合到具有年周期项和半年周期项的周期函数中，即用公式(3-45)拟合。

基于高斯函数的 ZTD 垂直剖面函数模型经全球多个 IGS 站和探空站验证后表现出优异的 ZTD 高程改正性能，通过与基于指数函数的 ZTD 垂直剖面函数模型对比，发现高斯函数模型比指数函数模型性能表现更好，更适合于 ZTD 垂直剖面上的建模。

3. GTrop 模型

Sun 等(2019a)利用长期的 ERA-Interim 数据分析了 ZHD 和 ZWD 的垂直递减率函数的长期线性趋势、年周期和半年周期变化，在此基础上构建了顾及上述精细季节变化的水平分辨率为 1°×1°的全球 ZHD、ZWD 和加权平均温度垂直递减率函数格网模型，进而构建了新的全球格网对流层模型 GTrop 模型。模型具体介绍及公式详见 3.1.2.6 节。经检验，结果表明该模型的精度优于 GPT2w 模型，极大地改善了其在高海拔地区的 ZHD 和 T_m 估计精度。

尽管已建立的对流层垂直剖面模型表现出了各自的优越性，但他们在构建时仅采用了单一格网点数据及月均剖面信息，因此全球对流层垂直剖面模型的模型参数仍有待进一步优化。

3.3 大气加权平均温度模型

GNSS 水汽具有近实时/实时、高精度、高时空分辨率、低成本等优点，已经广泛应用于暴雨、台风和强对流等极端天气的分析与临阵预报。T_m 是 GNSS 水汽反演的关键参数之一，与此同时，T_m 信息的精度也是影响高精度 GNSS 水汽获取的重要因素。在 GNSS 水汽探测中，尽管可以采用探空资料或大气再分析资料来积分计算 T_m，但是这些资料的发布具有一定的时延性，同时为了提高 T_m 的计算效率及为用户提供方便，需要建立一个

T_m 模型来满足 GNSS 水汽反演的要求。T_m 模型也主要分为两类：基于实测气象数据的模型和非气象参数模型。

3.3.1　依赖实测气象参数的大气加权平均温度模型

3.3.1.1　基于气象参数的局域 T_m 模型

Bevis 等(1992)首次在国际上提出 GPS 气象学的概念，并分析了在北美地区 T_m 与地表温度(T_s)具有较强的相关性，由此建立了著名的 Bevis 线性回归公式(计算公式详见式(2-50))。由于该模型方程的系数具有显著的季节和局地性，若要在其他地区使用获得高精度的 T_m 值，需要根据当地的探空资料对 Bevis 公式的系数重新估计。随着 GNSS 水汽探测技术的不断发展，Bevis 公式的局地精化及基于实测气象参数的 T_m 模型的构建得到了极大的发展。

李建国等(1999)应用中尺度气象模式，利用中国地区探空资料研究了适合于中国东部地区(20°~50°N，100°~130°E)和不同季节的关于 T_m 和 T_s 的线性回归方程，进而构建了适用于中国东部地区的 T_m 线性模型。模型表达式如下：

$$T_m = 44.05 + 0.81T_s \tag{3-48}$$

陈永奇等(2007)利用香港探空站的多年探空资料构建了 T_m 和 T_s 的线性模型，该模型计算 T_m 的精度优于 Bevis 公式，并将其用于中国香港地区的 GPS 水汽估计。模型表达式如下：

$$T_{m(HK)} = 106.7 + 0.605T_s \tag{3-49}$$

于胜杰和柳林涛(2009)分析了 Bevis 公式与高度的关系，在此基础上建立了可以适用于中国大陆不同地区、不同海拔范围的 T_m 公式，研究结果发现当测站高程从几米到几千米变化时，精化后的模型与 Bevis 公式估计的 T_m 存在较大的差异，Bevis 公式计算出来的 T_m 与探空站 T_m 的偏差随着站点高度的增加也在逐渐增加，两者之间存在着较强的相关性。根据上述关系，将测站按不同的高度分类，并对不同高度段 Bevis 公式计算出来的 T_m ($T_{m\,Bevis}$)与探空站 T_m 的偏差进行分析，在满足各个高度段系统偏差的平方和最小的条件下，对其进行改正，其改正公式如下：

$$T_{m改进} = \begin{cases} T_{m\,Bevis} + 5.1, & h < 200\text{m} \\ T_{m\,Bevis} + 3.0, & 200\text{m} \leqslant h < 500\text{m} \\ T_{m\,Bevis} + 2.1, & 500\text{m} \leqslant h < 1500\text{m} \\ T_{m\,Bevis}, & 1500\text{m} \leqslant h < 3000\text{m} \\ T_{m\,Bevis} - 6.6, & h \geqslant 3000\text{m} \end{cases} \tag{3-50}$$

王晓英等(2011，2012)分析了 T_m 与 T_s 和水汽压(e_s)的相关性，在此基础上建立了中国香港地区和中国内地的单气象因子与多气象因子 T_m 线性模型。其中中国香港地区的单因子和多因子 T_m 线性模型分别如式(3-51)和式(3-52)所示：

$$T_m = 115.13 + 0.58T_s \tag{3-51}$$

$$T_m = 88.85 + 0.49T_s + 0.10e_s - 0.05P_s \tag{3-52}$$

式中，e_s 和 P_s 分别为水汽压(hPa)和地表气压(hPa)。经验证，两种模型精度均优于

Bevis 公式，且两种模型计算结果差异不大，因此可用单气象因子的 T_m 线性模型来代替多气象因子公式使用。因此，中国内地 T_m 经验公式则以单气象因子的 T_m 线性模型表示：

$$T_m = 53.244 + 0.783T_s \tag{3-53}$$

龚绍琦(2013)利用中国区域 123 个探空站点 3 年的资料分析了 T_m 与站点位置、T_s、e_s 和地表气压(P_s)的关系，对整个中国区域按照气候分区和季节分区分别构建了相应的单气象因子和多气象因子的 T_m 模型。单气象因子的 T_m 模型见表 3-8，多气象因子的 T_m 模型见表 3-9，这些模型基本可用于中国地区的 GNSS 水汽探测，且多因子回归模型比单因子模型精度稍高，在实际应用中，可根据地面气象资料丰缺程度来选择单因子还是多因子模型。

表 3-8 **单气象因子 T_m 模型**

分类	模型
全国	$T_m=105.45+0.594T_s$
高原高山气候	$T_m=144.09+0.452T_s$
温带大陆性气候	$T_m=140.63+0.467T_s$
温带季风气候	$T_m=86.87+0.658T_s$
亚热带季风气候	$T_m=90.10+0.650T_s$
热带季风气候	$T_m=123.65+0.540T_s$
冬季	$T_m=105.14+0.599T_s$
春季	$T_m=84.14+0.666T_s$
夏季	$T_m=39.81+0.815T_s$
秋季	$T_m=90.71+0.648T_s$

表 3-9 **多气象因子 T_m 模型**

分类	模型
全国	$T_m=0.291+0.477T_s+0.00925\mathrm{In}e+0.215P_0$
高原高山气候	$T_m=0.502+0.472T_s+0.00215\mathrm{In}e-0.067P_0$
温带大陆性气候	$T_m=0.238+0.496T_s+0.00405\mathrm{In}e+0.267P_0$
温带季风气候	$T_m=0.480+0.450T_s+0.0122\mathrm{In}e+0.071P_0$
亚热带季风气候	$T_m=0.648+0.497T_s+0.00797\mathrm{In}e-0.143P_0$
热带季风气候	$T_m=-0.299+0.609T_s+0.0064\mathrm{In}e+0.692P_0$
冬季	$T_m=0.591+0.446T_s+0.00878\mathrm{In}e-0.036P_0$
春季	$T_m=0.138+0.606T_s+0.00786\mathrm{In}e+0.259P_0$
夏季	$T_m=-0.064+0.695T_s+0.01094\mathrm{In}e+0.406P_0$
秋季	$T_m=0.249+0.584T_s+0.00649\mathrm{In}e+0.169P_0$

为了开展广西地区的GNSS水汽反演，Liu等(2012)利用分布于广西地区的4个探空站资料，分别建立了广西四个城市的T_m线性模型和整个广西地区的T_m线性模型，模型系数见表3-10。

表3-10　**广西地区T_m模型系数表**

模型系数	南宁	桂林	梧州	北海	广西
a	116.90	90.47	109.02	89.58	100.16
b	0.57	0.65	0.59	0.66	0.62

通过分析上述月均模型和年均模型的差异，结果表明构建的覆盖整个广西地区的T_m线性模型的精度要优于单一探空站构建的模型，且新模型的性能显著高于Bevis公式和中国区域已有T_m线性模型，新模型在广西地区GNSS水汽反演中获得了良好的效果。

随后，Tang等(2013)和谢劭峰等(2017)继续对广西地区的T_m模型进行了精化。此外，针对广西地区探空站稀少的问题，陈发德等(2017)结合GGOS大气格网T_m产品，以探空站计算T_m信息为参考值获得GGOS大气T_m的残差序列，利用小波去噪算法构建了广西地区的T_m插值新模型：

$$\mathrm{GT_{mj}} = \mathrm{GT_{mb}} + \Delta\mathrm{GT_m} \tag{3-54}$$

$$\begin{aligned}\Delta\mathrm{GT_m} =& a_0 + a_1\cos\left(2\pi\frac{\mathrm{doy}}{365.25}\right) + a_2\sin\left(2\pi\frac{\mathrm{doy}}{365.25}\right)\\ &+ a_3\cos\left(4\pi\frac{\mathrm{doy}}{365.25}\right) + a_4\sin\left(4\pi\frac{\mathrm{doy}}{365.25}\right)\end{aligned} \tag{3-55}$$

式中，$\mathrm{GT_{mb}}$为GGOS T_m经双线性插值到探空站后得到的T_m值，$\mathrm{GT_{mj}}$为经过模型改正后的$\mathrm{GT_{mb}}$，$\Delta\mathrm{GT_m}$是$\mathrm{GT_{mb}}$与探空站参考值T_m的偏差。利用去噪后曲线用最小二乘法求出基于广西地区的模型系数a_0，a_1，a_2，a_3，a_4，分别取值为：1.0075、0.0106、0.0943、0.0245、-0.018。改正模型的精度相比于Bevis公式和GPT2w模型，新模型显著地提升了广西地区的T_m计算精度。

3.3.1.2　基于气象参数的全球T_m模型

以上基于气象参数的局域T_m模型基本上是根据局地的无线电探空数据建立的，因此其在特定区域使用能取得较好的效果，但是不能适用于全球范围内。为了在全球范围内开展GNSS水汽探测研究，需构建一个全球适用的T_m模型。

Yao等(2014a)利用GGOS Atmosphere提供的T_m数据及ECMWF的ERA-40再分析资料提供的T_s数据分析了全球T_m与T_s的相关性，并在此基础上按照一定的纬度间隔划分，构建了全球共12个纬度范围内T_m与T_s的分区模型，各纬度带T_m线性回归模型的系数和统计信息见表3-11。新模型经GGOS大气格网T_m数据、COSMIC数据和探空站数据检验后在全球表现出良好的性能，其均方根误差分别为3.2K、3.3K和4.4K，比Bevis公式更准确。

与此同时，Yao等(2014b)利用全球探空站数据分析了T_m与T_s、P_s和e_s在全球范围内的相关性，最终利用 ERA-Interim 数据和 GGOS T_m 数据构建了全球 2°×2.5°分辨率 T_m 单气象因子格网模型 GT_m-I 和 T_m 多气象因子格网模型 PT_m-I。其中 GT_m-I 模型和 PT_m-I 模型如下所示：

$$T_m = 43.69 + 0.8116T_s \tag{3-56}$$

$$T_m = 81.90 + 0.5344T_s + 31.81e_s^{0.1131} \tag{3-57}$$

以 GGOS T_m 为参考值，对各个模型进行 T_m 残差求取。鉴于两模型计算的 T_m 残差 ΔT_m 存在明显的年周期变化和半年周期变化，因此对 ΔT_m 利用公式(3-58)进行拟合：

$$\begin{aligned}\Delta T_m =& a_0 + a_1\cos\left(2\pi\frac{\text{doy}}{365.25}\right) + a_2\sin\left(2\pi\frac{\text{doy}}{365.25}\right)\\ &+ a_3\cos\left(4\pi\frac{\text{doy}}{365.25}\right) + a_4\sin\left(4\pi\frac{\text{doy}}{365.25}\right)\end{aligned} \tag{3-58}$$

通过上述两个模型求取的 T_m 值(T_{m0})加上残差 ΔT_m 值即可得到最后所求的 T_m 值，即如公式(3-59)所示：

$$T_m = T_{m0} + \Delta T_m \tag{3-59}$$

经 GGOS 大气格网 T_m 数据、COSMIC 数据和探空站数据检验后，GT_m-I 模型和 PT_m-I 模型都取得了较好的效果且都比广泛使用的 Bevis 公式精度高 1K 左右。然而需要指出的是，经过季节修正后，多气象因子模型不再优于单因子模型。

表 3-11　　**12 个纬度带 T_m 线性回归模型的系数和统计信息**

纬度带	a	b	纬度带	a	b
90°~75°N	67.8670	0.7204	0°~15°S	156.3664	0.4411
75°~60°N	73.2557	0.7020	15°~30°S	76.5865	0.7045
60°~45°N	35.8324	0.8391	30°~45°S	-15.9259	1.0224
45°~30°N	2.8034	0.9533	45°~60°S	2.3531	0.9552
30°~15°N	105.1529	0.6117	60°~75°S	67.0131	0.7116
15°~0°N	124.8671	0.5450	75°~90°S	104.0401	0.5476

姚宜斌等(2019b)针对 Bevis 公式在高海拔地区使用存在较大偏差的问题，研究了全球近地空间范围内(0~10km)的 T_m 与大气温度的相关性，利用 ECMWF 资料和探空站资料 3 年数据(2013—2015 年)建立了基于大气温度的全球 T_m 模型。该模型对公式(2-49)中的 a、b 系数利用下式进行拟合以顾及年周期和半年周期变化：

$$\begin{aligned}r(\text{doy}) =& c_0 + c_1\cos\left(2\pi\frac{\text{doy}}{365.25}\right) + b_1\sin\left(2\pi\frac{\text{doy}}{365.25}\right)\\ &+ c_2\cos\left(4\pi\frac{\text{doy}}{365.25}\right) + b_2\sin\left(4\pi\frac{\text{doy}}{365.25}\right)\end{aligned} \tag{3-60}$$

式中，$r(\text{doy})$代表系数 a 和 b。同时采用 9 阶 9 次的球谐函数对模型系数进行展开，公式如下：

$$c_i = \sum_{n=0}^{9}\sum_{m=0}^{n} P_{nm}(\sin\varphi)\cdot[A_{nm}^{i}\cos(m\lambda)+B_{nm}^{i}\sin(m\lambda)]\ (i=0,1,\cdots,9) \tag{3-61}$$

检验结果表明，该模型在近地空间范围内(0～10km 高程范围)近 20 个不同的高度层上都可以取得较高的精度，由此可得到该模型在对应高程范围内的任意高度面上都可以得到高精度的 T_m 估计值。

由于全球大多数 GNSS 站最初建立的目的是用于大地测量研究，并非用于 GNSS 水汽探测，因此这些测站并未安装气象传感器，而且部分地区气象站稀疏，难以为 GNSS 站提供相应的气象数据。因此基于实测气象参数的 T_m 模型一般应用于事后 GNSS 高精度水汽的反演，难以应用于实时的 GNSS 水汽探测。

3.3.2　非气象参数的大气加权平均温度模型

为了满足实时 GNSS 水汽探测的要求，需要构建一个非气象参数 T_m 模型(经验模型)来提供实时的 T_m 信息。较为常用的非气象模型有 Emardson 模型、GPT 系列模型(由于该模型已在 3.1.2.4 节介绍，本节内容不再详细展开介绍)、GWMT 系列模型和 GT_m 系列模型等。由于 GNSS 水汽转换系数(用 K 或 Π 表示)的取值主要取决于 T_m，因此本节内容也增加了关于水汽转换系数模型的介绍。

3.3.2.1　非气象参数的局域 T_m 模型

Emardson 等(1998)利用欧洲地区的探空资料构建了顾及纬度与 T_m 年周期变化的 T_m 经验模型(详见式(2-51))，该模型可以用于实时的 GNSS 水汽探测。

姚朝龙等(2015)利用中国低纬度地区的无线电探空站资料分析了 T_m 与高程的关系，在 Emardson 模型中加入了高程因子，进而构建了中国低纬度地区顾及地形变化的 Emardson 改进模型(详见式(2-53))，改进模型与原 Emardson 模型相比，其精度显著提高。

随后，刘立龙等(2016)和陈香萍等(2018)利用探空资料分别在新疆地区和青藏高原地区对 Emardson 模型系数进行重新估计(模型精化)，并分析了精化后的模型在这两个地区的适用性。新疆地区和青藏高原地区的精化模型分别如公式(3-62)和公式(3-63)所示：

$$\begin{aligned} K^{-1} = & 0.16256 - 1.73\times10^{-4}\varphi - 1.92\times10^{-3}\cdot\sin\left(2\pi\frac{\text{doy}}{365}\right) \\ & - 6.09\times10^{-3}\cdot\cos\left(2\pi\frac{\text{doy}}{365}\right) \end{aligned} \tag{3-62}$$

$$\begin{aligned} K^{-1} = & 0.18484 - 0.00068\varphi - 0.00207\cdot\sin\left(2\pi\frac{\text{doy}}{365}\right) \\ & - 0.00515\cdot\cos\left(2\pi\frac{\text{doy}}{365}\right) - 3.1\times10^{-6}h \end{aligned} \tag{3-63}$$

式中，φ 为纬度(°)；h 为测站海拔(m)。

针对中国西南地区地形起伏较大的情况，黄良珂等(2019)利用多年探空数据分析了 T_m 在高程上的变化，在该地区对 Emardson 模型进行精化，进而构建了两个精化模型，即顾及高程因子的 Emardson 精化模型(Emardson-H)和未顾及高程因子的 Emardson 精化模型

(Emardson-I)，结果表明 Emardson-H 模型的性能优于 Emardson-I 模型。其中，Emardson-I 模型和 Emardson-H 模型的表达式分别如公式(3-64)和公式(3-65)所示：

$$K^{-1}=0.18085-0.00097\varphi-0.00324\cdot\sin\left(2\pi\frac{\text{doy}}{365}\right)-0.00082\cdot\cos\left(2\pi\frac{\text{doy}}{365}\right)\tag{3-64}$$

$$K^{-1}=0.17084-0.00097\varphi-0.00326\cdot\sin\left(2\pi\frac{\text{doy}}{365}\right)-0.00032\cdot\cos\left(2\pi\frac{\text{doy}}{365}\right)-2.4\times10^{-6}h\tag{3-65}$$

Zhang 等(2017)利用 2005—2009 年的 ERA-Interim 资料构建了两种中国地区格网分辨率为 2.5°×2.5°的 T_m 新模型：GM-T_m 模型(依赖气象参数模型)和 GH-T_m 模型(非气象参数模型)。GM-T_m 模型表达式如下：

$$T_m(T_m,\ \text{doy},\ \text{hour}_{\text{UTC}})=Q\times T_s+C+\text{HF}(\text{doy},\ \text{hour}_{\text{UTC}})\tag{3-66}$$

$$\begin{aligned}\text{HF}(\text{doy},\ \text{hour}_{\text{UTC}})=&a_0+a_1\cos\left(2\pi\frac{\text{doy}}{365.25}\right)+b_1\sin\left(2\pi\frac{\text{doy}}{365.25}\right)\\&+a_2\cos\left(4\pi\frac{\text{doy}}{365.25}\right)+b_2\sin\left(4\pi\frac{\text{doy}}{365.25}\right)\\&+a_3\cos\left(2\pi\frac{\text{hour}_{\text{UTC}}}{24}\right)+b_3\sin\left(2\pi\frac{\text{hour}_{\text{UTC}}}{24}\right)\end{aligned}\tag{3-67}$$

式中，a_0 为线性模型中 T_m 残差的平均值；a_1，b_1 为年周期变化振幅系数，a_2，b_2 为半年周期变化振幅系数，a_3，b_3 为日周期变化振幅系数；hour_{UTC}为 UTC 小时；Q 为 T_m 和 T_s 的回归系数；C 为线性模型的截距。式(3-66)中的系数采用 ERA-Interim 资料获得的特定格网点的 T_m 和 T_s 通过最小二乘法估计得到。

GH-T_m 模型除了考虑了 T_m 的年、半年和日变化，还采用了 T_m 递减率β，用来将参考高度的 T_m 调整到目标高度上。模型方程如下：

$$\begin{aligned}T_m(\text{doy},\ \text{hour}_{\text{UTC}},\ \text{d}h)=&\beta\times\text{d}h+A_0+A_1\cos\left(2\pi\frac{\text{doy}}{365.25}\right)+B_1\sin\left(2\pi\frac{\text{doy}}{365.25}\right)\\&+A_2\cos\left(4\pi\frac{\text{doy}}{365.25}\right)+B_2\sin\left(4\pi\frac{\text{doy}}{365.25}\right)\\&+A_3\cos\left(2\pi\frac{\text{hour}_{\text{UTC}}}{24}\right)+B_3\sin\left(2\pi\frac{\text{hour}_{\text{UTC}}}{24}\right)\end{aligned}\tag{3-68}$$

式中，dh 为测站与模型参考高程之间的高差。

经验证，GM-T_m 模型在中国的 RMS 误差为 2.3K，与 Bevis 公式相比，T_m 计算精度提高了约 42%，GH-T_m 模型则在中国的 RMS 误差为 3.4K。与 GM-T_m 模型相比，GH-T_m 模型不依赖于温度信息，虽然 GH-T_m 模型的精度不如 GM-T_m 模型，但这使得 GH-T_m 模型更具有实际适用性。因此，在有温度观测资料的情况下，中国地区的 GNSS 水汽反演可以使用 GM-T_m 模型，而在没有温度观测资料的情况下，可以考虑使用 GH-T_m 模型。

Sun 等(2019b)利用 ECMWF 中心提供的最新的高时空分辨率的 ERA5 再分析资料，建立了水平分辨率为 0.5°×0.5°、时间分辨率为 1 小时的中国区域对流层格网新模型，新模型可提供 ZHD、ZWD 和 T_m 信息，相对于 GPT2w 模型，该模型能较好地捕获对流层延迟和 T_m 信息的日变化。模型表达式如下：

$$\begin{aligned}\mathrm{TD} = \Bigg[& A_0 + A_1\cos\left(2\pi\frac{\mathrm{hod}}{24}\right) + A_2\sin\left(2\pi\frac{\mathrm{hod}}{24}\right) + A_3\cos\left(4\pi\frac{\mathrm{hod}}{24}\right) \\ & + A_4\sin\left(4\pi\frac{\mathrm{hod}}{24}\right)\Bigg]\cdot e^{-\frac{h-h_0}{A_5}}\end{aligned} \tag{3-69}$$

$$\begin{aligned}T_m = & B_0 + B_1\cos\left(2\pi\frac{\mathrm{hod}}{24}\right) + B_2\sin\left(2\pi\frac{\mathrm{hod}}{24}\right) + B_3\cos\left(4\pi\frac{\mathrm{hod}}{24}\right) \\ & + B_4\sin\left(4\pi\frac{\mathrm{hod}}{24}\right) - B_5(h - h_0)\end{aligned} \tag{3-70}$$

$$\left\{\begin{aligned} A_i = & a_{i0} + a_{i1}\cos\left(2\pi\frac{\mathrm{doy}}{365.25}\right) + a_{i2}\sin\left(2\pi\frac{\mathrm{doy}}{365.25}\right) \\ & + a_{i3}\cos\left(4\pi\frac{\mathrm{doy}}{365.25}\right) + a_{i4}\sin\left(4\pi\frac{\mathrm{doy}}{365.25}\right) \\ B_i = & b_{i0} + b_{i1}\cos\left(2\pi\frac{\mathrm{doy}}{365.25}\right) + b_{i2}\sin\left(2\pi\frac{\mathrm{doy}}{365.25}\right) \\ & + b_{i3}\cos\left(4\pi\frac{\mathrm{doy}}{365.25}\right) + b_{i4}\sin\left(4\pi\frac{\mathrm{doy}}{365.25}\right)\end{aligned}\right. ,\quad i = 0,1,2,3,4,5 \tag{3-71}$$

式中，TD 代表 ZHD 或 ZWD；A_i 和 B_i(i=0，1，2，3，4)分别为对流层延迟和 T_m 的日变化系数，A_5 和 B_5 分别为对流层延迟和 T_m 的递减率；h 和 h_0 分别为目标高和格网点高。

尽管上述区域模型在当地应用均能取得较好的效果，但是在全球范围内的使用有待进一步验证，因此需要建立全球的 T_m 模型来满足全球获取 T_m 估计的需求。

3.3.2.2　非气象参数的全球 T_m 模型

为了进一步开展全球实时 GNSS 水汽探测的研究，Yao 等(2012)研究了地表温度和加权平均温度的特征，利用全球探空站数据建立了一个基于测站位置和年积日的首个全球加权平均温度新模型(GWMT 模型)。模型表达式如下所示：

$$T_m = a_1 + a_2 h + a_3\cos\left(2\pi\frac{\mathrm{doy}-28}{365.25}\right) \tag{3-72}$$

$$a_1 = \sum_{i=1}^{55}\left[\mathrm{atm\_mean}(i)\cdot aP(i) + \mathrm{btm\_mean}(i)\cdot bP(i)\right] \tag{3-73}$$

$$a_3 = \sum_{i=1}^{55}\left[\mathrm{atm\_amp}(i)\cdot aP(i) + \mathrm{btm\_amp}(i)\cdot bP(i)\right] \tag{3-74}$$

式中，$aP(i)$和 $bP(i)$分别为纬度和经度求得的球谐函数；atm_mean(i)，btm_mean(i)，atm_amp(i)，btm_amp(i)和 a_2 为模型系数，其中 a_2 取−0.0041。经过验证，GWMT 模型比 Bevis 公式具有更高精度，且不需要实测的气温参数，具有较强的可靠性和实用性，但由于 GWMT 模型构建采用的是陆地上的探空资料，在海洋上缺乏建模资料，因此该模型在海洋地区存在系统偏差。

随后，Yao 等(2013)对 GWMT 模型进行改进，联合 GPT 模型和 Bevis 公式提供海洋地区的 T_m 来解决海洋上的数据缺乏问题，基于全球探空资料建立了第二代全球 T_m 模型——GT_m-Ⅱ模型。该模型很好地消除了 GWMT 模型在海洋地区的系统误差，不仅在海上显著提高了 GT_m 模型的精度，而且在陆地上也较好地改善了 GT_m 模型的精度，使 GT_m 模型更加稳定和实用。

与此同时，Chen 等(2014)继续对 GWMT 模型进行精化，利用 2.5°×2.5°格网分辨率 NCEP 再分析资料构建了顾及 T_m 年周期和半年周期变化的全球 T_m 新模型——GT_m-N：

$$
\begin{aligned}
T_m = a_1 + a_2 h + a_3 \cos\left(2\pi \frac{\text{doy}}{365.25}\right) + a_4 \sin\left(2\pi \frac{\text{doy}}{365.25}\right) \\
+ a_5 \cos\left(4\pi \frac{\text{doy}}{365.25}\right) + a_6 \sin\left(4\pi \frac{\text{doy}}{365.25}\right)
\end{aligned}
\tag{3-75}
$$

经验证，GT_m-N 在海洋和陆地上都取得了较好的精度。GT_m-N 模型的精度高于 Bevis 公式和 GT_m-Ⅱ模型。

Yao 等(2014c)在 GT_m-Ⅱ模型方程中增加了 T_m 日周期参数，并利用 2005—2011 年 GGOS 大气格网 T_m 数据进行建模，最终建立了全球 T_m 新模型(GT_m-Ⅲ模型)，其模型表达式如下：

$$
\begin{aligned}
T_m = a_1 + a_2 h + a_3 \cos\left(2\pi \frac{\text{doy} - C_1}{365.25}\right) + a_4 \sin\left(2\pi \frac{\text{doy} - C_2}{365.25}\right) \\
+ a_5 \cos\left(2\pi \frac{\text{hod} - C_3}{24}\right)
\end{aligned}
\tag{3-76}
$$

式中，模型系数 a_1、a_3、a_4 和 a_5 与 GWMT 模型和 GT_m-Ⅱ模型类似，都以球谐函数形式表示，其中 a_2 取−0.0051。经验证，GT_m-Ⅲ模型优于 GT_m-Ⅱ模型。

此外，Yao 等(2015a)利用 GGOS 大气格网数据继续对 GWMT 模型进行精化，进而构建了新一代全球 T_m 模型——GWMT-G，新模型继续沿用原来 GWMT 模型的公式，不同的是采用了 10°×6°格网分辨率的 GGOS T_m 来拟合模型。GWMT-G 模型较多地解决了 GWMT 模型在海洋地区的异常问题，且显著提高了其他区域 T_m 的计算精度。

由于大多数全球模型在构建时并未顾及 T_m 的垂直递减率。为此，He 等(2017)建立了一个顾及高程和季节变化的全球 T_m 新模型——GWMT-D 模型。该模型在不同的高度上均取得了较好的效果，性能优于 GT_m-N 模型和 GT_m-Ⅲ模型。

姚宜斌等(2019a)利用 ECMWF 再分析资料分析了 T_m 的垂直剖面变化，发现其在 0~10km 范围内表现为一定的非线性变化关系，在此基础上构建了顾及 T_m 非线性垂直剖面函数的全球 2.5°×2.5°格网分辨率 T_m 新模型(GT_m-H 模型)。GT_m-H 模型包括两个部分：平均海水面(mean sea level，MSL)处的 T_m 计算值 T_m^{MSL} 和 T_m 在高程方向上的修正值 T_m^h。由于在平均海水面上的 T_m 存在明显的季节性变化，因此将 T_m^{MSL} 进行年周期和半年周期展开；同时，由于 T_m 在垂直方向上存在线性和非线性变化，所以 T_m^h 由线性和非线性部分组成，其中的非线性部分通过一个周期为 20km 的三角函数来表示。GT_m-H 模型的表达式如下：

$$T_{\mathrm{m}} = T_{\mathrm{m}}^{\mathrm{MSL}} + T_{\mathrm{m}}^{h} \tag{3-77}$$

$$\begin{aligned} T_{\mathrm{m}}^{\mathrm{MSL}} = & a_1 + a_2\cos\left(2\pi \frac{\mathrm{doy}}{365.25}\right) + a_3\sin\left(2\pi \frac{\mathrm{doy}}{365.25}\right) \\ & + a_4\cos\left(4\pi \frac{\mathrm{doy}}{365.25}\right) + a_5\sin\left(4\pi \frac{\mathrm{doy}}{365.25}\right) \end{aligned} \tag{3-78}$$

$$T_{\mathrm{m}}^{h} = b_1 h + b_2\cos\left(\frac{2\pi h}{20}\right) + b_3\sin\left(\frac{2\pi h}{20}\right) \tag{3-79}$$

式中，h 为高程(km)；$a_i(i=1, 2, 3, 4, 5)$ 和 $b_i(i=1, 2, 3)$ 为模型系数。经检验，GT_m-H 模型与 GT_m-Ⅲ相比，其性能提升了 20%以上，GT_m-H 模型可以显著提升 T_m 在垂直方向上的归算效果。

此外，GPT2w 对流层模型(Böhm et al., 2015)、ITG 对流层模型(Yao et al., 2015b)和 GTrop 对流层模型(Sun et al., 2019a)也能为全球提供比较精确的 T_m 信息。尽管上述模型均表现出各自的优越性，但是在全球 T_m 模型方程的完善及建模数据源的使用方面仍有待进一步研究。

第 4 章　MERRA-2 大气再分析资料计算对流层延迟精度分析

4.1 引　言

在全球高精度、高时空分辨率对流层延迟模型构建的数据源选择中，利用大气再分析资料来计算 ZWD/ZTD 信息并作为模型构建的数据源获得了广泛的关注(Pany et al., 2001; Bromwich et al., 2005)。大气再分析资料是研究和构建对流层改正模型的重要手段之一。目前国际上使用较为广泛的有美国国家环境预报中心的 NCEP 再分析资料和欧洲中尺度天气预报中心的 ECMWF 再分析资料。一般情况下，大气再分析资料在应用前需要采用独立观测值来对其精度进行评价。已有学者对再分析资料在全球和中国区域计算对流层延迟的精度和稳定性做了相关评估(Chen et al., 2011; 陈钦明等, 2012; 马志泉等, 2012; 华新荣等, 2015)。MERRA-2 是由美国 NASA 提供的最新一代大气再分析资料，其具有极高的时空分辨率，由于目前尚无文献对 MERRA-2 大气再分析资料积分计算 ZWD/ZTD 的精度在全球和中国区域进行评估。为此，联合 IGS ZTD 产品、陆态网 ZTD 产品和探空站资料来验证 MERRA-2 大气再分析资料积分计算 ZWD/ZTD 的精度，可对后续利用 MERRA-2 大气再分析资料开展全球或中国区域对流层建模数据源选择提供重要参考，因此具有重要的现实意义。

本章联合 IGS ZTD 产品、陆态网 ZTD 产品和探空站资料，对 MERRA-2 大气再分析资料在全球和中国区域计算 ZTD/ZWD 的精度进行了评估。结果表明，MERRA-2 大气再分析资料在全球和中国区域计算 ZTD/ZWD 具有很高的精度和良好的稳定性，可作为全球和中国区域高精度、高分辨率对流层建模及高精度 GNSS 水汽探测的数据源。

4.2 MERRA-2 大气再分析资料计算全球 ZWD/ZTD 精度验证

如前所述，MERRA-2 是由美国 NASA 提供的最新大气再分析资料，其平面分辨率高达 0.5°×0.625°(纬度×经度)、垂直分辨率有 42 层(层顶高度约为 50km)、分层资料的时间分辨率不低于 6h、地表资料的时间分辨率为 1h。本章只对 MERRA-2 大气再分析资料的分层产品积分计算 ZWD/ZTD 进行评估，因此需要用到全球每个格网点 6h 分辨率的分层资料：气压、温度、比湿和位势高，以及对应的地表气象参数和地表高程。

根据第 2 章积分计算对流层关键参数的原理与方法，利用 MERRA-2 大气再分析资料只能积分计算出格网点的 ZWD/ZTD 值，而 IGS 站点和探空站点位置处的 ZWD/ZTD 值需要通过其最近 4 个格网点插值获取。首先，在进行格网点空间插值之前，需要统一 MERRA-2 大气再分析资料格网点、IGS 站及探空站的高程基准。由于 MERRA-2 大气再分析资料采用的高程系统是位势高，探空站站点高程为海拔高，而 IGS 中心提供的 GNSS 站点 ZTD 产品是基于大地高，在对流层大气高程改正中，位势高和海拔高之间的高程基准差异引起的大气差异可以忽略不计(盛裴轩等，2003)，但是位势高与大地高之间的高程系统差异不可忽视，其可通过 EGM2008 模型计算获取(章传银等，2009)，进而实现 MERRA-2 大气再分析资料格网点和 GNSS 站点高程系统的统一。其次，MERRA-2 大气再分析资料格网点高程与 IGS 站/探空站高程并不一致，这种高程差异在高海拔地区非常显著。那么，如果直接采用常用的反距离加权法或者双线性插值法对 IGS 站/探空站点处进行插值，难免会引入较大的插值误差，进而影响 MERRA-2 精度评估的结果。为此，在对 MERRA-2 大气再分析资料积分计算 ZWD/ZTD 时，直接以 IGS 站/探空站点高度为积分起始高度，积分计算出各站点最近 4 个格网点的 ZWD/ZTD 信息，从而确保了 4 个格网点与 IGS 站/探空站点的高度一致，极大地消除或削弱了 ZWD/ZTD 在高程上的影响。然而，在积分计算前，需要利用分层气象参数进行垂直插值(内插或外推)以获取 IGS 站/探空站点高度处的气象参数。在垂直插值方面，如果 IGS 站/探空站点的高程大于格网点高程时，可采用相邻层的气象参数进行内插，反之，则采用外推。对于温度的垂直插值，采用 IGS 站/探空站点高度处最近的三层数据来计算温度垂直递减率，如果计算的温度垂直递减率大于 10K/km 或者是负值，则其温度递减率取常用-6.5K/km，否则会引入较大的插值误差(Wang et al.，2005，2016)；在气压的垂直插值方面，利用 IGS 站/探空站点高度处最近的三层数据来计算气压平均递减率(Jiang et al.，2016)；在比湿的垂直插值方面，首先选取 MERRA-2 大气再分析资料的 1 个格网点(31.5°N，130.0°E)来分析比湿在高度上的变化，结果如图 4-1 所示。由图 4-1 可知，比湿在高程上的变化可近似用分段线性函数表达，因此，比湿的垂直插值也可采用 IGS 站/探空站点高度处最近三层数据来线性插值计算。

根据上述方法计算出 MERRA-2 大气再分析资料格网点在 IGS 站/探空站点高度处的 ZWD/ZTD 信息后，采用反距离加权法(IDW)来进行格网点的水平插值即可取得较好的插值效果(华新荣等，2015)，最终可插值获得 IGS 站/探空站点处的 ZWD/ZTD 信息。

因此，本研究以 2015—2017 年全球 IGS 站精密 ZTD 产品和 2015 年全球探空站数据为参考值，评价 MERRA-2 大气再分析资料积分计算全球 ZWD/ZTD 的精度，并使用 bias 值与 RMS 误差作为精度指标，公式为：

$$\text{bias} = \frac{1}{N}\sum_{i=1}^{N}(X_m^{M_i} - X_m^{R_i}) \tag{4-1}$$

$$\text{RMS} = \sqrt{\frac{1}{N}\sum_{i=1}^{N}(X_m^{M_i} - X_m^{R_i})^2} \tag{4-2}$$

式中，$X_m^{M_i}$ 为计算值(MERRA-2 大气再分析资料计算值)，$X_m^{R_i}$ 为参考值，N 为样本数量。

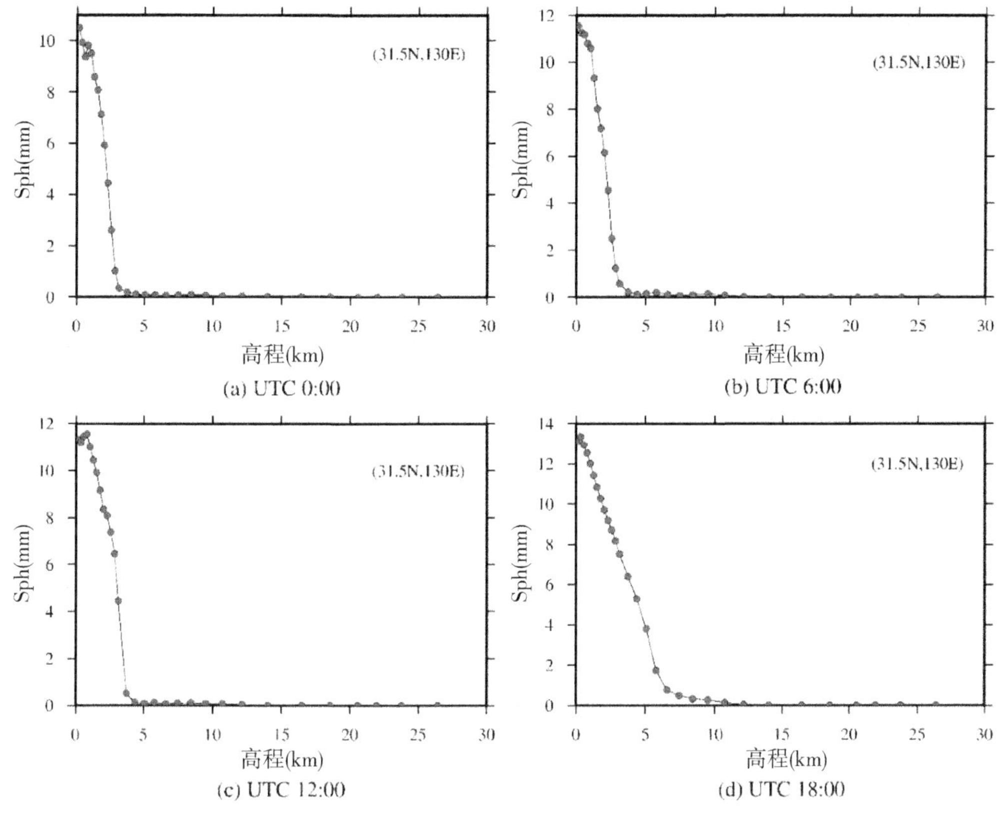

图 4-1 格网点(31.5°N, 130.0°E)上的比湿在高程方向上的变化关系

4.2.1 利用 IGS ZTD 产品验证 MERRA-2 大气再分析资料计算全球 ZTD 的精度

利用 2015—2017 年全球 316 个 IGS 站时间分辨率为 5min、精度优于 5mm 的精密 ZTD 产品来检验 MERRA-2 大气再分析资料积分计算全球 ZTD 的精度，分别计算出 MERRA-2 大气再分析资料积分 ZTD 在所有 IGS 站点处的日均 bias 值和 RMS 误差，进而统计得到全球每个 IGS 站 MERRA-2 大气再分析资料计算 ZTD 的年均 bias 值和 RMS 误差，结果如表 4-1 和图 4-2 所示。

表 4-1 **2015—2017 年全球 IGS 站 ZTD 产品检验 MERRA-2 资料计算 ZTD 的精度**

	bias(cm)			RMS(cm)		
	最小值	最大值	年均值	最小值	最大值	年均值
2015 年	-1.49	1.96	0.41	0.44	2.60	1.28
2016 年	-1.28	2.47	0.43	0.39	2.90	1.35
2017 年	-1.28	2.28	0.50	0.42	2.67	1.34
平均值	0.44			1.32		

由表 4-1 可以看出，不同年份的 MERRA-2 大气再分析资料计算 ZTD 信息的精度较为稳定，其 bias 值的范围为-1.49~2.47cm，平均 bias 值为 0.44cm；在 RMS 误差方面，其变化范围为 0.39~2.90cm，平均值为 1.32cm。由图 4-2 可知，MERRA-2 大气再分析资料计算 ZTD 的 bias 值在全球中、高纬度地区主要表现为正 bias 值，在低纬度的部分地区(如南美洲东海岸和印度洋区域)GNSS 测站中体现为负 bias 值，说明 MERRA-2 大气再分析资料在全球中、高纬度地区估计 ZTD 偏大，其在低纬度部分地区估计 ZTD 值偏小。在 RMS 误差方面，MERRA-2 大气再分析资料估计 ZTD 的 RMS 误差在全球中、高纬度地区表现出较小的值(基本小于 1.5cm)，尤其在南极地区(低于 1.0cm)，尽管在低纬度地区表现为相对较大的值，但是其 RMS 误差仍保持在 2.0cm 左右，其原因可能是在低纬度地区受到了热带雨林气候、热带海洋气候、热带草原气候等复杂气候系统的综合影响。由此表明，MERRA-2 大气再分析资料在全球计算 ZTD 信息具有极高的精度和稳定性，优于全球 GGOS 大气格网 ZTD 产品的精度，其在全球的 RMS 误差约为 1.73cm(姚宜斌等，2016)。

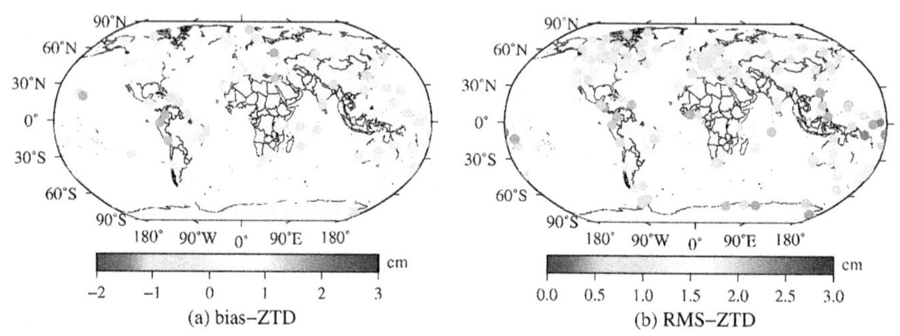

图 4-2　全球 316 个 IGS 站 ZTD 产品检验 MERRA-2 大气再分析资料计算 ZTD 的误差分布

为了分析 MERRA-2 大气再分析资料计算 ZTD 的 bias 值和 RMS 误差日均变化，分别在全球南北半球的低、中和高纬度地区选取 6 个具有代表性的 IGS 站(分别为 KELY、SYOG、GOL2、DUND、BJCO 和 MAL2 站)，对其日均 bias 值和 RMS 误差进行统计，结果如图 4-3 和图 4-4 所示。

由图 4-3 和图 4-4 可知，位于北半球高纬度和中纬度地区的 KELY 站和 GOL2 站的日均 bias 值和 RMS 误差均表现出明显的季节变化，尤其是 KELY 站，其在夏季的时间内表现出较大的 bias 值和 RMS 误差，且表现为显著的正 bias 值，说明在北半球中高纬度地区 MERRA-2 大气再分析资料计算的 ZTD 易受夏季较为活跃的水汽变化影响；而在低纬度地区的 BJCO 站的日均 bias 值和 RMS 误差未发现明显的季节变化，但是其在全年的大部分时间均表现为相对较大的值，主要原因是受低纬度地区的复杂气候影响。而位于南半球中高纬度地区的 DUND 站和 SYOG 站，其日均 bias 值和 RMS 误差值均相对较小，且无明显的季节变化，主要原因是南半球中高纬度的大部分地区为海洋区域，各气象参数变化相对较为平稳；而位于低纬度地区的 MAL2 站的日均 bias 值则表现为较为明显的季节变化，其在冬季时间内出现较大的日均 bias 值，此外，其 RMS 误差在全年的大部分时间也表现出相对较大的值且无明显季节变化，其原因与上述一致。

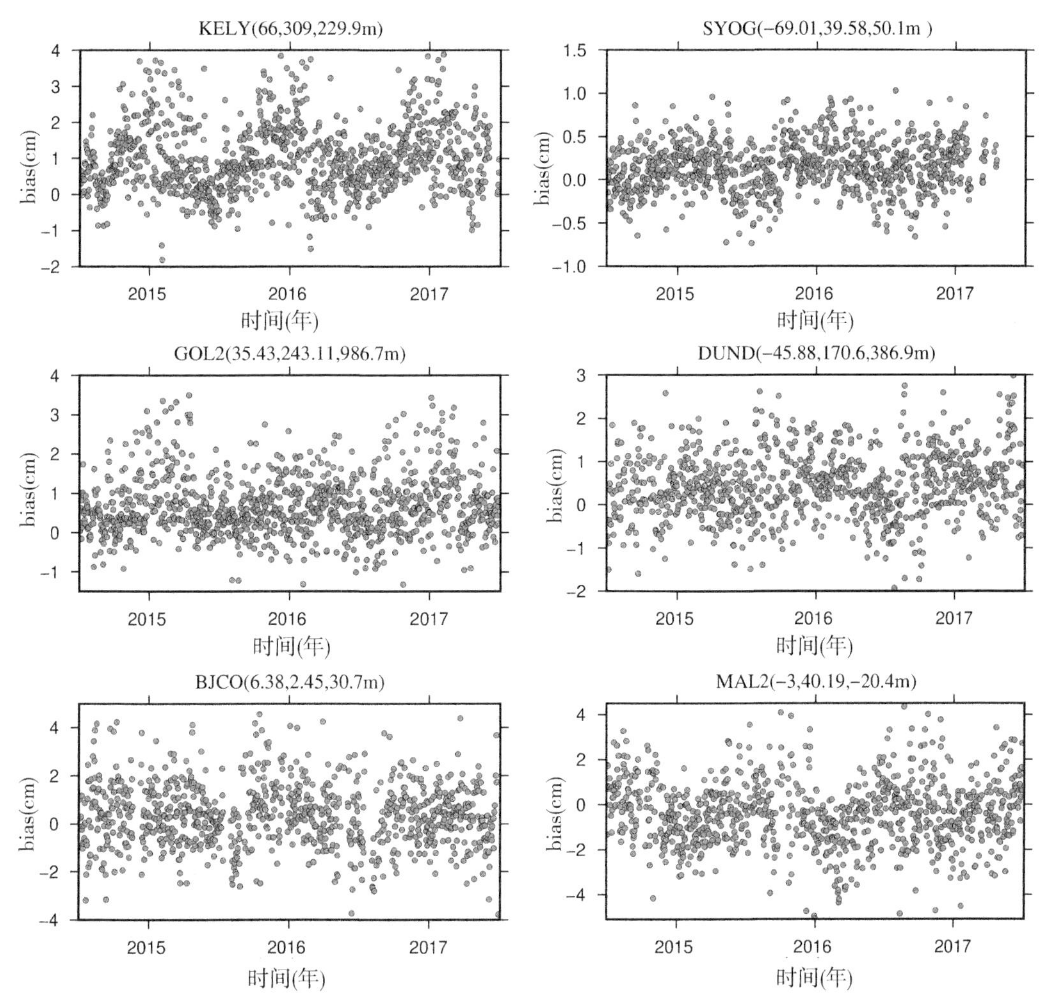

图 4-3 KELY、SYOG、GOL2、DUND、BJCO 和 MAL2 站 2015—2017 年 ZTD 产品检验 MERRA-2 大气再分析资料计算 ZTD 的日均 bias 值时序分布(图上部括号内分别表示 IGS 站的纬度、经度和高程)

为了进一步分析 MERRA-2 大气再分析资料计算 ZTD 的 bias 值和 RMS 误差月均变化，对全球所有 316 个站计算 ZTD 的 bias 值和 RMS 误差按照月均进行统计，结果如图 4-5 所示。

由图 4-5 可知，MERRA-2 大气再分析资料计算 ZTD 的 bias 值具有明显的季节变化，其在全年所有月份中均表现为正 bias 值，在冬季月份具有最小的 bias 值，而在夏季月份中体现为最大的 bias 值(7 月份 bias 值最大)；在 RMS 误差方面，MERRA-2 大气再分析资料计算 ZTD 的 RMS 误差跟其 bias 值相似，也表现出明显的季节变化，其在冬季月份中具有最小的 RMS 误差，而在夏季月份中具有最大的 RMS 误差(7 月份 RMS 误差仍最大)，说明在夏季月份里水汽等其他气象参数相对较为活跃，对 MERRA-2 大气再分析资料的制作精度具有一定的影响。总之，MERRA-2 大气再分析资料计算 ZTD 的月均 bias 值和 RMS 误差均表现出了明显的季节变化，但是其最大月均 RMS 误差也仅在 1.5cm 左右，进一步表明 MERRA-2 大气再分析资料计算的 ZTD 信息表现出了良好的季节性能。

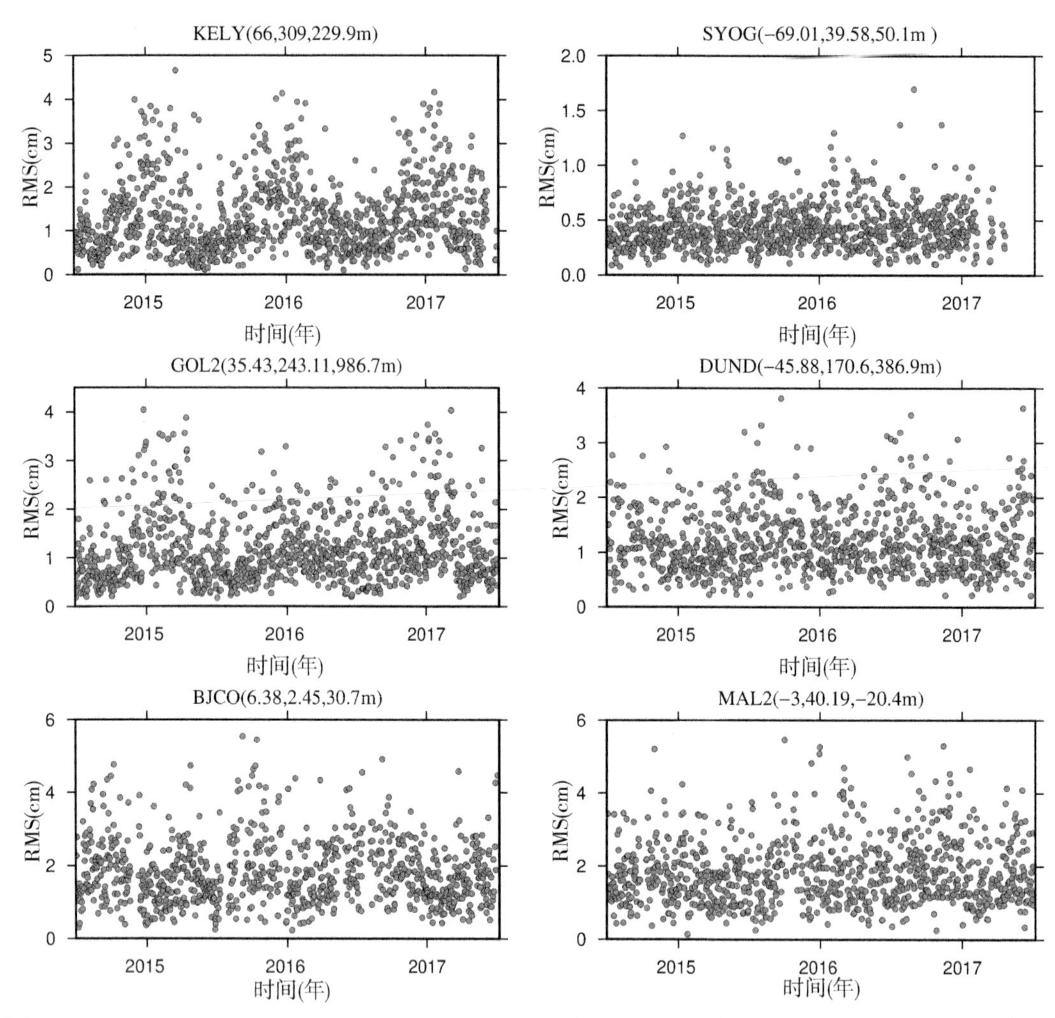

图 4-4　KELY、SYOG、GOL2、DUND、BJCO 和 MAL2 站 2015—2017 年 ZTD 产品检验 MERRA-2 大气再分析资料计算 ZTD 的日均 RMS 误差时序分布(图上部括号内分别表示 IGS 站的纬度、经度和高程)

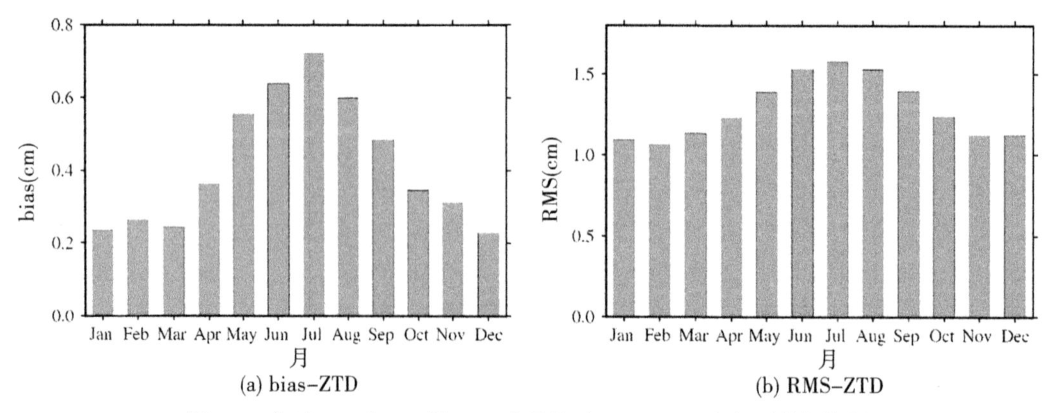

图 4-5　全球 316 个 IGS 站 ZTD 产品检验 MERRA-2 大气再分析资料计算 ZTD 的月均 bias 值和 RMS 误差分布

相关研究表明 ZTD 与高程和纬度具有显著的相关性，为了分析 MERRA-2 大气再分析资料计算 ZTD 的 bias 值和 RMS 误差在高程上的变化，图 4-6 给出了全球 316 个 IGS 站的 bias 值和 RMS 误差在高程上的变化分布。

图 4-6 表明相对于 IGS ZTD 产品，MERRA-2 大气再分析资料计算 ZTD 的 bias 值和 RMS 误差在高程上未发现明显的变化关系，在所有高程范围内其绝对 bias 值基本保持在 1.0cm 以内，其 RMS 误差保持在 2.5cm 以内，由此说明直接以 IGS 站高程为起始高度来积分计算其周边 4 个 MERRA-2 大气再分析资料格网点的 ZTD 值的计算方法取得了较好的效果，极大地削弱了 ZTD 在高程上插值引入的误差。

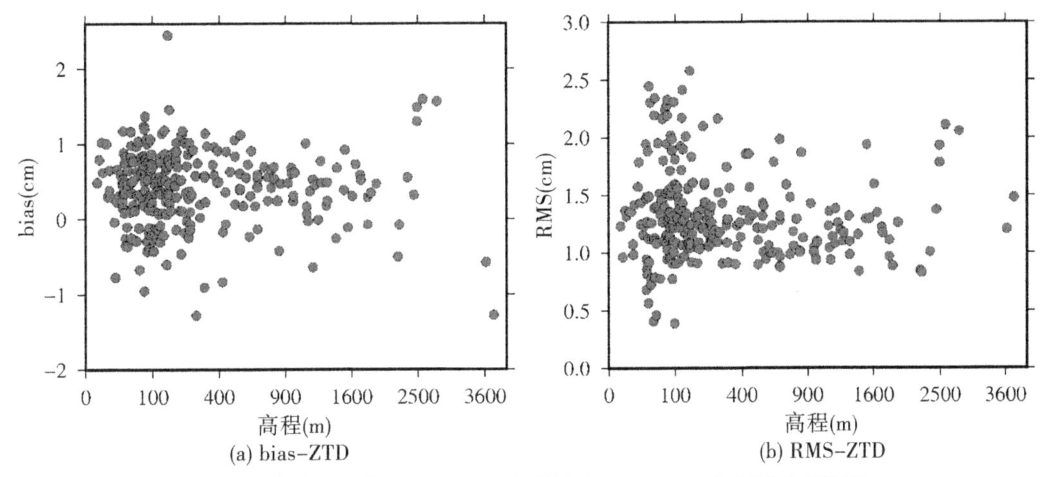

图 4-6　全球 316 个 IGS 站 ZTD 产品检验 MERRA-2 大气再分析资料计算 ZTD 的 bias 值和 RMS 误差在高程上的分布

为了进一步分析 MERRA-2 大气再分析资料计算 ZTD 的 bias 值和 RMS 误差在纬度上的变化，图 4-7 给出了全球 316 个 IGS 站的 bias 值和 RMS 误差在纬度上的变化分布。

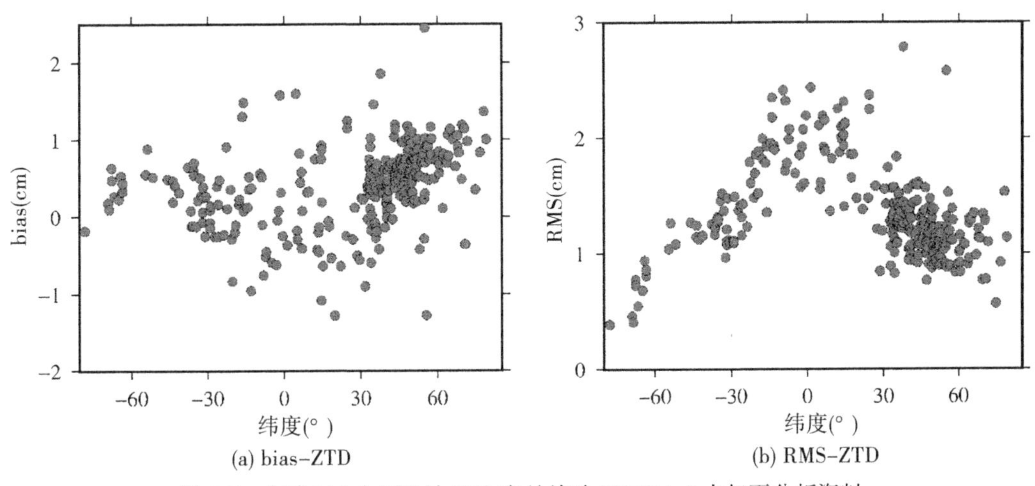

图 4-7　全球 316 个 IGS 站 ZTD 产品检验 MERRA-2 大气再分析资料计算 ZTD 的 bias 值和 RMS 误差在纬度上的分布

由图 4-7 可知，MERRA-2 大气再分析资料计算 ZTD 的 bias 值在全球中、高纬度范围分布较为稳定，大部分测站体现为正 bias 值，其在低纬度地区的 bias 值分布相对波动较大，但是在全球纬度分布上，其大部分 IGS 站 bias 值的变化范围为 -1.0 ~ 1.0cm；MERRA-2 大气再分析资料计算 ZTD 的 RMS 误差在纬度上具有明显的变化关系，RMS 误差从赤道向两极均出现逐渐变小的趋势，尤其在南半球。同时，在全球中、高纬度地区的绝大部分 IGS 站的 RMS 误差值均小于 1.5cm，而在低纬度地区表现出相对较大的 RMS 误差，但是其 RMS 误差仍然低于 2.5cm，其原因如前所述。

4.2.2　利用探空数据验证 MERRA-2 大气再分析资料计算全球 ZWD/ZTD 的精度

为了进一步验证 MERRA-2 大气再分析资料计算 ZWD/ZTD 的精度，利用 2015 年全球 412 个探空站时间分辨率为 12 小时的剖面数据来检验 MERRA-2 大气再分析资料计算 ZWD/ZTD 的精度，首先计算出全球每个探空站在 UTC 0：00 和 12：00 时刻的 ZWD/ZTD 数据，进而得到 MERRA-2 大气再分析资料积分计算的 ZWD/ZTD 在全球每个探空站点处的日均 bias 值和 RMS 误差，最终统计得到全球每个探空站 MERRA-2 大气再分析资料计算 ZWD/ZTD 的年均 bias 值和 RMS 误差，结果如表 4-2 和图 4-8 所示。

表 4-2　**2015 年全球探空站数据检验 MERRA-2 大气再分析资料计算 ZWD/ZTD 的精度**

	bias(cm)			RMS(cm)		
	最小值	最大值	年均值	最小值	最大值	年均值
ZWD	-2.47	3.64	0.43	0.04	4.50	1.35
ZTD	-5.09	7.06	0.47	0.37	7.20	1.44

由表 4-2 可知，MERRA-2 大气再分析资料在全球计算 ZWD/ZTD 的 bias 值变化范围分别为-2.47~3.64cm 和-5.09~7.06cm，平均 bias 值分别为 0.43cm 和 0.47cm，由此看出 MERRA-2 大气再分析资料计算 ZWD 具有较小的 bias 值，而计算 ZTD 时出现了较大的绝对 bias 值，但是其在全球的平均 bias 值仍较小；在 RMS 误差方面，其变化范围分别为 0.04~4.50cm 和 0.37~7.20cm，平均值分别为 1.35cm 和 1.44cm，尽管计算 ZTD 时其最大 RMS 误差为 7.20cm，但是 MERRA-2 大气再分析资料在全球计算 ZWD/ZTD 具有较小的平均 RMS 误差值，由此表明 MERRA-2 大气再分析资料在全球计算 ZWD/ZTD 时具有较高的精度。由图 4-8 可以看出，MERRA-2 大气再分析资料计算 ZWD 的 bias 值在全球中、高纬度地区主要表现为较小的 bias 值，在低纬度的部分地区(如南亚、太平洋东部、非洲中北部和南美北部)的探空站体现为相对较大的正 bias 值，说明 MERRA-2 大气再分析资

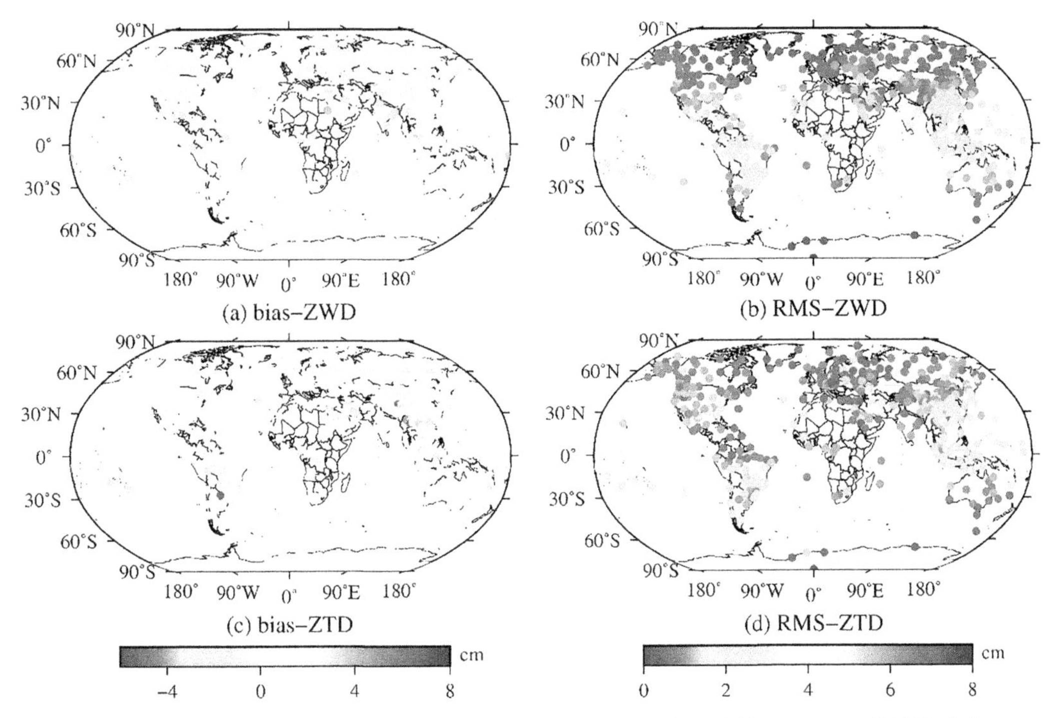

图 4-8 全球 412 个探空站数据检验 MERRA-2 大气再分析资料计算 ZWD/ZTD 的误差分布

料在这些地区计算 ZWD 值偏大；对于 ZTD，其在全球中、高纬度地区仍表现为相对较小的 bias 值，在欧洲南部和南美洲中部的部分探空站出现了相对较大的负 bias 值，说明 MERRA-2 大气再分析资料在该地区计算 ZTD 值偏小，而在位于低纬度的南亚(尤其在中国南部)和太平洋东部的部分探空站存在相对较大的正 bias 值，由此表明 MERRA-2 大气再分析资料在这些地区计算 ZTD 值偏大。在 RMS 误差方面，MERRA-2 大气再分析资料估计 ZWD/ZTD 的 RMS 误差在全球中、高纬度地区均表现为较小的值，ZWD 在低纬度地区(南亚、太平洋东部和非洲中北部)的部分探空站出现了相对较大的 RMS 值，ZTD 在低纬度的南亚(尤其在中国南部，存在最大 RMS 值)、太平洋东部和非洲西北部及欧洲南部的部分探空站出现了相对较大的 RMS 值，其原因可能与 IGS 站验证的结果一致，即在低纬度地区受到了热带雨林气候、热带海洋气候、热带草原气候等复杂气候系统的综合影响。由此进一步表明，总体上 MERRA-2 大气再分析资料在全球计算 ZWD/ZTD 信息具有极高的精度和较高的稳定性。

为了分析 MERRA-2 大气再分析资料计算 ZWD/ZTD 的 bias 值和 RMS 误差日均变化，分别在全球南北半球的高、中和低纬度地区选取 6 个具有代表性的探空站(站号分别为 04018、89512、54857、94866、91334 和 82824)，对其日均 bias 值和 RMS 误差进行统计，结果如图 4-9 至图 4-12 所示。

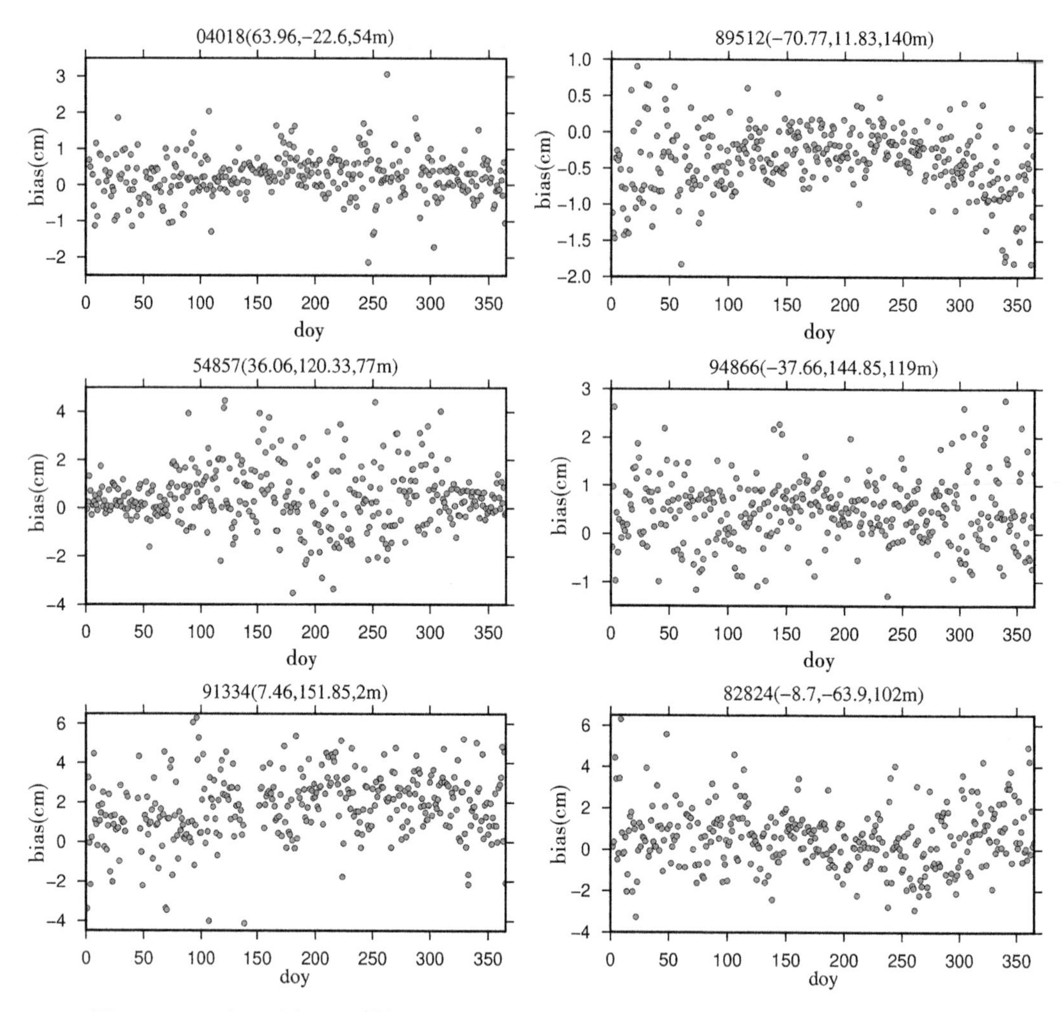

图 4-9　2015 年 6 个探空站数据检验 MERRA-2 大气再分析资料计算 ZWD 的日均 bias 值时序分布(图上部括号内分别表示探空站的纬度、经度和高程)

由图 4-9 和图 4-10 可知，中、高纬度地区 MERRA-2 大气再分析资料计算 ZWD/ZTD 的日均 bias 值在全年均表现为较小的值，尽管日均 bias 值在南半球的 89512 站(冬季时间内表现为相对较大的日均 bias 值)和北半球的 54857 站(夏季时间内出现相对较大的日均 bias 值)均表现出了一定的季节变化，但是其日均 bias 的绝对值大部分在 2.0cm 以内，尤其在高纬度地区，其值大部分分布在 1.0cm 以内；然而，MERRA-2 大气再分析资料计算 ZWD/ZTD 在低纬度地区均表现为相对较大的日均 bias 值且无明显季节变化，主要原因是受低纬度地区复杂气候的影响，尽管如此，其绝对值在全年的大部分时间均低于 4.0cm。图 4-11 和图 4-12 表明，位于北半球中、高纬度地区的 MERRA-2 大气再分析资料计算 ZWD/ZTD 在全年均表现出较小的日均 RMS 误差，但是中纬度地区的 54857 站在夏季表现为相对较大的 RMS 误差值；而位于南半球的中、高纬度地区的 RMS 误差在全年均具有相对较小的值，其在冬季时间内表现为相对较大的 RMS 误差值，总体上其值保持在 2.0cm 以内，主要原因是南半球中、高纬度的大部分地区为海洋，气象参数在该区域的变化相对较为稳定。而位于低纬度地区的 MERRA-2 大气再分析资料计算的 ZWD/ZTD 则表现为相对较大的 RMS 误差值且无明显的季节变化，其位于北半球的值大于南半球，但是全年大部分的 RMS 误差均分布在 4.0cm 以内，原因如前所述。

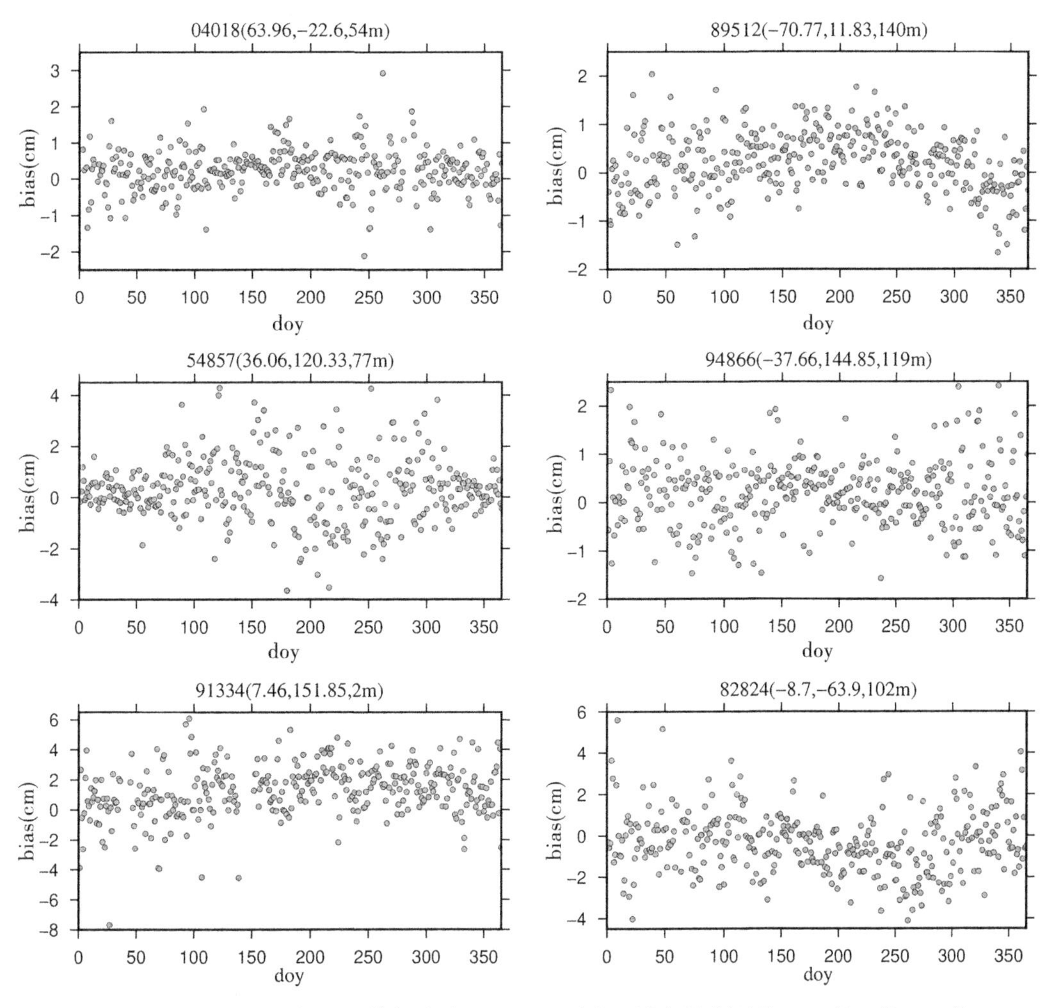

图 4-10 2015 年 6 个探空站数据检验 MERRA-2 大气再分析资料计算 ZTD 的日均 bias 值时序分布(图上部括号内分别表示探空站的纬度、经度和高程)

为了分析 MERRA-2 大气再分析资料计算 ZWD/ZTD 的 bias 值和 RMS 误差月均变化，对全球 412 个探空站计算 ZWD/ZTD 的 bias 值和 RMS 误差按照月均进行统计，结果如图 4-13 所示。

由图 4-13 可知，MERRA-2 大气再分析资料在全球计算 ZWD/ZTD 的月均 bias 值表现出明显的季节变化，其在全年所有月份中均表现出正 bias 值，在夏季月份中具有最大的 bias 值，而在冬季月份中体现为最小的 bias 值；此外，MERRA-2 大气再分析资料在全球计算 ZWD/ZTD 的月均 RMS 误差季节特性与其月均 bias 值相似，在夏季月份中存在最大的 RMS 误差(最大值均在 7 月份)，而在冬季月份中体现为最小的 RMS 误差，其原因如前所述。总之，由此进一步说明 MERRA-2 大气再分析资料在全球计算 ZWD/ZTD 信息具有良好的季节性能。

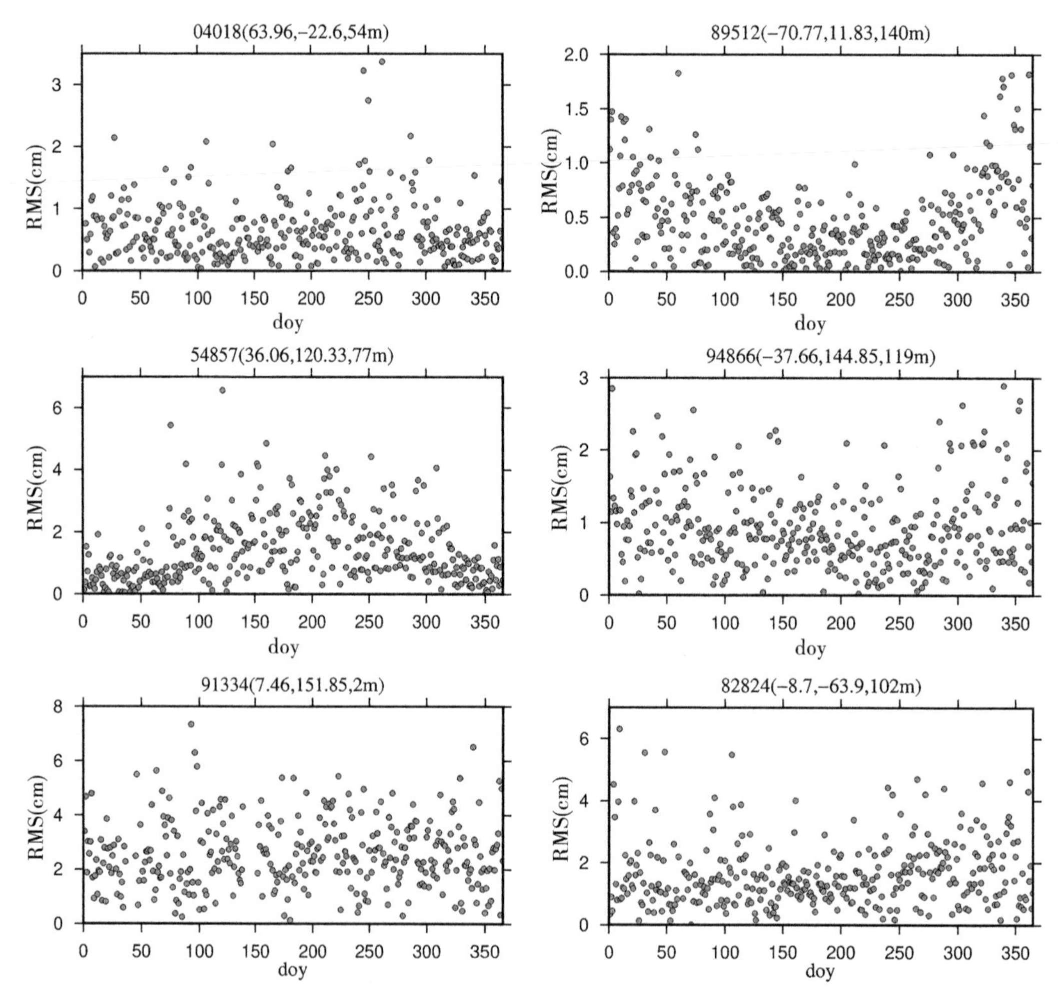

图 4-11　2015 年 6 个探空站数据检验 MERRA-2 大气再分析资料计算 ZWD 的日均 RMS 误差时序分布(图上部括号内分别表示探空站的纬度、经度和高程)

为了分析 MERRA-2 大气再分析资料在全球计算 ZWD/ZTD 的 bias 值和 RMS 误差在高程上的变化，对全球 412 个探空站计算 ZWD/ZTD 的 bias 值和 RMS 误差在高程上进行统计，结果如图 4-14 所示。

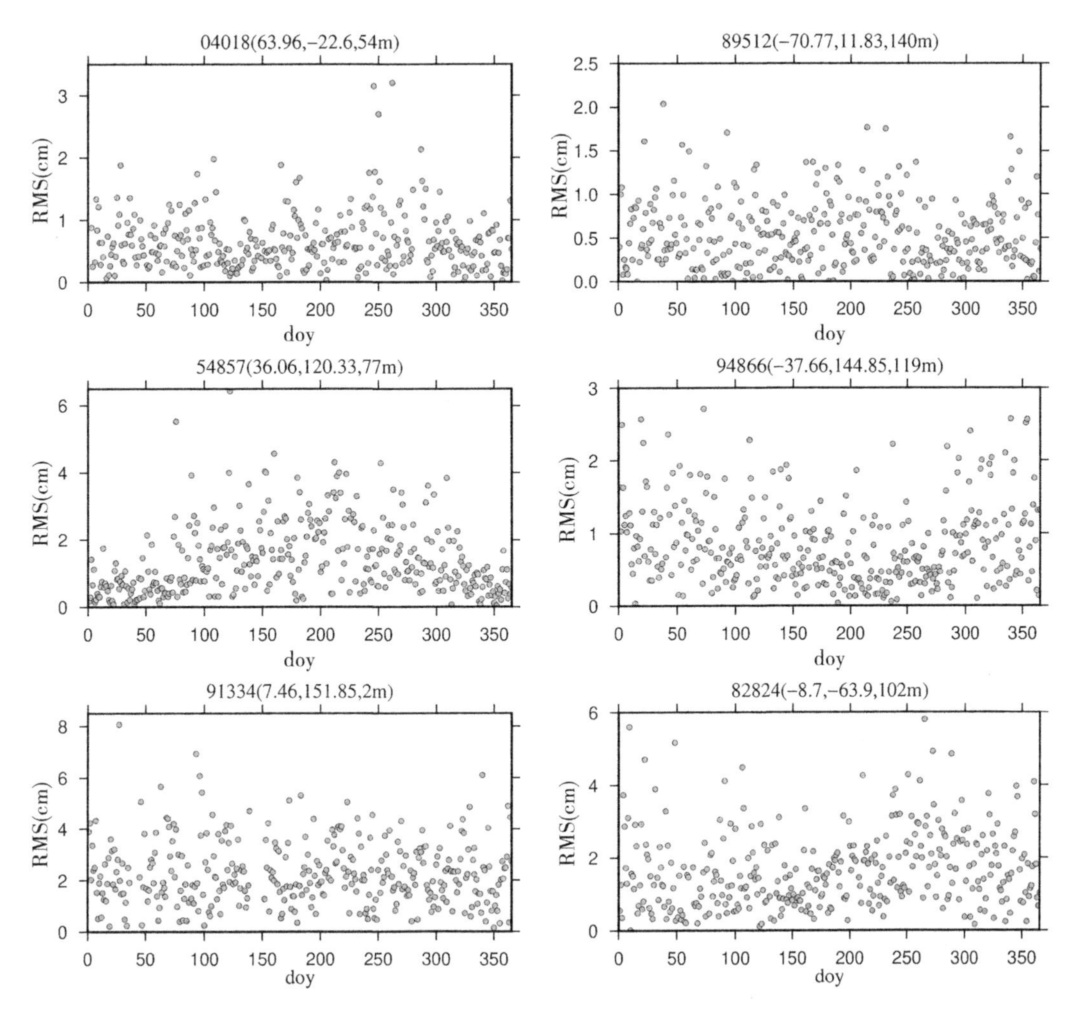

图 4-12　2015 年 6 个探空站数据检验 MERRA-2 大气再分析资料计算 ZTD 的日均 RMS 误差时序分布(图上部括号内分别表示探空站的纬度、经度和高程)

由图 4-14 可知，相对于探空站计算 ZWD/ZTD 信息，MERRA-2 大气再分析资料计算 ZWD/ZTD 的 bias 值和 RMS 误差在高程上均未发现明显的变化关系，但是其在高程低于 100m 的探空站表现为相对较大的 bias 值和 RMS 误差，主要原因可能是在低海拔地区的气象参数较为活跃，在进行气象参数的垂直插值时易引入插值误差，但是在大部分高程范围内其绝对 bias 值均保持在 2.0cm 以内，其 RMS 误差均保持在 3.0cm 以内，由此进一步说明以探空站高程为起始高度直接积分计算其周边 4 个 MERRA-2 大气再分析资料格网点的 ZWD/ZTD 值取得了良好的效果，显著地削弱了 ZWD/ZTD 在高程上引入的插值误差。

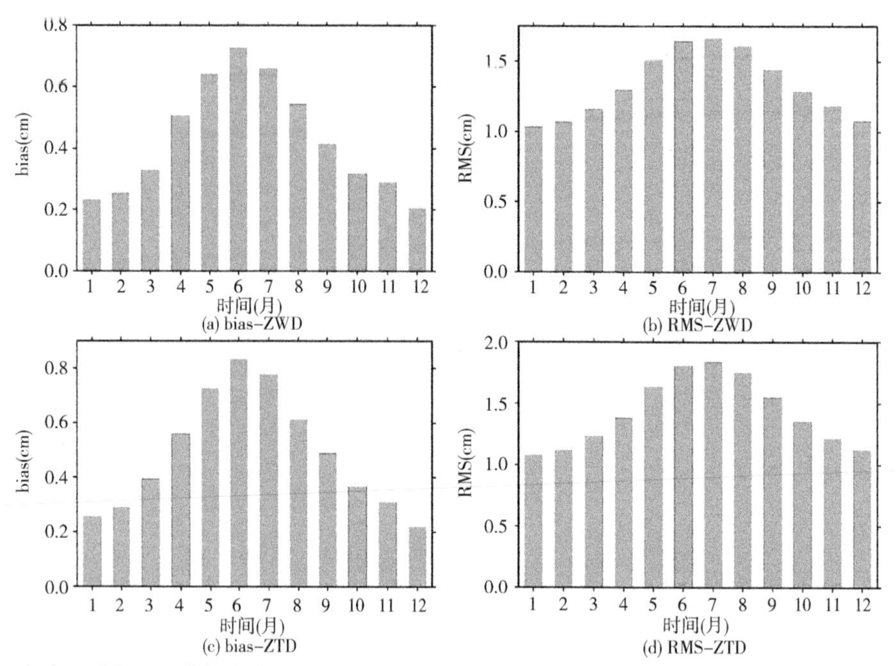

图 4-13　全球412个探空站数据检验MERRA-2大气再分析资料计算 ZWD/ZTD 的月均 bias 值和 RMS 误差分布

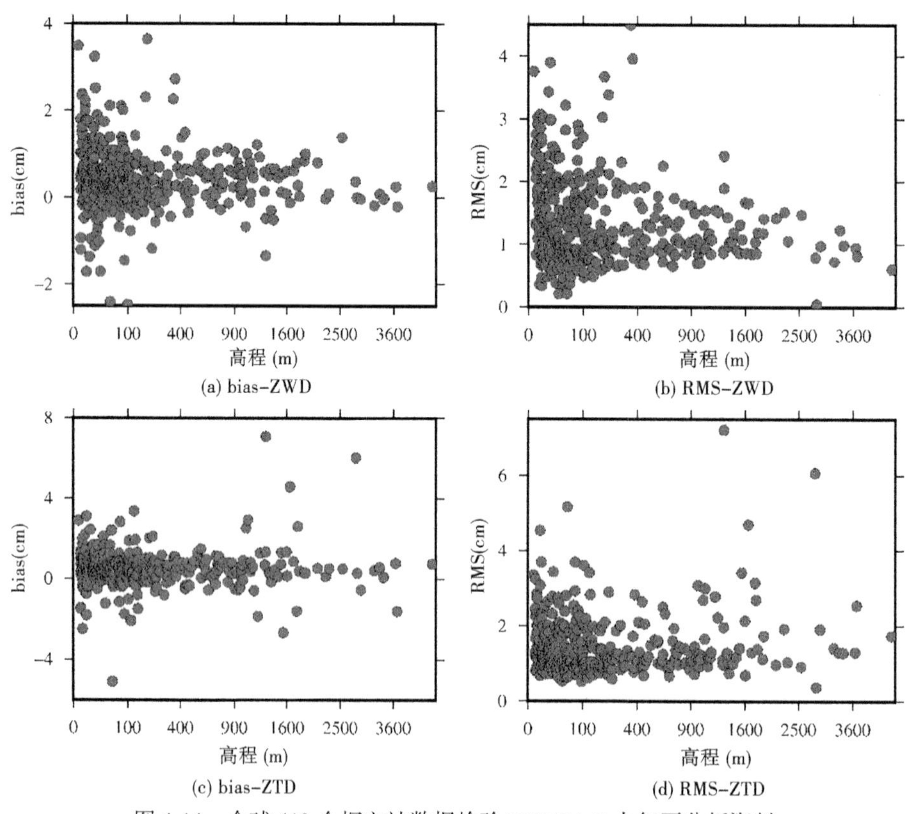

图 4-14　全球 412 个探空站数据检验 MERRA-2 大气再分析资料计算 ZWD/ZTD 的 bias 值和 RMS 误差在高程上的分布

为了进一步分析 MERRA-2 大气再分析资料计算 ZWD/ZTD 的 bias 值和 RMS 误差在纬度上的变化，对全球 412 个探空站计算 ZWD/ZTD 的 bias 值和 RMS 误差在纬度上进行统计，结果如图 4-15 所示。

图 4-15 表明，MERRA-2 大气再分析资料计算 ZWD/ZTD 的 bias 值在全球中、高纬度范围分布相对稳定，且 ZWD 在大部分探空站表现为正 bias 值，而 ZWD/ZTD 在低纬度地区的 bias 值分布均相对波动较大，但在全球的大部分探空站，其 bias 值变化范围均为 -2.0~2.0cm；MERRA-2 大气再分析资料在全球计算 ZWD 的 RMS 误差在纬度上表现出明显的变化关系，RMS 误差从赤道向两极均出现逐渐变小的趋势，对于 ZTD，其 RMS 误差在纬度上的变化特性不如 ZWD 显著，总体上，ZTD 的 RMS 误差从赤道向两极表现为近似逐渐变小的趋势。同时，在全球中、高纬度地区的绝大部分探空站，ZWD/ZTD 的 RMS 误差值均小于 2.0cm，而位于低纬度地区的探空站则存在相对较大的 RMS 误差，但是大部分的探空站其 RMS 误差仍低于 3.0cm，其原因如前所述。

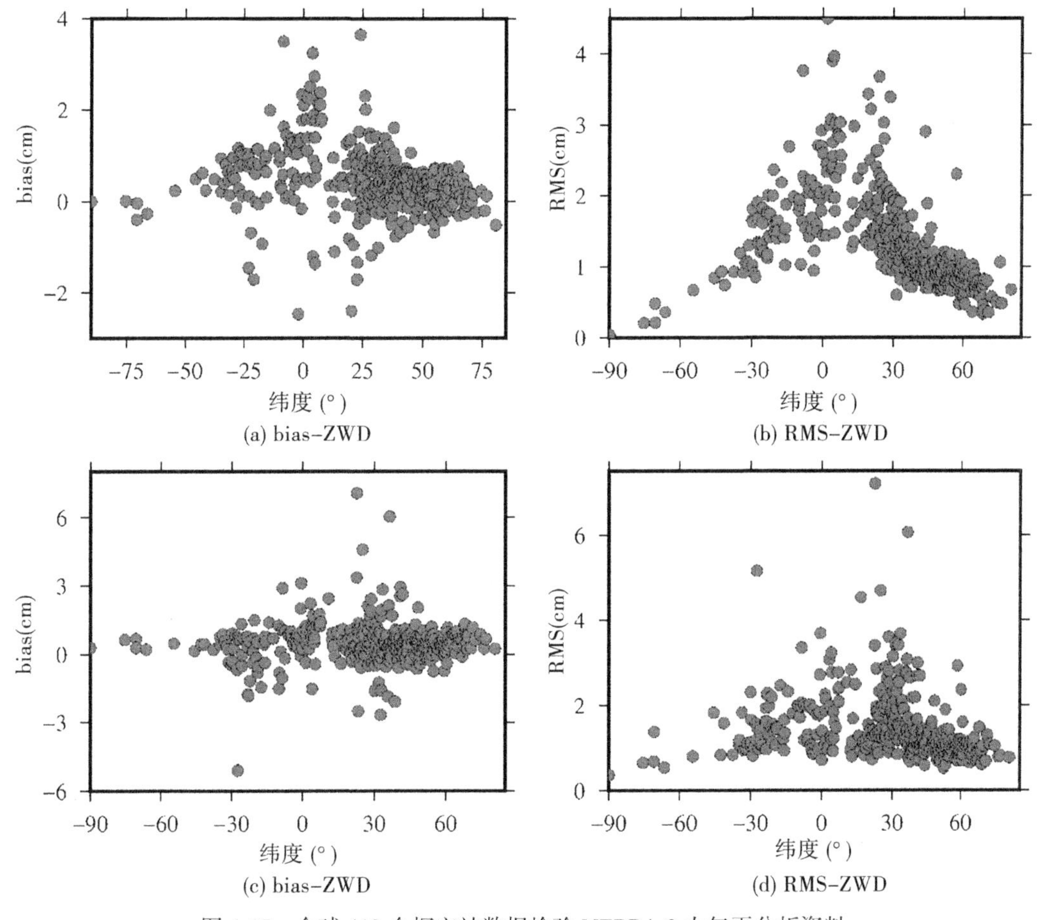

图 4-15　全球 412 个探空站数据检验 MERRA-2 大气再分析资料计算 ZWD/ZTD 的 bias 值和 RMS 误差在纬度上的分布

4.3 MERRA-2大气再分析资料计算中国区域ZWD/ZTD精度验证

4.3.1 利用陆态网ZTD产品验证MERRA-2大气再分析资料计算中国区域ZTD的精度

中国陆态网可免费提供高精度的GNSS ZTD产品，王君刚等(2016)已对其精度进行了检验，结果表明中国陆态网GNSS ZTD产品具有较高的精度，可作为其他产品检验的参考值。因此，本节利用2015年陆态网214个GNSS测站ZTD产品来检验MERRA-2大气再分析资料，积分计算ZTD的精度，分别计算出MERRA-2大气再分析资料积分ZTD在所有GNSS测站处的日均偏差和RMS误差，进而统计得到每个GNSS测站MERRA-2大气再分析资料计算ZTD的年均偏差和RMS误差，结果如表4-3和图4-16所示。

表4-3 中国陆态网ZTD产品检验MERRA-2大气再分析资料计算ZTD的精度统计

	最小值	最大值	平均值
偏差(cm)	-1.40	1.28	0.32
RMS(cm)	0.61	2.46	1.21

由表4-3可知，MERRA-2大气再分析资料计算ZTD偏差值的范围为-1.4~1.28cm，平均值为0.32cm；而RMS误差的变化范围在0.61~2.46cm，平均值为1.21cm，因此MERRA-2大气再分析资料在中国区域计算ZTD具有很高的精度。由图4-16可知，MERRA-2大气再分析资料计算ZTD的偏差在中国的西部如西藏等地区呈现较小的负偏差，在东南地区则表现为相对较大的正偏差，说明MERRA-2大气再分析资料在西部地区计算ZTD的值偏小，在东南地区计算ZTD的值偏大。在RMS误差方面，MERRA-2大气再分析资料计算ZTD的RMS误差在中国中纬度地区表现出较小的值，在中国低纬度地区表现为相对较大的值，其原因可能是在低纬度地区容易受到温带季风气候和亚热带季风气候等复杂气候的综合影响，但其RMS值仍在2.0cm左右。由此表明，MERRA-2大气再分析资料在中国区域计算ZTD具有很高的精度和稳定性。

为了分析MERRA-2大气再分析资料计算ZTD的偏差和RMS误差月均变化，将214个GNSS观测站计算ZTD的偏差和RMS误差按月均进行统计，结果如图4-17所示。

由图4-17可知，MERRA-2大气再分析资料积分计算ZTD的偏差和RMS误差表现出明显的季节变化，偏差值在一年中所有月份都表现为正偏差，在冬季月份的偏差值最小，在夏季月份的偏差值最大；RMS误差季节变化与偏差较为相似，其在冬季月份小，而在夏季月份大，说明夏季月份里水汽等其他气象参数相对活跃，对MERRA-2大气再分析资料的制作精度具有一定影响。尽管如此，其月均RMS误差也在1.6cm左右，进一步说明MERRA-2大气再分析资料计算ZTD具有良好的季节性能。

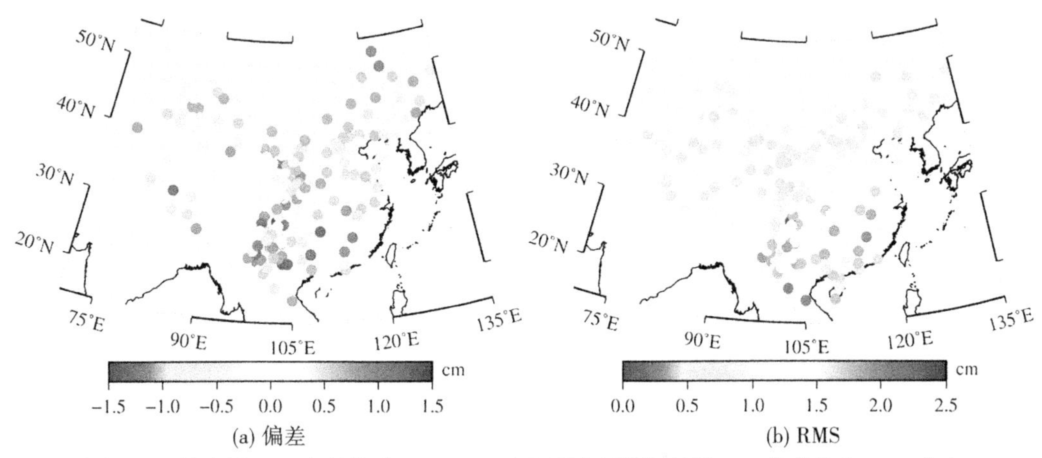

图 4-16　陆态网 ZTD 产品检验 MERRA-2 大气再分析资料计算 ZTD 的偏差和 RMS 分布

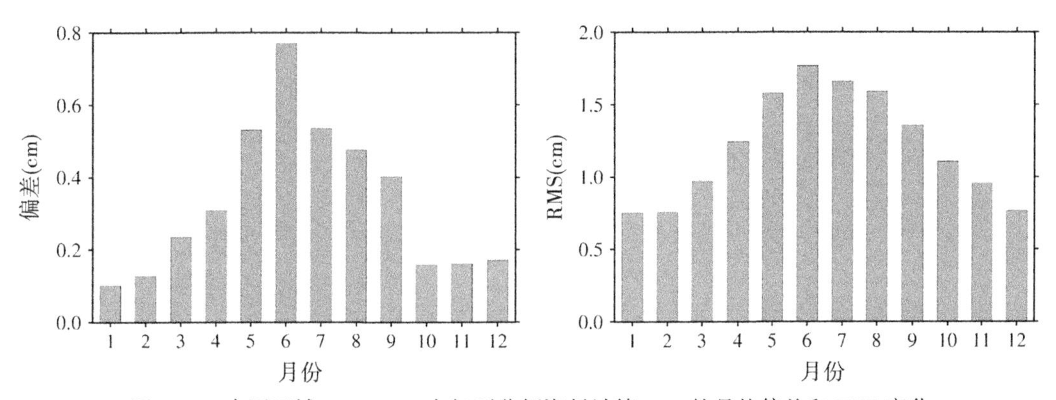

图 4-17　中国区域 MERRA-2 大气再分析资料计算 ZTD 的月均偏差和 RMS 变化

相关研究表明，ZTD 与高程和纬度具有显著的相关性，为了分析 MERRA-2 大气再分析资料计算 ZTD 的偏差和 RMS 误差在高程上的变化，对 214 个 GNSS 测站的偏差和 RMS 误差按高程进行了统计，结果如图 4-18 所示。

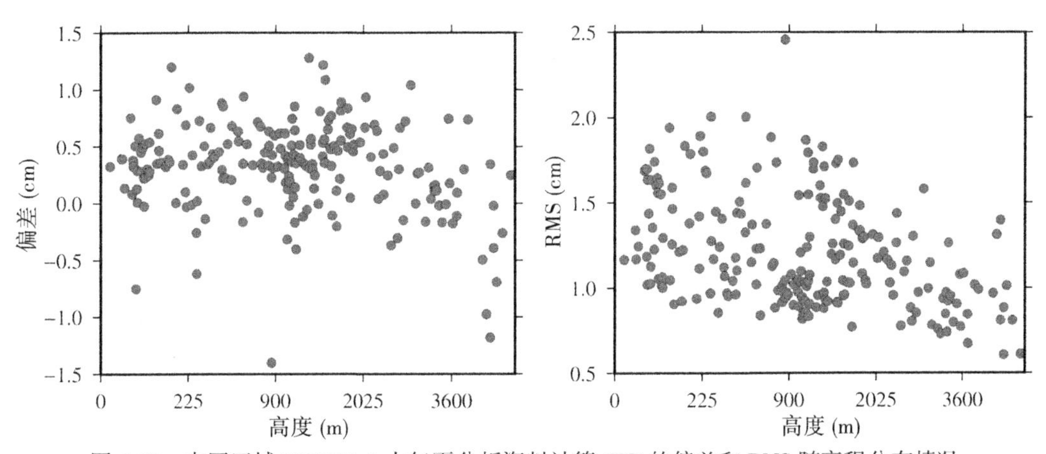

图 4-18　中国区域 MERRA-2 大气再分析资料计算 ZTD 的偏差和 RMS 随高程分布情况

由图 4-18 可知，MERRA-2 大气再分析资料计算 ZTD 的偏差在高程上没有明显的变化关系，但 RMS 误差随高程的增加整体呈减小的趋势。在所有高程范围内，其绝对偏差基本在 1.5cm 以内，RMS 误差绝大部分在 2cm 以内，由此说明直接以 GNSS 测站高程作为积分起始高度来计算 ZTD 值取得了较好的效果，极大地减少了 ZTD 在高程上插值引起的误差。

为了进一步分析 MERRA-2 大气再分析资料计算 ZTD 的偏差值和 RMS 误差在纬度上的变化，图 4-19 给出了陆态网 214 个 GNSS 观测站的偏差值和 RMS 误差在纬度上的变化分布。

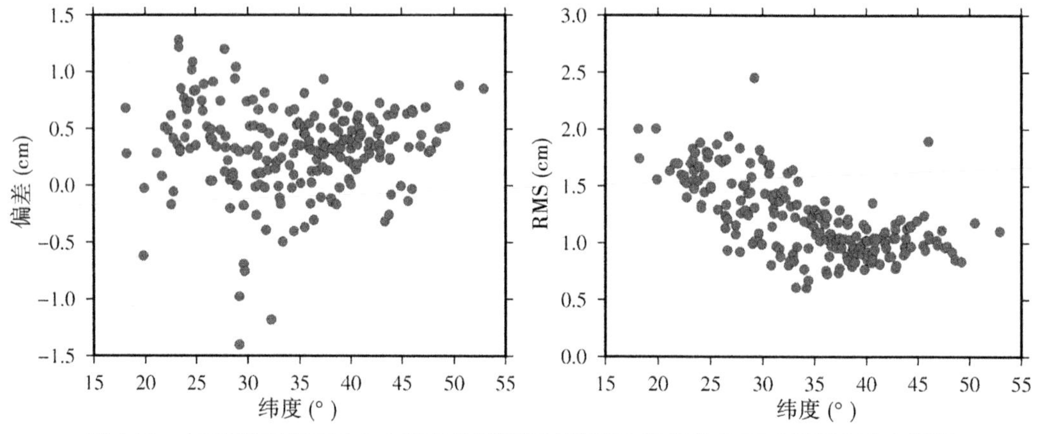

图 4-19 中国区域 MERRA-2 大气再分析资料计算 ZTD 的偏差和 RMS 随纬度分布情况

由图 4-19 可知，MERRA-2 大气再分析资料计算 ZTD 的偏差在纬度上无明显的变化趋势，大部分测站表现为正偏差值，而 RMS 误差随纬度的增加表现为递减的趋势，低纬度地区表现出相对较大的 RMS 误差，但 RMS 误差仍在 2.0cm 以内。

4.3.2 利用探空站数据验证 MERRA-2 大气再分析资料计算中国区域 ZWD/ZTD 的精度

为了进一步验证 MERRA-2 大气再分析资料计算 ZWD/ZTD 的精度，利用 2015 年中国区域 87 个探空站时间分辨率为 12 小时的剖面数据来检验 MERRA-2 大气再分析资料计算 ZWD/ZTD 的精度。首先计算出中国区域每个探空站在 UTC 0:00 和 12:00 时刻的 ZWD/ZTD 数据，进而得到每个探空站点处的日均偏差和 RMS 误差，最终统计得到中国区域每个探空站 MERRA-2 大气再分析资料计算 ZWD/ZTD 的年均偏差和 RMS 误差，结果如表 4-4和图 4-20 所示。

表 4-4 中国区域探空站数据检验 MERRA-2 大气再分析资料计算 ZWD/ZTD 的精度统计

	偏差(cm)			RMS(cm)		
	最小值	最大值	平均值	最小值	最大值	平均值
ZWD	-1.34	2.29	0.37	0.59	3.01	1.44
ZTD	-1.58	4.55	0.53	0.59	4.66	1.61

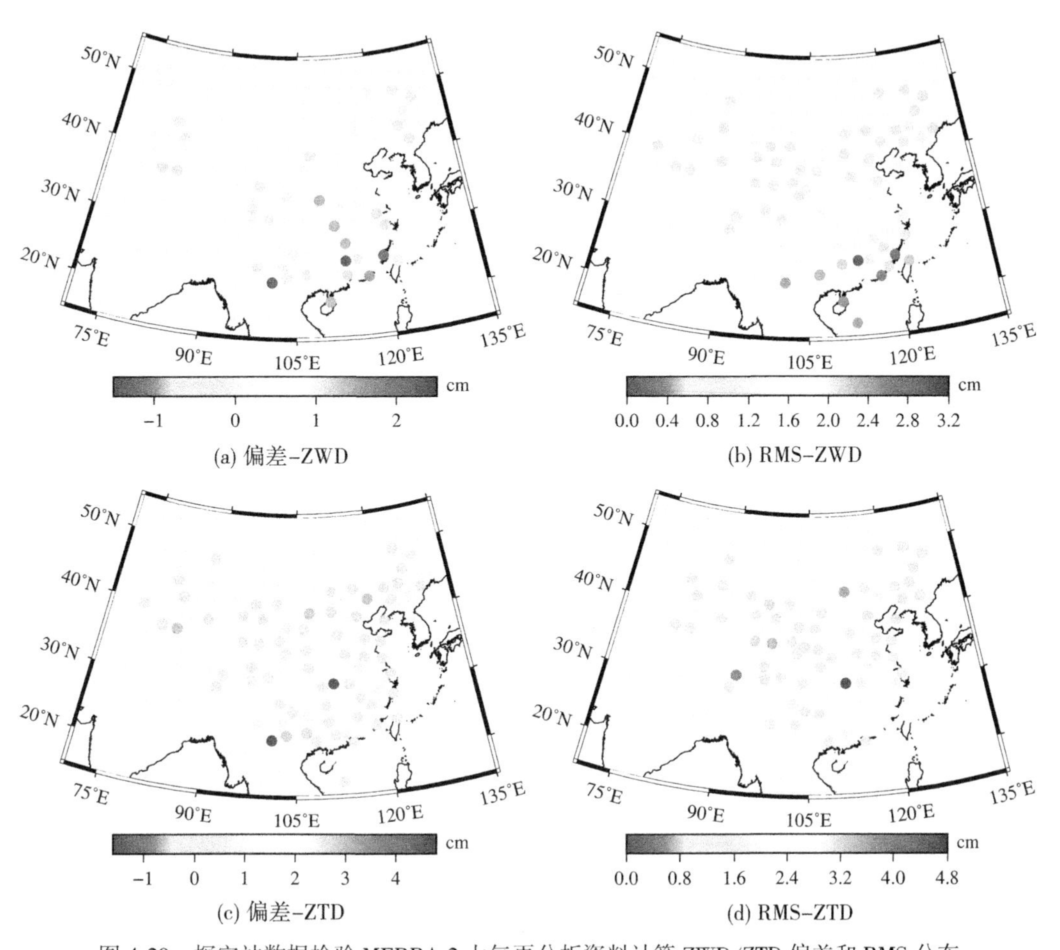

图 4-20 探空站数据检验 MERRA-2 大气再分析资料计算 ZWD/ZTD 偏差和 RMS 分布

由表 4-4 可知，MERRA-2 大气再分析资料在中国区域计算 ZWD/ZTD 的偏差值变化范围分别为-1.34~2.29cm 和-1.58~4.55cm，平均值分别为 0.37cm 和 0.53cm，由此看出 MERRA-2 大气再分析资料计算 ZWD 具有较小的偏差值，而计算 ZTD 时则出现了相对较大的偏差值；在 RMS 误差方面，其变化范围分别为 0.59~3.01cm 和 0.59~4.66cm，平均值分别为 1.44cm 和 1.61cm，尽管计算 ZTD 时出现了最大的 RMS 误差，为 4.66cm，但是 MERRA-2 大气再分析资料在中国区域计算 ZWD/ZTD 仍具有较小的平均 RMS 误差值，由此表明 MERRA-2 大气再分析资料在中国区域计算 ZWD/ZTD 时具有较高的精度。由图 4-20 可知，MERRA-2 大气再分析资料计算 ZWD 的偏差值在中国西部和北部地区主要表现为较小的偏差值，在中国东部和南部地区表现为相对较大的偏差值，说明 MERRA-2 大气再分析资料在这些地区计算 ZWD 值偏大；对于 ZTD，其偏差值在中国西、北部表现为较小偏差值，说明 MERRA-2 大气再分析资料在这些地区计算 ZTD 值偏小，而在中国东、南部表现为相对较大的偏差值，可能是受中国东南部的复杂气候及相对活跃的水汽影响。在

RMS 误差方面，MERRA-2 大气再分析资料计算 ZWD/ZTD 的 RMS 误差在低纬度地区(15°~30°N)表现为相对较大的值，而在中高纬度地区(30°~55°N)表现为较小的值，其误差分布特点与陆态网检验的结果基本一致。由此进一步说明 MERRA-2 大气再分析资料在中国区域计算 ZWD/ZTD 具有很高的精度和较高的稳定性。

为了分析 MERRA-2 大气再分析资料计算 ZWD/ZTD 的偏差值和 RMS 误差月均变化，对中国区域 87 个探空站计算 ZWD/ZTD 的偏差值和 RMS 误差按月均进行统计，结果如图 4-21 所示。

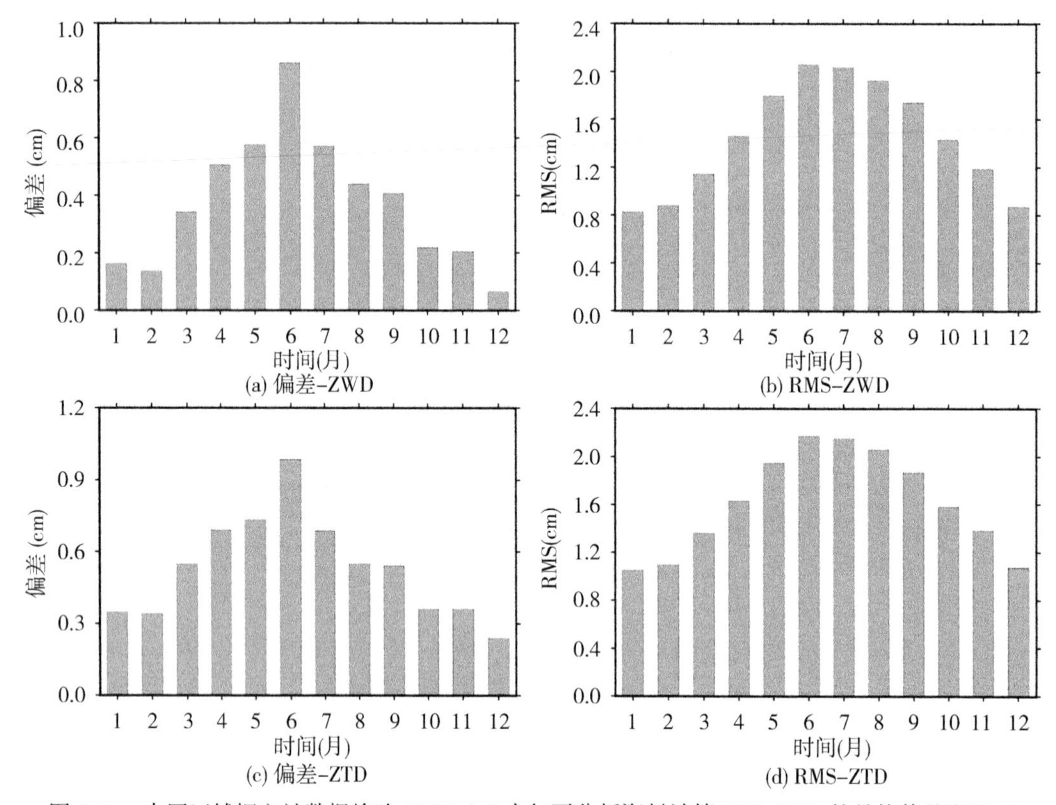

图 4-21　中国区域探空站数据检验 MERRA-2 大气再分析资料计算 ZWD/ZTD 的月均偏差和 RMS

由图 4-21 可知，MERRA-2 大气再分析资料在中国区域计算 ZWD/ZTD 的月均偏差和 RMS 误差均表现为明显的季节变化，其偏差在全年所有月份均表现出正偏差，在夏季月份具有最大的偏差值，而在冬季月份有最小的偏差值，RMS 误差的季节特性与偏差相似，进一步说明 MERRA-2 大气再分析资料在中国区域计算 ZWD/ZTD 具有良好的季节性能。

为了分析中国区域 MERRA-2 大气再分析资料计算 ZWD/ZTD 的偏差和 RMS 误差在高程上的变化，按高程对中国区域 87 个探空站计算 ZWD/ZTD 的偏差和 RMS 误差进行统计，结果如图 4-22 所示。

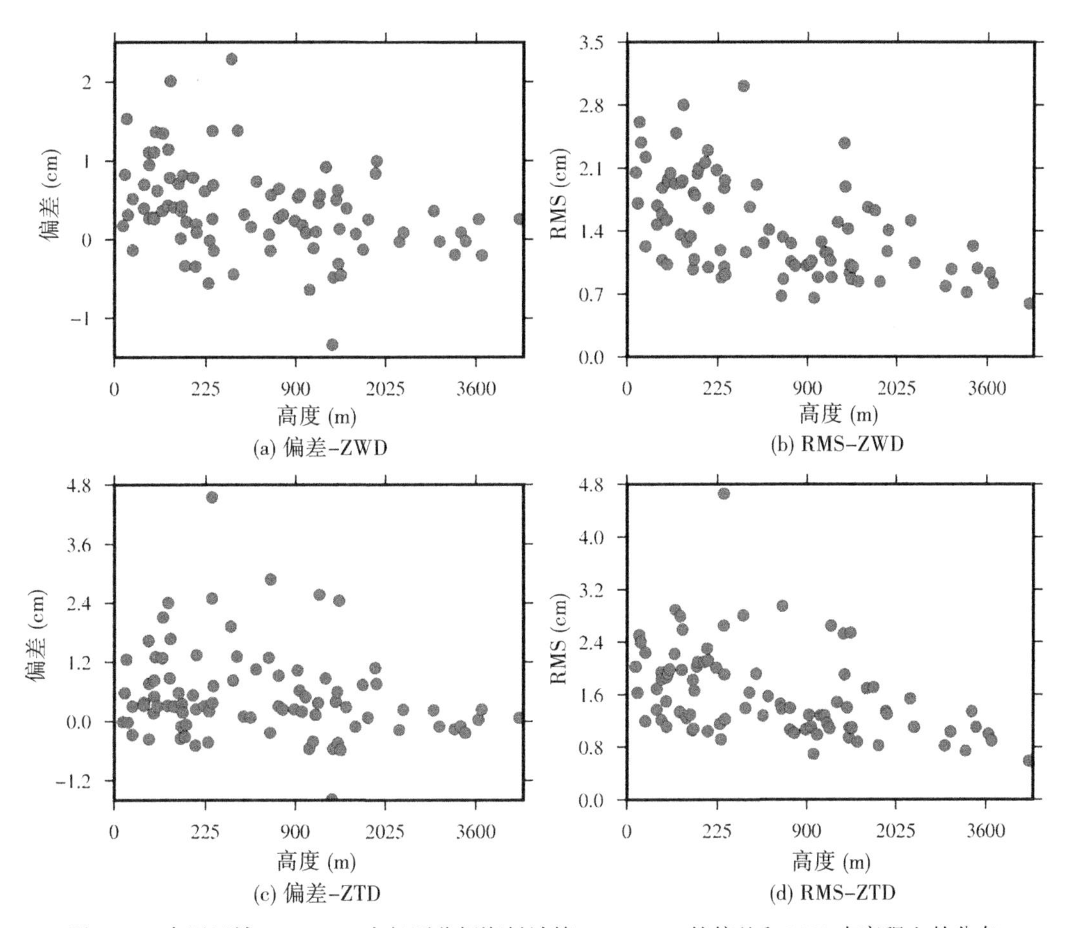

图 4-22 中国区域 MERRA-2 大气再分析资料计算 ZWD/ZTD 的偏差和 RMS 在高程上的分布

由图 4-22 可知，随高度的增加，MERRA-2 大气再分析资料计算 ZWD/ZTD 的偏差变化并不明显，但 RMS 误差整体呈现减小的趋势。同时，ZWD 和 ZTD 在高程小于 100m 的探空站表现为相对较大的偏差和 RMS 误差，主要原因可能是在低海拔地区的气象参数较为活跃，在进行气象参数的垂直差值时易引入插值误差，但是在大部分高程范围内其绝对偏差均保持在 2.0cm 以内，其 RMS 误差均保持在 3.0cm 以内，由此进一步说明了直接以探空站高度处作为积分起始高度计算 ZWD/ZTD 值取得了良好的效果，显著地削弱了 ZWD/ZTD 在高程上插值引入的误差。

为了进一步分析 MERRA-2 大气再分析资料计算 ZWD/ZTD 的偏差和 RMS 误差在纬度上的变化，按纬度对中国区域 87 个探空站计算 ZWD/ZTD 的偏差和 RMS 误差进行统计，结果如图 4-23 所示。

由图 4-23 可知，MERRA-2 大气再分析资料计算 ZWD/ZTD 的偏差在纬度上分布相对稳定，无明显变化趋势，其大部分探空站偏差值的变化范围在-2.0~2.0cm；而 MERRA-2 大气再分析资料计算 ZWD/ZTD 的 RMS 误差在纬度上表现为递减的趋势，低纬度探空站 RMS 误差相对较大，但大部分探空站 RMS 误差仍在 3.0cm 以内。

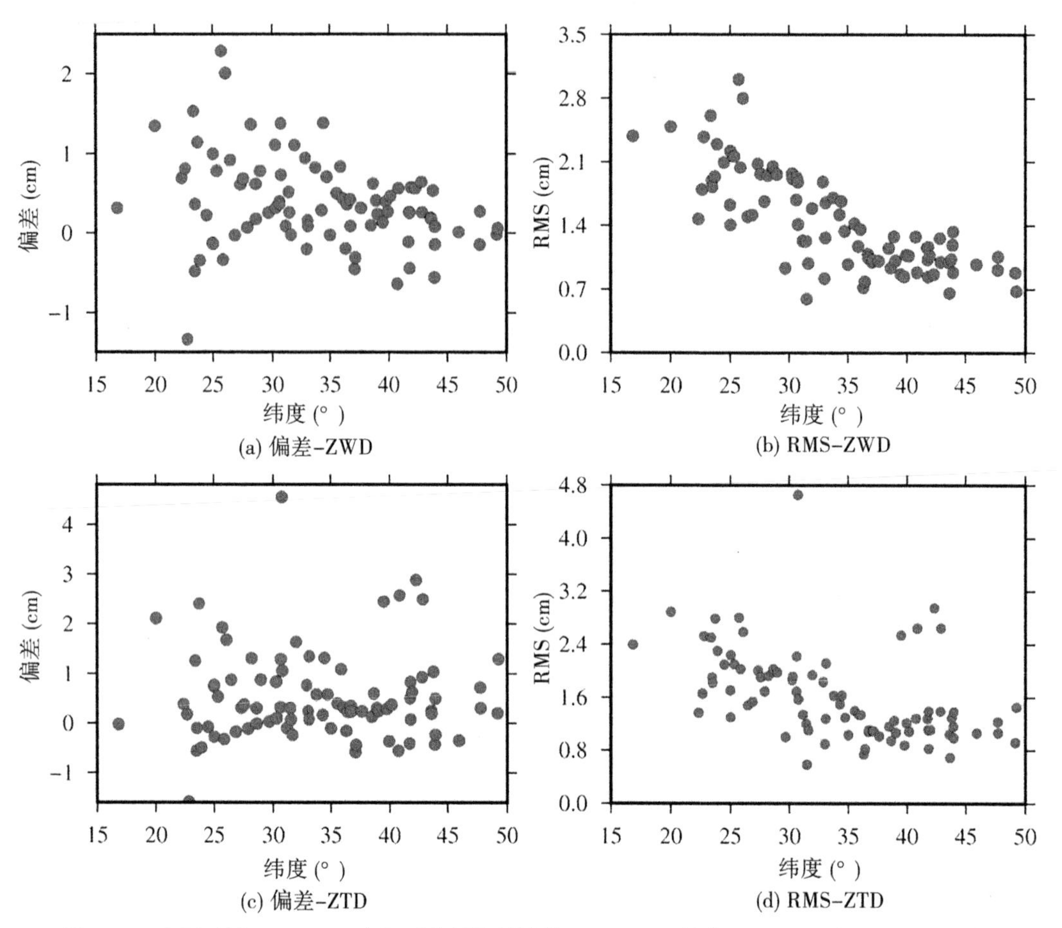

图 4-23　中国区域 MERRA-2 大气再分析资料计算 ZWD/ZTD 的偏差和 RMS 在纬度上的分布

4.4　本章小结

近年来，大气再分析资料用于空间定位的大气改正或全球对流层延迟模型构建获得了广泛关注。针对目前尚无文献对 MERRA-2 大气再分析资料计算 ZWD/ZTD 进行精度评估，本章联合全球 IGS 站 ZTD 精密产品、陆态网 ZTD 产品和探空站资料对 MERRA-2 大气再分析资料积分计算 ZWD/ZTD 进行精度评估，并提出了直接以测站高程为积分起始高程来计算测站周边 4 个 MERRA-2 大气再分析资料格网点的 ZWD/ZTD 值，结果表明 MERRA-2 大气再分析资料计算 ZTD/ZWD 在全球和中国区域均具有极高的精度，同时，MERRA-2 大气再分析资料在全球和中国区域计算 ZWD/ZTD 的 bias 值和 RMS 误差也表现出了一定的时空特性。在时间维度上，MERRA-2 大气再分析资料计算 ZTD/ZWD 的 bias 值和 RMS 误差均表现出了一定的季节变化，其在夏季月份存在最大的 bias 值和 RMS 误差，而在冬季月份表现为最小的 bias 值和 RMS 误差；在空间维度上，MERRA-2 大气再分析资料计算 ZTD/ZWD 的 bias 值和 RMS 误差在纬度上具有显著的变化特征，尤其是 RMS 误差，其表现出了从赤道向两极均出现逐渐变小的趋势。然而，MERRA-2 大气再分析资料计算 ZTD/ZWD 的 bias 值和 RMS 误差在全球范围内，在高程上未发现明显的变化特性，但在中国区域内，其 RMS 误差随高程的增加整体上呈现递减的趋势。

由此表明，MERRA-2 大气再分析资料在全球和中国区域计算 ZWD/ZTD 具有极高的精度和良好的稳定性，建议可作为全球和中国区域对流层垂直剖面模型构建的数据源。

第5章　高精度中国区域对流层垂直剖面模型构建

5.1 引　　言

对流层延迟是影响高精度卫星导航定位的重要因素，其在垂直方向上的变化远大于在水平方向上的变化，因此对流层天顶延迟垂直剖面模型是实现高精度 ZTD 格网产品空间插值和 ZTD 建模的关键。近年来，将大气再分析资料计算的对流层天顶延迟信息通过空间插值应用于北斗/全球导航卫星定位系统实时高精度定位和 GNSS 水汽反演获得了广泛的关注，尤其在 GNSS PPP 中，高精度的初始对流层延迟信息会极大地减少 PPP 的收敛时间且能显著提升高程分量估计的精度(Lu et al., 2016, 2017; Wilgan et al., 2017; Zheng et al., 2018)。由于大气再分析资料格网点的高度与 GNSS 用户高度不一致，并且这种高度差异在地形起伏较大的中国西部地区更为显著，因此，需通过高精度对流层垂直剖面模型插值获取 GNSS 用户位置处的对流层延迟信息。而 ZTD 垂直剖面函数也是构建高精度 ZTD 模型的关键，尤其是实时高精度 ZTD 模型的构建。因此，研究中国区域实时高精度 ZTD 垂直剖面模型具有重要的现实意义。当前诸多学者建立的区域性或全球性对流层垂直剖面模型(Song et al., 2011; Li et al., 2012, 2015; Huang et al., 2012; Yao et al., 2013, 2015a, 2016, 2018b; Sun et al., 2017, 2019a; Hu et al., 2019)均表现出各自的优越性，然而，中国区域实时、高精度、高时空分辨率的 ZTD 垂直剖面模型仍然缺乏。由于中国区域具有地形起伏大、气候复杂多样等特点，尤其是中国西部地区，亟须建立顾及对流层高程缩放因子精细时空特性的对流层垂直剖面模型，以满足中国区域的实时高精度对流层垂直修正要求。

本章首先利用2012—2016年高时空分辨率的 MERRA-2 大气再分析资料积分计算的分层 ZTD 剖面信息，构建了顾及时变高程缩放因子的中国区域 ZTD 垂直剖面格网模型(简称 CZTD-H 模型)。然后以 2017 年中国区域无线电探空数据和中国陆态网 GNSS 数据为参考值对 CZTD-H 模型进行精度验证，并与性能优异的 GPT2w 模型进行比较。

5.2 顾及时变高程缩放因子的 ZTD 垂直剖面模型构建

采用积分法计算 MERRA-2 大气再分析资料 ZTD 值，由各层气象参数计算大气折射率，进而对折射率在各层高度上进行积分，最终可以获取 ZTD 在每个格网点上的垂直剖面。

为了提高 ZTD 的积分精度，利用 Saastamoinen 模型计算 MERRA-2 大气再分析资料顶层上大气残余ZTD值，将其附加在每一层的积分结果上，由于对流层层顶上只存在对流层天顶静力学延迟(ZHD)，其计算公式如下：

$$ZHD_{top}=\frac{0.0022767\cdot P_{top}}{1-0.002667\cdot \cos 2\varphi-0.00000028\cdot h_{top}} \tag{5-1}$$

其中，P_{top} 表示顶层大气压(hPa)，φ 表示纬度(°)。

5.2.1 ZTD高程缩放因子时空特性分析

在对流层垂直剖面表达方面，诸多学者采用负指数函数来表达对流层在垂直方向上的变化(Huang et al.，2012；Yao et al.，2013，2015b，2018a；Schüler，2014；Sun et al.，2019a，2019b)，并获得了良好的对流层垂直改正效果。为了进一步验证ZTD在垂直方向上的变化，本章选取2016年1月1日0时刻(UTC)的中国区域具有代表性的2个MERRA-2格网点再分析资料，积分计算出不同等压层上的ZTD信息，并通过负指数函数对其进行拟合，结果如图5-1所示。

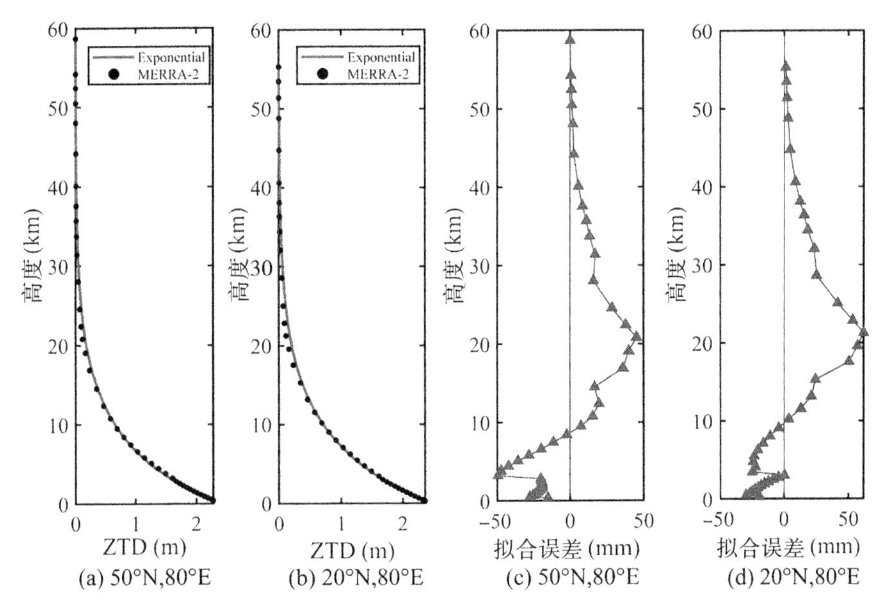

图5-1　MERRA-2大气再分析资料计算2个格网点ZTD值在高程上的变化关系与负指数函数拟合结果及其对应拟合误差

从图5-1可以看出，利用负指数函数可较好地表达ZTD在垂直方向上的变化，ZTD的拟合RMS平均误差均在25mm以内，因此本章也采用负指数函数来表达ZTD的垂直剖面，其表达式如下：

$$ZTD_t=ZTD_r\cdot \exp\left(-\frac{H_t-H_r}{H_s}\right) \tag{5-2}$$

式中，ZTD_r表示其在参考高程 H_r 处的ZTD值；ZHD_t 表示其在目标高程 H_t 处的ZTD值；

H_s 表示 ZTD 的高程缩放因子(km)。为了分析高程缩放因子的精细时空特性，选取 4 个中国区域 MERRA-2 格网数据，计算出 2012—2016 年的 H_s 日均时间序列，并采用快速傅里叶变换(Fast Fourier Transform，FFT)分析其周期变化，结果如图 5-2 和图 5-3 所示。

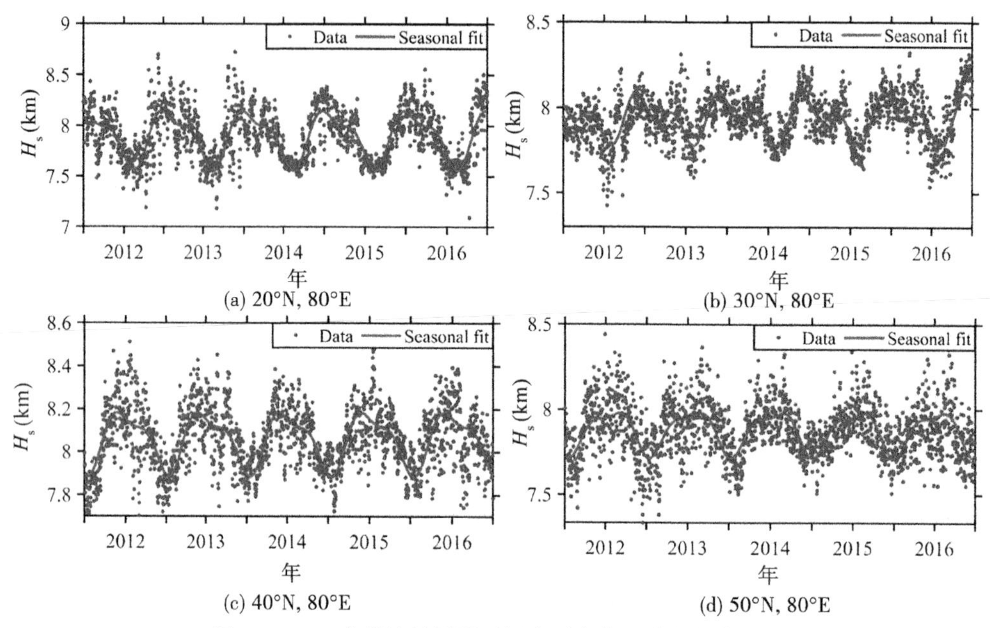

图 5-2　ZTD 高程缩放因子时间序列变化及季节拟合结果

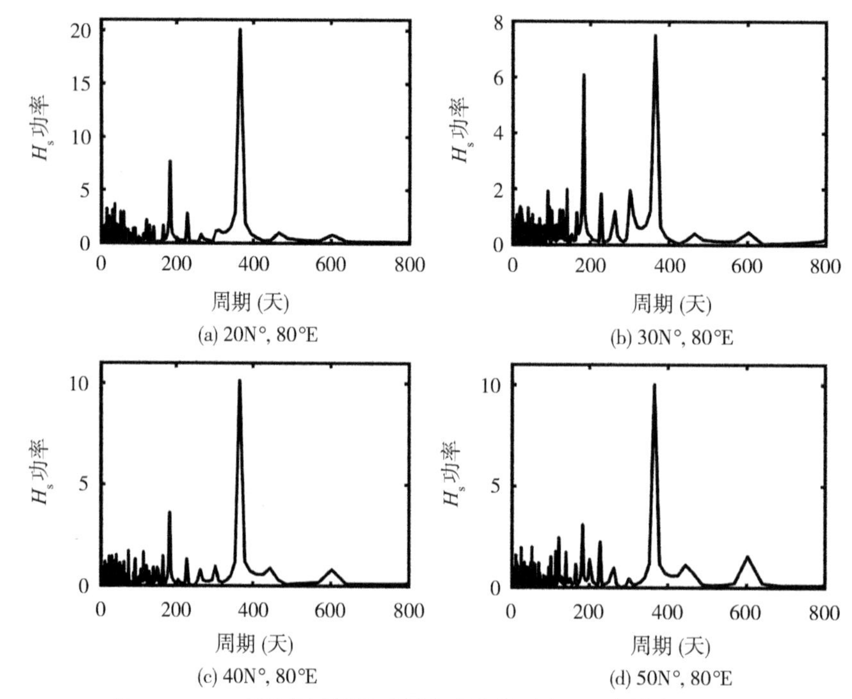

图 5-3　ZTD 高程缩放因子时间序列变化对应 FFT 周期探测结果

从图5-2、图5-3可以看出，H_s 的日均变化范围在7.2~8.5km，ZTD高程缩放因子具有明显的季节变化，主要表现为年周期和半年周期特性，其中在低纬度地区具有明显的年周期和半年周期特性，而中纬度地区的年周期变化比其半年周期更为显著。为了进一步分析 H_s 的年均值、年周期和半年周期在中国区域的分布特性，计算出2012—2016年中国区域MERRA-2大气再分析资料每个格网 H_s 的年均值、年周期振幅和半年周期振幅，结果如图5-4所示。

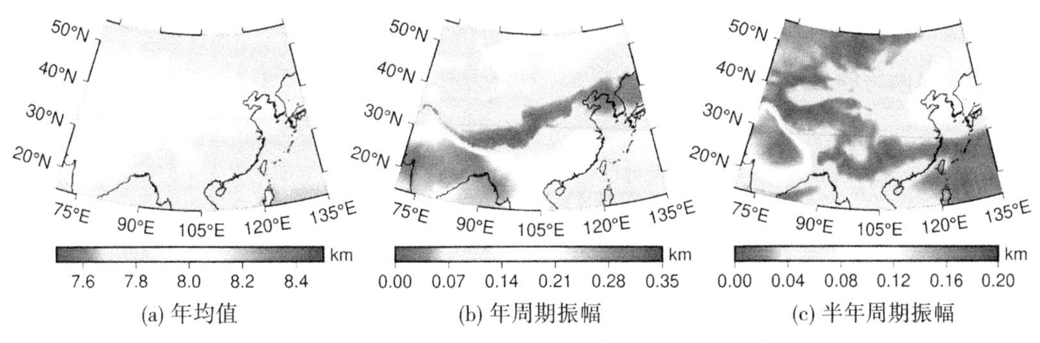

图5-4 ZTD高程缩放因子的年均值、年周期振幅和半年周期振幅分布

从图5-4可以看出，H_s 在中国西部区域存在较大的年均值，可能是由于该地区地形起伏较大。年周期振幅在纬度上具有较为明显的趋势，具体表现为低纬度和高纬度较大，中纬度较小，在低纬度地区存在较大值，可能是由于中国低纬度地区属于亚热带季风气候，水汽变化较其他区域大，进而导致 H_s 年周期振幅较大；而在中国西南部和东北部地区存在相对较大的半年周期振幅。因此，为了保证ZTD垂直剖面模型的精度，在构建中国区域的ZTD垂直剖面模型时需同时顾及 H_s 的年周期和半年周期变化。

5.2.2 CZTD-H模型构建

如前所述，ZTD高程缩放因子在中国区域表现出了显著的时空特性，因此在构建中国区域ZTD垂直剖面模型时需顾及 H_s 的精细时空变化。为了构建高水平分辨率的ZTD垂直剖面格网模型，选取与MERRA-2大气再分析资料相同水平分辨率的格网，针对覆盖中国区域的每个格网点（15°~55°N，70°~135°E），ZTD垂直剖面模型的表达式如下：

$$\mathrm{ZTD}_t = \mathrm{ZTD}_r \cdot \exp\left(-\frac{H_t - H_r}{H_s^i}\right) \tag{5-3}$$

式中，i 表示格网点的编号。由于 H_s 在中国区域表现出明显的年周期和半年周期变化，因此，对于每个格网点，H_s 用如下公式表达：

$$\begin{aligned} H_s^i = &\beta_0^i + \beta_1^i \cos\left(2\pi \frac{\mathrm{DOY}}{365.25}\right) + \beta_2^i \sin\left(2\pi \frac{\mathrm{DOY}}{365.25}\right) \\ &+ \beta_3^i \cos\left(4\pi \frac{\mathrm{DOY}}{365.25}\right) + \beta_4^i \sin\left(4\pi \frac{\mathrm{DOY}}{365.25}\right) \end{aligned} \tag{5-4}$$

式中，DOY表示年积日；β_0^i 表示第 i 个格网点 H_s 的年均值；（β_1^i，β_2^i）和（β_3^i，β_4^i）分别表

示第 i 个格网点 H_s 的年周期振幅系数和半年周期振幅系数。为此，利用2012—2016年覆盖中国区域的时间分辨率为6h(UTC 00：00，06：00，12：00和18：00)、水平分辨率为0.625°×0.5°(经度×纬度)的MERRA-2再分析格网资料，采用积分法计算中国区域每个格网点ZTD分层剖面信息，基于最小二乘法即可求解出中国区域每个格网点 H_s 的模型系数。中国区域每个格网点 H_s 的5个系数以水平分辨率为0.625°×0.5°的格网形式存储，最终构建了中国区域ZTD垂直剖面格网模型(简称CZTD-H模型)。

CZTD-H模型的使用十分便捷，其过程如下：①用户仅需提供年积日和目标点位置信息，根据目标点(用户)的位置信息查找与其最近的格网点；②基于该格网点对应的 H_s 模型参数，根据式(5-3)和式(5-4)即可将目标点在参考高程处的ZTD值垂直改正到目标高程处。

5.3 CZTD-H模型精度验证

5.3.1 利用探空数据验证CZTD-H模型精度

利用2017年覆盖中国区域的探空数据为参考值对CZTD-H模型进行精度验证，采用偏差(bias)和RMS作为精度指标，并与性能优异的GPT2w模型进行精度对比。

GPT2w模型可以提供全球任意位置的高精度气象参数及其对应的垂直剖面模型(Böhm et al., 2015)，但是并不能直接提供ZTD垂直剖面模型参数，而UNB3模型则提供了基于物理方法建立的高精度ZHD和ZWD垂直剖面模型，该模型依赖于气象参数，其可改写为如下表达式：

$$ZHD_t = ZHD_0\left[1 - \frac{\beta H_t}{T_0}\right]^{\frac{g}{R_d \beta}} \tag{5-5}$$

$$ZWD_t = ZWD_0\left[1 - \frac{\beta H_t}{T_0}\right]^{\frac{g\lambda'}{R_d \beta}-1} \tag{5-6}$$

式中，ZHD_t 和 ZWD_t 分别表示其在目标高程 H_t 处的ZHD值和ZWD值，ZHD_0 和 ZWD_0 分别表示其在海平面高度处的ZHD值和ZWD值，β 为温度梯度，T_0 为热力学温度，R_d 为287.0538J/kg，表示干气体常量，g 为地表重力加速度，$\lambda' = 1 + \lambda$，λ 为水汽梯度。

由于UNB3模型是以海平面为参考高度进行对流层垂直改正，为了使其能进行以任意参考高度(H_R)为起算面的垂直改正，在此将对式(5-5)和式(5-6)进行推导。首先，可由式(5-5)和式(5-6)分别计算任意参考高度(H_R)处的ZHD和ZWD值，如下所示：

$$ZHD_R = ZHD_0\left[1 - \frac{\beta H_R}{T_0}\right]^{\frac{g}{R_d \beta}} \tag{5-7}$$

$$ZWD_R = ZWD_0\left[1 - \frac{\beta H_R}{T_0}\right]^{\frac{g\lambda'}{R_d \beta}-1} \tag{5-8}$$

其次，对式(5-7)~式(5-8)进行如下变换：

令 $b_1 = \frac{g}{R_d \beta}$，$b_2 = \frac{g\lambda'}{R_d \beta} - 1$，$a = \frac{\beta}{T_0}$，可得到：

$$\frac{\mathrm{ZHD_t}}{\mathrm{ZHD_R}} = \frac{(1 - aH_t)^{b_1}}{(1 - aH_R)^{b_1}} = \left[\frac{1 - aH_t}{1 - aH_R}\right]^{b_1}, \quad \frac{\mathrm{ZWD_t}}{\mathrm{ZWD_R}} = \frac{(1 - aH_t)^{b_2}}{(1 - aH_R)^{b_2}} = \left[\frac{1 - aH_t}{1 - aH_R}\right]^{b_2} \tag{5-9}$$

对上式进一步改写，最终可推导获得 UNB3 模型以任意参考高度(H_R)为起算面的 ZHD 和 ZWD 垂直剖面模型，如下所示：

$$\mathrm{ZHD_t} = \mathrm{ZHD_R}\left[1 - \frac{\beta(H_t - H_R)}{T_0 - \beta H_R}\right]^{\frac{g}{R_d \beta}} \tag{5-10}$$

$$\mathrm{ZWD_t} = \mathrm{ZWD_R}\left[1 - \frac{\beta(H_t - H_R)}{T_0 - \beta H_R}\right]^{\frac{g\lambda'}{R_d \beta}-1} \tag{5-11}$$

式中，$\mathrm{ZHD_R}$ 和 $\mathrm{ZWD_R}$ 分别表示在任意参考高度 H_R 处的 ZHD 值和 ZWD 值，其他参数如前所述。因此，在本章的模型精度对比中，将结合式(5-10)和式(5-11)来实现 GPT2w 模型对 ZTD 的垂直改正。由于 GPT2w 模型的模型参数以两种水平分辨率(1°×1°和 5°×5°)的格网进行存储，便于后续描述，分别将其定义为 GPT2w-1 和 GPT2w-5。

探空站提供的大气分层剖面资料均为实测值，是当前精度最为可靠的大气分层资料之一，为了检验 CZTD-H 模型在中国区域的垂直改正精度，选取分布中国区域的 89 个探空站，利用积分法计算出各探空站 2017 年 0 时刻和 12 时刻(UTC)的 ZHD/ZWD/ZTD 分层剖面信息，以此为参考值用来评价 CZTD-H 模型的 ZTD 垂直插值精度。在本次的模型垂直插值检验中，将从探空站的地表层依次对探空剖面的每层信息进行垂直插值，直至插值到探空剖面的顶层。最终统计得到各探空站偏差和 RMS 误差，结果如表 5-1 和图 5-5 所示。

表 5-1　中国区域 2017 年各探空站检验不同模型在 ZTD 垂直插值的精度统计(单位：mm)

模型	CZTD-H		GPT2w-1		GPT2w-5	
	偏差	RMS	偏差	RMS	偏差	RMS
最大值	50.6	60.2	-6.9	83.1	-3.0	85.0
最小值	-24.7	31.7	-79.4	25.5	-82.0	25.6
平均值	9.5	46.7	-40.9	53.6	-41.8	54.2

由表 5-1 可以看出，GPT2w-1 和 GPT2w-5 模型在探空站 ZTD 垂直插值中均表现出明显的负偏差，说明 GPT2w 模型插值的 ZTD 相对于探空站的值偏小。而 CZTD-H 模型则表现为相对明显的正负偏差，平均偏差值为-16.9mm，其相对于 GPT2w-1 和 GPT2w-5 模型在 ZTD 垂直插值的平均偏差绝对值分别减少了 28.6mm(62.9%)和 29.1mm(63.3%)。CZTD-H 模型在 ZTD 垂直插值中表现出相对较小的 RMS 误差，其相对于 GPT2w-1 和 GPT2w-5 模型分别减少了 4.0mm(7.5%)和 4.3mm(8%)。由此表明，CZTD-H 模型在中国区域 ZTD 垂直插值中表现出了最优的精度和稳定性。图 5-5 表明，GPT2w 模型在中国区域的 ZTD 垂直插值基本表现为负偏差，CZTD-H 模型在中国的西北和东南大部分区域表现

为负偏差，而在西部和北部的部分区域表现为正偏差。所有模型在中国东南部区域 ZTD 垂直插值中表现出较大的误差，可能由于东南部区域靠近太平洋西海岸，易受到东亚季风的强烈影响，且海域水汽含量较为丰富、变化剧烈（Sun et al.，2019a）。GPT2w-1 和 GPT2w-5 模型在中国西部区域 ZTD 垂直插值中表现出较显著的误差，可能是由于西部区域地形起伏较大，导致 GPT2w 模型的 ZTD 垂直修正不完善，而 CZTD-H 模型因顾及时变高程缩放因子，表现出较小的误差，体现了一定的精度改善。此外，CZTD-H 模型相对于 GPT2w-1 和 GPT2w-5 模型在中国东北部区域 ZTD 垂直插值中同样表现出一定的精度提升。

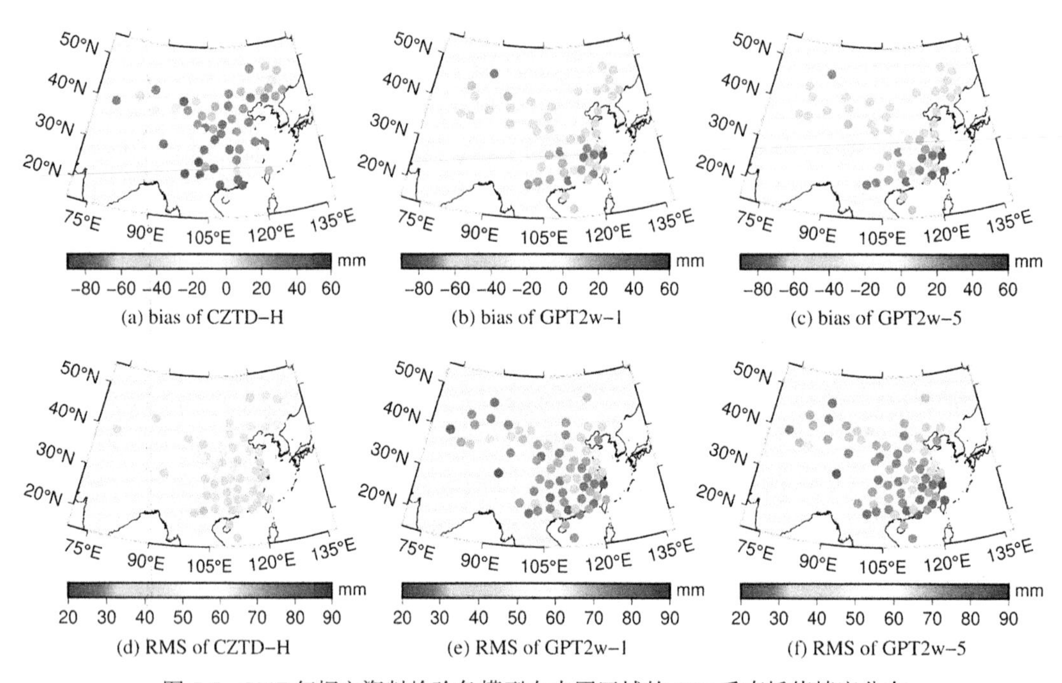

图 5-5　2017 年探空资料检验各模型在中国区域的 ZTD 垂直插值精度分布

5.3.2　利用 GNSS ZTD 检验 CZTD-H 模型在 ZTD 空间插值中的精度

由于大气再分析资料的格网点高程与探空站、GNSS 站等用户位置高程不一致，且 ZTD 在垂直方向上的变化远大于在水平方向上的变化，因此 ZTD 垂直剖面模型是实现高精度 ZTD 格网产品空间插值的关键。选取 2017 年中国区域 248 个中国陆态网 GNSS 站 1 小时分辨率的 ZTD 产品作为参考值检验 CZTD-H 模型在 MERRA-2 格网 ZTD 中的空间插值精度，GNSS 站点位分布如图 5-6 所示。由于 GNSS 站点高程是大地高，而 MERRA-2 格网点高程是位势高，两者之间存在高程基准差异，因此在进行 ZTD 空间插值前，首先需对两者的高程基准进行统一，本章采用 EGM2008 模型来实现两者的高程基准统一（章传银等，2009）；其次，利用 CZTD-H 模型将各 GNSS 站周边最近 4 个 MERRA-2 格网点 ZTD 值进行高程归算，将其从格网点高程处垂直改正到各 GNSS 站高程处；此外，对已进行垂直改正后的中国区域各 GNSS 站周边最近 4 个格网点 ZTD 进行双线性插值，进而可获得

MERRA-2 格网 ZTD 值在各 GNSS 站的插值，最终可获得 CZTD-H 模型在中国区域各 GNSS 站对 MERRA-2 格网 ZTD 进行空间插值的偏差值和 RMS 误差，并与 GPT2w-1 和 GPT2w-5 模型进行对比分析，结果如表 5-2 和图 5-7 所示。

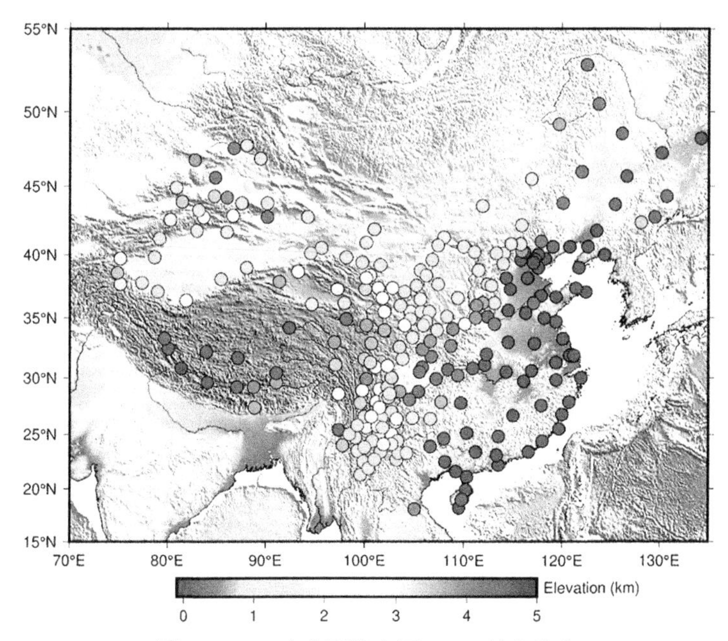

图 5-6 248 个中国陆态网 GNSS 站点分布

表 5-2 **中国陆态网 GNSS ZTD 产品验证 CZTD-H 模型在 MERRA-2 格网 ZTD 空间插值中的精度统计(单位：mm)**

模型	CZTD-H		GPT2w-1		GPT2w-5	
	偏差	RMS	偏差	RMS	偏差	RMS
最大值	41.7	50.6	78.7	89.6	53.3	65.8
最小值	-16.2	6.9	-7.7	7.0	-8.1	6.9
平均值	12.9	17.9	18.1	22.6	18.2	22.7

由表 5-2 可知，以中国陆态网 GNSS 数据为参考值，GPT2w-1 和 GPT2w-5 模型在 MERRA-2 格网 ZTD 空间插值中的精度相当，均出现了较大的偏差值和 RMS 误差，而 CZTD-H 模型则表现出较小的偏差值和 RMS 误差，相对于 GPT2w-1 和 GPT2w-5 模型其偏差值分别减少了 5.2mm(28.7%)和 5.3mm(29%)，其 RMS 误差分别减少了 4.7mm(20.8%)和 4.8mm(21%)。由图 5-7 可以看出，GPT2w-1 和 GPT2w-5 模型在中国的东部和西部部分地区表现出较小的偏差值和 RMS 误差，在中部和西北部分地区则表现出较大的偏差值和 RMS 误差，而 CZTD-H 模型在中国区域则呈现出相对较小的偏差值和 RMS 误差，尤其在中部和西部地区相对于 GPT2w 模型具有显著的精度提升，主要原因是中国的

中西部地区地形起伏较大，新建立的 CZTD-H 模型相比于 GPT2w 模型能更好地表达 ZTD 在垂直方向上的变化。由此进一步表明，在 MERRA-2 格网 ZTD 空间插值中，CZTD-H 模型具有更优的精度和稳定性。

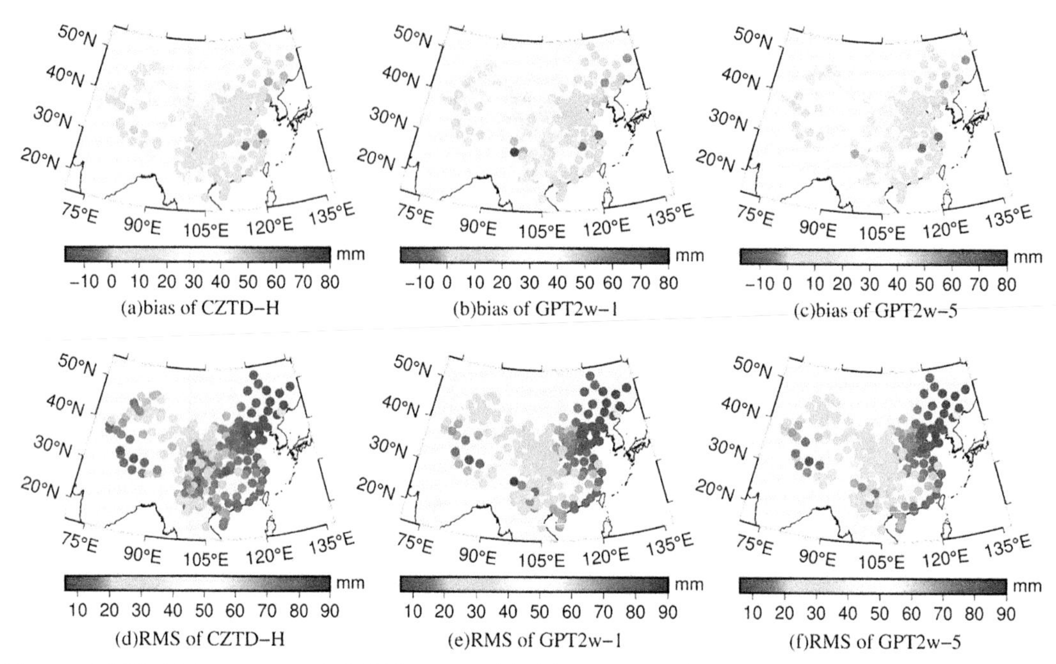

图 5-7　中国陆态网 GNSS ZTD 产品验证 CZTD-H 模型在 MERRA-2 格网 ZTD 空间插值中的精度分布

为了分析 MERRA-2 格网 ZTD 空间插值中各模型在不同高程范围内的精度，将高程划分为 5 个高度区间，即小于 1km、1～2km、2～3km、3～4km 和大于 4km，分别统计其偏差和 RMS 误差，结果如图 5-8 所示。

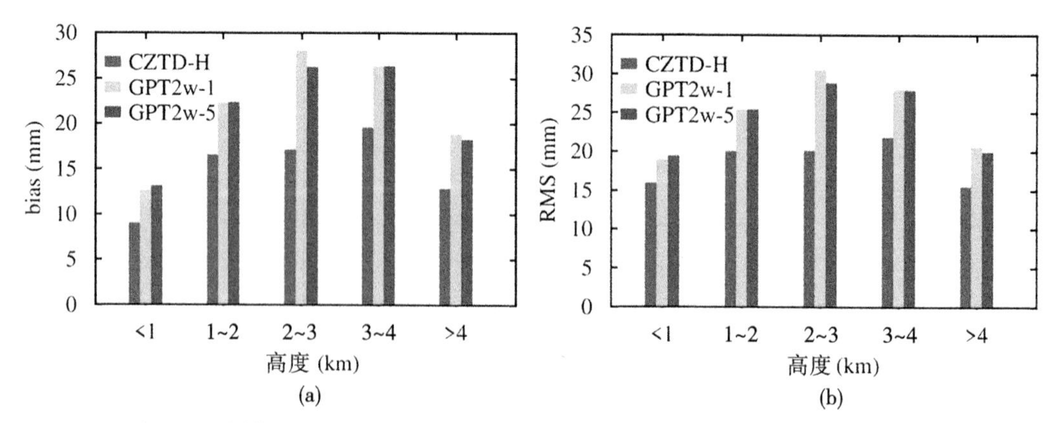

图 5-8　各模型在不同高程范围内 MERRA-2 格网 ZTD 空间插值中的精度分布

由图 5-8 可知，在 MERRA-2 格网 ZTD 空间插值中，GPT2w-1 和 GPT2w-5 模型在各高

程范围内的精度相当，CZTD-H 模型在各高程范围内均表现出最小的偏差值和 RMS 误差，其在大于 1km 高程范围相对于 GPT2w 模型具有明显的精度改善，尤其在 2~3km 高程范围内，CZTD-H 模型在 MERRA-2 格网 ZTD 空间插值中相对于 GPT2w-1 和 GPT2w-5 模型其 RMS 误差分别减少了 10.4mm(34%)和 8.6mm(30%)，表现出了显著的精度提升。进一步说明 CZTD-H 模型在 MERRA-2 格网 ZTD 空间插值中具有优异的性能。

为了进一步分析各模型在 MERRA-2 格网 ZTD 空间插值中的偏差和 RMS 误差的季节变化，对中国区域 248 个 GNSS 站的偏差值和 RMS 误差按月均进行统计，结果如图 5-9 所示。

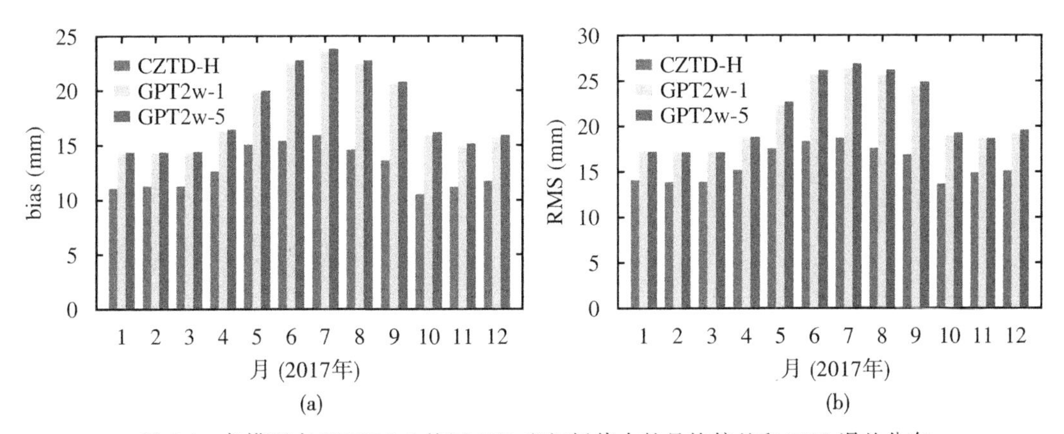

图 5-9 各模型在 MERRA-2 格网 ZTD 空间插值中的月均偏差和 RMS 误差分布

由图 5-9 可知，在 MERRA-2 格网 ZTD 空间插值中，所有模型在全年所有月份中均表现出正偏差，且偏差值和 RMS 误差均体现出明显的季节变化，夏季月份的偏差值和 RMS 误差达到最大值，可能是由于夏季月份中水汽等其他气象参数变化较为活跃，难以对模型参数精确模型化，进而对模型精度产生了一定的影响。尽管如此，相对于 GPT2w 模型，CZTD-H 模型在全年的 MERRA-2 格网 ZTD 空间插值中均体现出明显的精度改善，尤其在夏季月份具有显著的精度提升，CZTD-H 模型相对于 GPT2w-1 和 GPT2w-5 模型的月均偏差值分别减少了 7.5mm(33%)和 7.8mm(34%)，月均 RMS 误差分别减少了 7.7mm(30%)和 8.2mm(31%)，主要原因是 CZTD-H 模型顾及了 ZTD 高程缩放因子的精细季节变化，且提高了模型参数的时空分辨率，因此相对于 GPT2w 模型在 ZTD 空间插值中具有一定的优势。总之，CZTD-H 模型在中国区域 MERRA-2 格网 ZTD 空间插值中表现出了稳定的季节性能。

5.4 本章小结

ZTD 垂直剖面模型是实现高精度 ZTD 格网产品空间插值和 ZTD 精密建模的关键。本章针对当前已有中国区域 ZTD 垂直剖面模型的时空分辨率偏低等不足，在分析中国区域 ZTD 高程缩放因子精细时空变化特性基础上，利用 2012—2016 年高时空分辨率的

MERRA-2 大气再分析资料积分计算的 ZTD 分层剖面信息，构建了顾及 ZTD 高程缩放因子精细季节变化的中国区域 ZTD 垂直剖面格网模型(CZTD-H 模型)。以 2017 年中国区域探空站数据和中国陆态网 GNSS 站 ZTD 产品为参考值，验证了 CZTD-H 模型在中国区域的垂直插值精度及其在 ZTD 空间插值中的应用，并与当前性能优异的 GPT2w 模型进行比较，结果表明，CZTD-H 模型在 ZTD 垂直插值以及 MERRA-2 格网 ZTD 空间插值中呈现出了最优的精度和稳定性，其相对于 GPT2w 模型在 ZTD 垂直插值以及 MERRA-2 格网 ZTD 空间插值中具有显著的优势。

第6章　高精度中国区域 T_m 模型构建及 T_m 格网产品空间插值

6.1 引　言

在 GNSS 水汽探测中，T_m 是计算 GNSS PWV 的关键参数，同时，T_m 也是影响高精度 PWV 值计算的重要因素。近年来，诸多学者利用多年的探空数据或全球大地观测系统(GGOS)格网数据建立了一系列全球 T_m 经验模型(Yao et al., 2013, 2014; He et al., 2017; Huang et al., 2019)，这些模型在全球范围内均表现出各自的优越性和具有良好的平均精度。尽管目前已构建了较多的全球 T_m 经验模型，但是中国区域实时高精度的 T_m 模型仍然缺乏，从而限制了中国区域实时、高精度 GNSS 水汽的应用。中国疆域辽阔、地形起伏较大、气候多样化，尤其在青藏高原和云贵高原，这些地方探空站稀少且分布不均。此外，GNSS 水汽探测在中国区域尚未完全业务化。近年来，中国大陆地壳运动观测网络及各省市 CORS 网络已广泛应用于大地测量与地球动力学领域，这些网络已积累了长期连续的 GNSS 观测数据，可为 GNSS 水汽探测提供重要应用。因此，亟需构建中国区域高精度、实时的 T_m 新模型用于中国区域 GNSS PWV 的实时反演。同时，利用大气再分析资料可积分计算获得高时空分辨率的 T_m 信息，但大气再分析资料计算的 T_m 格网高度与用户高度不一致，这种高程差异在中国西部地区尤为显著。因此，为了获得用户位置高精度、高分辨率的 T_m 信息，需要对大气格网点 T_m 格网产品进行空间插值。

本章首先构建了一种顾及垂直递减率函数的中国区域 T_m 格网新模型(简称 CT_m 模型)，并验证了该模型的精度。此外，还提出了一种顾及垂直递减率的中国区域 T_m 格网产品空间插值方法来对 T_m 格网产品进行高精度空间插值。这些研究成果可满足中国区域高精度、高时空分辨率的 GNSS PWV 反演要求，为中国区域的高精度、实时 GNSS 水汽监测提供重要参考。

6.2　顾及垂直递减率的高精度中国区域 T_m 模型构建

GGOS 大气中心能提供时间分辨率为 6 小时(00：00，06：00，12：00 和 18：00 UTC)，空间分辨率为 2.5°×2°(经度×纬度)的全球 T_m 格网数据及相应的地表高程数据，其中 T_m 格网数据是通过 ERA-Interim 再分析资料计算获得的。探空站可提供时间分辨率为 12 小时的实测地表参数和分层气象参数，常用来评价其他气象产品和模型的精度。Yao 等(2014)利用探空资料与 COSMIC 资料对 GGOS 格网 T_m 数据进行了精度检验，结果表明

GGOS 格网 T_m 数据具有较高的精度和可靠性，可作为 T_m 模型构建的数据源。因此，利用 2007—2015 年覆盖中国区域的 540 个 GGOS 格网点 T_m 数据及对应的地表高程数据（椭球高）和分布于中国区域的 2015 年 89 个探空站数据来进行模型构建与分析。

6.2.1　T_m 垂直递减率时空特性分析

中国区域地形起伏较大，尤其在中国西部地区，将导致格网点高度与目标高度存在较大差异。T_m 与高度和纬度具有较大的相关性（Yao et al., 2015; Zhang et al., 2017; Yao et al., 2018），为了更好地分析 T_m 随高度的变化关系，选取中国区域具有代表性的 2015 年 1.5°×1.5°水平分辨率的 ERA-Interim 分层大气资料 4 个格网点数据，利用积分法计算出 4 个格网点（地表至 10km 高度范围内）2015 年的日均 T_m 值随高程的变化，结果如图 6-1 所示。

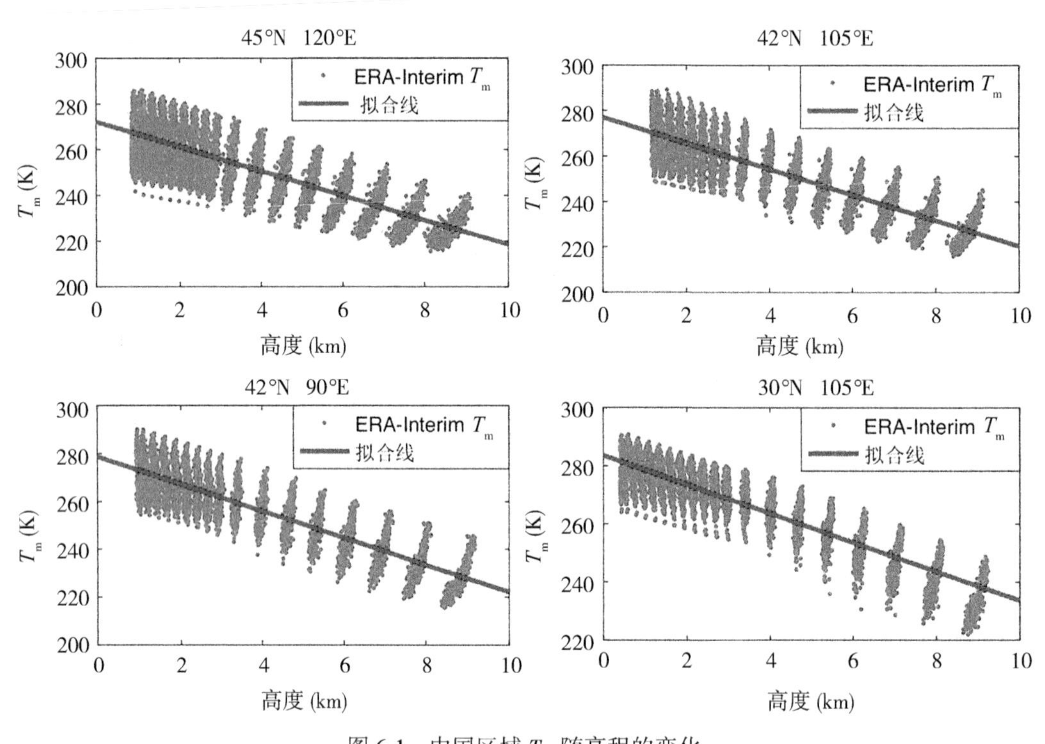

图 6-1　中国区域 T_m 随高程的变化

图 6-1 表明中国区域 4 个格网点的 T_m 值与高程均存在近似的线性变化关系，其变化关系可用如下线性公式表达：

$$T_m = \gamma \times \delta h + k \tag{6-1}$$

式中，γ 表示 T_m 垂直递减率（K/km），δh 表示椭球高（km）。由此可见，T_m 垂直递减率是对 T_m 进行高程改正的关键参数。为了分析 T_m 垂直递减率的精细季节变化，使用 2007—2014 年的 GGOS 日均格网 T_m 数据及相应椭球高格网数据来计算日均 γ 时间序列，并采用快速傅里叶变换（FFT）来探测分析 γ 的周期特性，结果如图 6-2 所示。

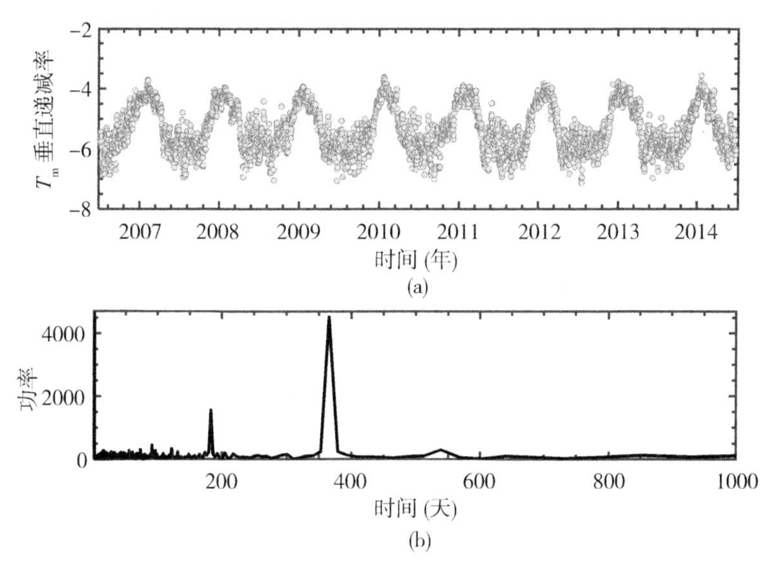

图 6-2　中国区域 T_m 垂直递减率时序变化与快速傅里叶变换下 T_m 递减率的周期变化

图 6-2 表明 T_m 垂直递减率具有明显的季节变化，主要体现为年周期与半年周期特性，其可采用如下模型进行表达：

$$\gamma = \beta_0 + \beta_1\cos\left(2\pi\frac{doy}{365.25}\right) + \beta_2\sin\left(2\pi\frac{doy}{365.25}\right) + \beta_3\cos\left(4\pi\frac{doy}{365.25}\right) + \beta_4\sin\left(4\pi\frac{doy}{365.25}\right) \tag{6-2}$$

式中，doy 表示年积日，β_0 表示 T_m 垂直递减率的年均值，(β_1, β_2)和(β_3, β_4)分别表示 T_m 垂直递减率的年周期和半年周期系数。

6.2.2　CT_m 模型构建

Yao 等(2014)利用大气再分析资料研究表明 T_m 值存在明显的年周期和半年周期特性。为此，本章构建的 CT_m 模型需顾及 T_m 的年周期和半年周期变化。采用覆盖中国区域的 2007—2014 年 540 个 GGOS 大气格网点的 T_m 值用于 CT_m 模型构建，其在格网点高度处的 T_m 模型表达式为：

$$T_m^G = A_0 + A_1\cos\left(2\pi\frac{doy}{365.25}\right) + A_2\sin\left(2\pi\frac{doy}{365.25}\right) + A_3\cos\left(4\pi\frac{doy}{365.25}\right) + A_4\sin\left(4\pi\frac{doy}{365.25}\right) \tag{6-3}$$

式中，T_m^G 表示在格网点高度处的 T_m 值，A_0 表示 T_m 年平均值，(A_1, A_2)和(A_3, A_4)分别表示 T_m 的年周期和半年周期系数。利用 2007—2014 年 540 个格网点的 T_m 值，采用最小二乘法即可求解出每个格网点的上述模型系数。由于用户处高程与格网点处高程存在差异，如果直接利用用户周边的四个格网点进行双线性插值来获取用户的 T_m 值，由于 T_m 在高程方向上存在近似线性递减关系，这必将导致较大的插值误差。为此，首先将本节构

建的 T_m 垂直递减率函数模型用于 T_m 的高程归算，将用户周边四个格网点在格网点高程处的 T_m^G 值归算到用户高程处的 T_m^U 值，其归算表达式如下：

$$T_m^U = T_m^G - \gamma \times (H_U - H_G) \tag{6-4}$$

式中，H_U 和 H_G 分别表示用户处和格网点处的高程(单位为 km)。其次，将高程归算后的用户周边的四个格网点 T_m^U 值进行双线性插值，最终可获得 CT_m 模型计算的用户处的 T_m 值。

CT_m 模型是一个格网经验模型，其在格网点高度处(椭球高)的模型参数以 2.5°×2°(经度×纬度)水平格网形式存储，用户仅需输入其位置参数(经纬度和高程)和 doy，即可计算出用户的 T_m 值。

6.2.3　CT_m 模型精度验证

在模型的验证中，以 GGOS 大气中心提供的 2015 年的 T_m 格网产品和 2015 年的中国区域 89 个探空站数据为参考值，评价 CT_m 模型在中国区域的精度，并使用偏差(bias)与均方根误差(RMS)作为模型精度评估的标准。

6.2.3.1　利用 GGOS 大气格网数据验证 CT_m 模型精度

利用 2015 年覆盖中国区域的时间分辨率为 6 小时的 GGOS 大气格网点 T_m 数据作为参考值，验证 CT_m 模型的精度，同时与广泛应用的 Bevis 公式($T_m = 70.2 + 0.72T_s$)和目前性能优异的 GPT2w 对流层模型进行对比分析。由于 Bevis 公式计算 T_m 时需要用到 T_s，而在 GGOS 格网点处难以获得实测的 T_s 值，因此将通过 GPT2w-1 模型计算获得格网点处的 T_s 值。由此可计算得到 2015 年不同模型的年均偏差和 RMS 值，其统计结果如表 6-1、图 6-3 和图 6-4 所示。

表 6-1　利用 GGOS 格网 T_m 数据验证 CT_m，GPT2w 模型和 Bevis 公式的精度对比

模型		Bevis	GPT2w-5	GPT2w-1	CT_m
偏差	最大值	7.37	17.56	10.30	0.49
	最小值	-4.32	-13.52	-2.14	-1.94
	平均值	1.17	0.19	0.23	-0.52
RMS	最大值	8.27	17.84	10.75	5.23
	最小值	1.68	1.94	1.89	1.66
	平均值	4.61	4.48	3.78	3.28

由表 6-1 可知，GPT2w-5 具有最大的偏差值，其大小变化从-13.52K 到 17.56K，Bevis 公式具有最大的年均偏差值，为 1.17K，而 CT_m 模型表现出较小的偏差值；在 RMS 值方面，Bevis 公式表现出最大的年均 RMS 值，CT_m 模型的年均 RMS 值最小，GPT2w-1 的 RMS 值小于 GPT2w-5，说明 GPT2w 模型提高模型参数的水平分辨率对其精度具有一定的改善。相比于 GPT2w-5 与 GPT2w-1 模型，CT_m 模型的精度分别提高了 1.2K(27%)和

0.5K(13%)，说明 CT_m 模型在中国区域计算的 T_m 值具有较高的精度。

由图 6-3 可以看出，GPT2w-5 与 GPT2w-1 模型在中国西部地区存在较大的偏差，尤其在青藏高原地区，Bevis 公式在中国北部地区和西部地区也表现出显著的偏差，而 CT_m 在整个中国区域均表现出较小的偏差和良好的稳定性。由图 6-4 可知，GPT2w-5 和 Bevis 公式在中国西部地区表现出较大的 RMS 误差，尤其在西藏、青海和新疆地区，GPT2w 模型未考虑 T_m 在高程上的改正，从而导致模型在这些地形起伏较大的地区使用时出现显著的误差，而 Bevis 公式是利用美国的探空站数据建立的，所以其在中国区域的适用性不佳。相比于 GPT2w-5，GPT2w-1 表现出相对较小的 RMS 误差，但是其在中国西部的部分地区仍然存在较大的 RMS 误差。CT_m 模型顾及了 T_m 的精细垂直递减率变化，因此其在上述高海拔地区使用时极大地削减了 RMS 误差。在中国东北部的部分地区，所有模型仍存在相对较大的 RMS 误差，主要原因是 T_m 在该地区表现为较强的季节性变化(Zhang et al., 2017)。总之，CT_m 模型在中国区域使用时能表现出较高的精度和良好的稳定性。

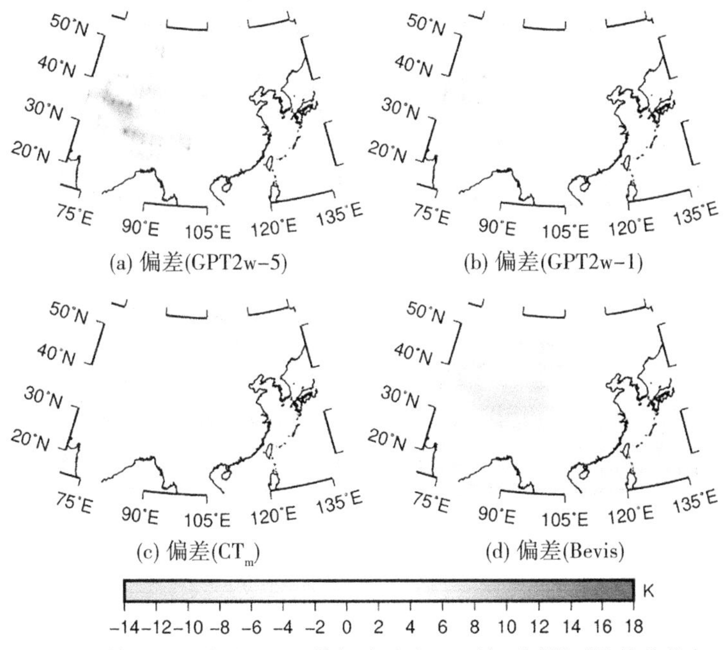

图 6-3 利用 2015 年格网 T_m 数据检验中国区域不同模型的偏差分布

6.2.3.2 利用探空站数据验证 CT_m 模型精度

探空站提供的大气剖面资料均为实测值，具有较高的精度和可靠性。为了进一步验证 CT_m 模型在中国区域的精度，均匀选取分布于中国区域的 2015 年 89 个探空站资料，采用积分法计算出各探空站 0 时刻和 12 时刻的 T_m 值为参考值，用于检验 CT_m 模型的精度。由于 CT_m 模型的模型格网参数是位于格网点处的椭球高，而探空站站点的高程是海拔高，两者之间存在高程基准差异，为了减少由高程基准差异引起的 T_m 高程归算误差，因此在进行 T_m 高程归算前需统一两者的高程基准，使用 EGM2008 模型来计算其高程差异(章传

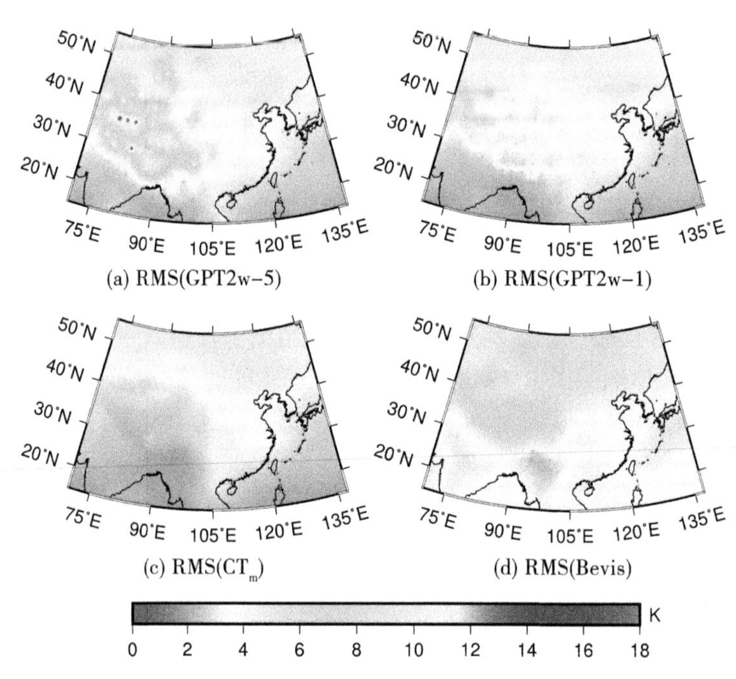

图 6-4　利用 2015 年格网 T_m 数据检验中国区域不同模型的 RMS 误差分布

银等，2015)，进而实现两者高程基准的统一。对于 Bevis 公式，计算 T_m 所需的实测 T_s 值可通过探空站获取。由此对上述模型计算的 T_m 值的年均偏差和 RMS 误差进行统计，其结果如表 6-2、图 6-5 和图 6-6 所示。

表 6-2　　**利用探空数据验证中国区域 CT$_m$、GPT2w 模型和 Bevis 公式的精度对比**

模型		Bevis	GPT2w-5	GPT2w-1	CT$_m$
偏差	最大值	6.81	2.20	1.96	2.23
	最小值	-3.55	-13.77	-6.62	-2.07
	平均值	0.93	-1.82	-1.49	0.26
RMS	最大值	7.52	14.32	9.12	5.33
	最小值	2.35	2.87	2.63	2.53
	平均值	4.31	4.72	4.45	3.75

由表 6-2 可知，GPT2w-5 和 GPT2w-1 均表现出较大的年均负偏差，其年均值分别为 -1.82K和-1.49K，由此说明 GPT2w 模型在中国区域计算 T_m 时具有显著的系统偏差。Bevis 公式表现出相对较大的年均正偏差，而 CT$_m$ 模型则表现出较小的偏差。同时，GPT2w-5 表现出最大的 RMS 误差，其年均值为 4.72K，GPT2w-1 和 Bevis 公式精度相当，表明 GPT2w-1 的性能优于 GPT2w-5。而 CT$_m$ 模型表现出最小的 RMS 误差，相比于

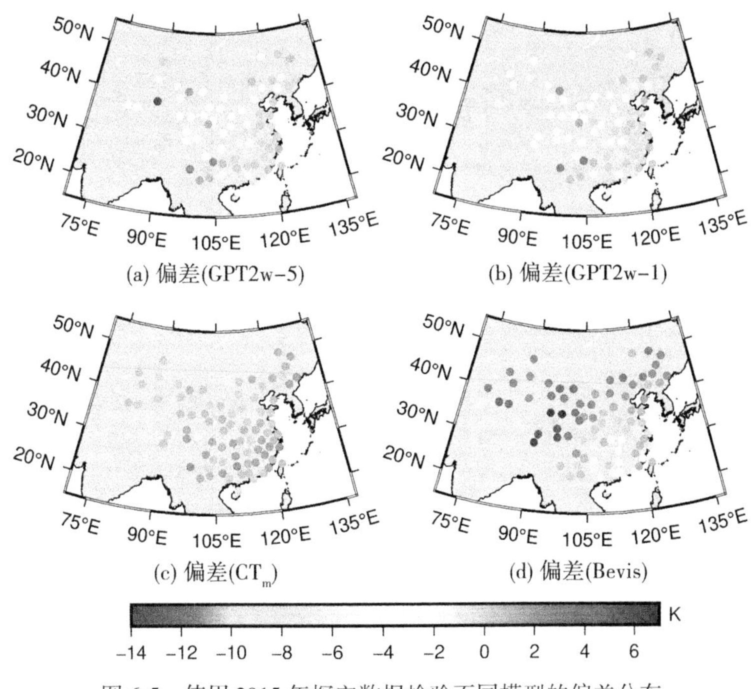

图 6-5 使用 2015 年探空数据检验不同模型的偏差分布

GPT2w-5 和 GPT2w-1 的年均 RMS 值，其精度分别提高了 21%和 16%，由此表明在中国区域 CT_m 模型与其他模型相比具有明显的优势。由图 6-6 可知，GPT2w-5 和 GPT2w-1 模型在中国西部和北部的部分地区均出现较大的负偏差，而 Bevis 公式在这些地区却表现出显著的正偏差。此外，Bevis 公式在中国东南部的部分地区出现了较为明显的负偏差，而 CT_m 模型在整个中国区域均表现出较小的和稳定的偏差。由图 6-6 可知，Bevis 公式、GPT2w-5 和 GPT2w-1 模型在中国西部和北部的部分地区均表现出较大的 RMS 误差(尤其在新疆地区)，主要是受该地区地形变化大和显著的 T_m 日周期变化的影响。而上述模型在中国南部和东南部地区则表现为较小的 RMS 误差，主要原因是在该地区 T_m 的变化振幅低于中纬度地区，更容易对 T_m 进行精确模型化。相对于 Bevis 公式和 GPT2w 模型，CT_m 模型在中国西部和北部的部分地区其 RMS 误差减少较为明显。总之，CT_m 模型在中国区域表现出了良好的精度和稳定性，进一步表明顾及垂直递减率函数的 CT_m 模型与其他模型相比具有显著的优势，尤其在地形起伏较大的中国西部地区。

6.2.3.3 CT_m 模型对 GNSS PWV 估计的影响

T_m 模型的构建旨在用于 GNSS PWV 估计，但是一般情况下 GNSS 基准站与探空站并不共址。此外，大多数 GNSS 基准站主要是用于大地测量研究，从而在 GNSS 基准站上未安装气象传感器，因此，难以全面和可靠地研究 T_m 对 GNSS PWV 估计的影响。然而，已有文献从理论上研究了 T_m 对 GNSS PWV 估计的影响(He et al., 2017; Huang et al., 2019)。因此，采用相同的方法对其进行分析，其理论表达式如下：

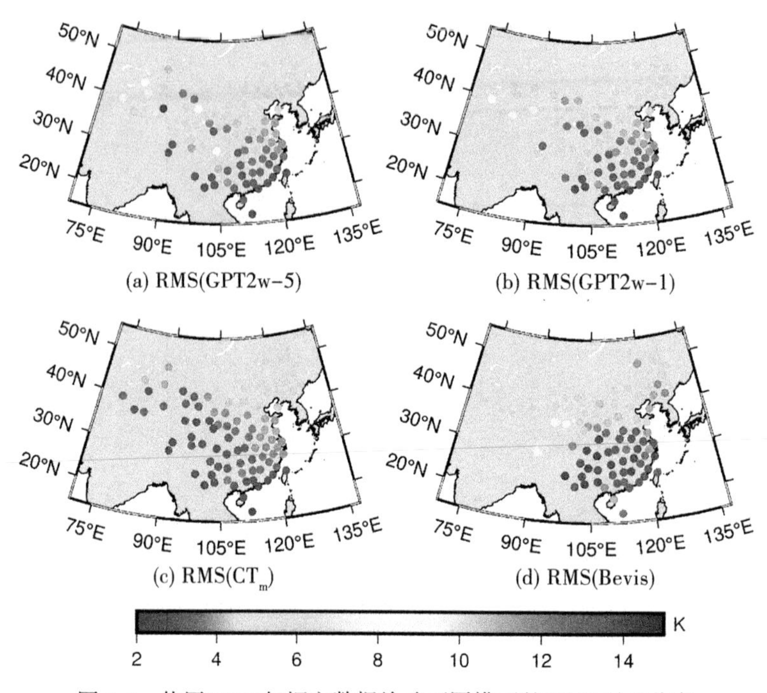

图 6-6　使用 2015 年探空数据检验不同模型的 RMS 误差分布

$$\frac{\mathrm{RMS_{PWV}}}{\mathrm{PWV}}=\frac{\mathrm{RMS}}{\Pi}=\frac{k_3\ \mathrm{RMS}_{T_m}}{\left(\frac{k_3}{T_m}+k'_2\right)T_m^2}=\frac{k_3}{\left(\frac{k_3}{T_m}+k'_2\right)T_m}\cdot\frac{\mathrm{RMS}_{T_m}}{T_m} \tag{6-5}$$

式中，$\mathrm{RMS_{PWV}}$表示 PWV 的 RMS 误差，RMS_{T_m}表示 T_m 的 RMS 误差，$\mathrm{RMS_{PWV}}$/PWV 定义为 PWV 的相对误差，其中 PWV 和 T_m 用年均值表示，采用 $\mathrm{RMS_{PWV}}$ 和 $\mathrm{RMS_{PWV}}$/PWV 来评价 CT$_m$ 模型计算的 T_m 值对 GNSS PWV 估计的影响，其理论结果如图 6-7 和图 6-8 所示。

由图 6-7 和图 6-8 可知，所有模型在中国南部和东南部地区表现为相对较大的 $\mathrm{RMS_{PWV}}$值，主要原因是 PWV 值在 $\mathrm{RMS_{PWV}}$计算中起主导作用，而该地区相对于其他地区具有较大的 PWV 值。GPT2w-5 模型表现为较大的 $\mathrm{RMS_{PWV}}$ 值和 $\mathrm{RMS_{PWV}}$/PWV 值，其最大的 $\mathrm{RMS_{PWV}}$值接近 1mm；而 CT$_m$ 模型在中国区域的 $\mathrm{RMS_{PWV}}$值和 $\mathrm{RMS_{PWV}}$/PWV 值均小于其他模型，其 $\mathrm{RMS_{PWV}}$值小于 0. 59mm，平均值为 0. 29mm。此外，在中国区域 CT$_m$ 模型表现出稳定和较小的 $\mathrm{RMS_{PWV}}$/PWV 值，其平均值为 1. 36%。CT$_m$ 模型是一个经验格网模型，其可为 GNSS PWV 计算提供高精度、实时的 T_m 信息。因此，CT$_m$ 模型在中国区域的高精度、实时 GNSS 水汽探测中具有重要的应用。

本章构建 CT$_m$ 的建模方法可全球适用，而本次只在中国区域构建了一个统一的 T_m 垂直递减率函数模型，在下一步工作中，可对中国区域每个格网点建立一个 T_m 垂直递减率函数模型或者构建一个全球的顾及 T_m 垂直递减率函数的 T_m 格网模型。

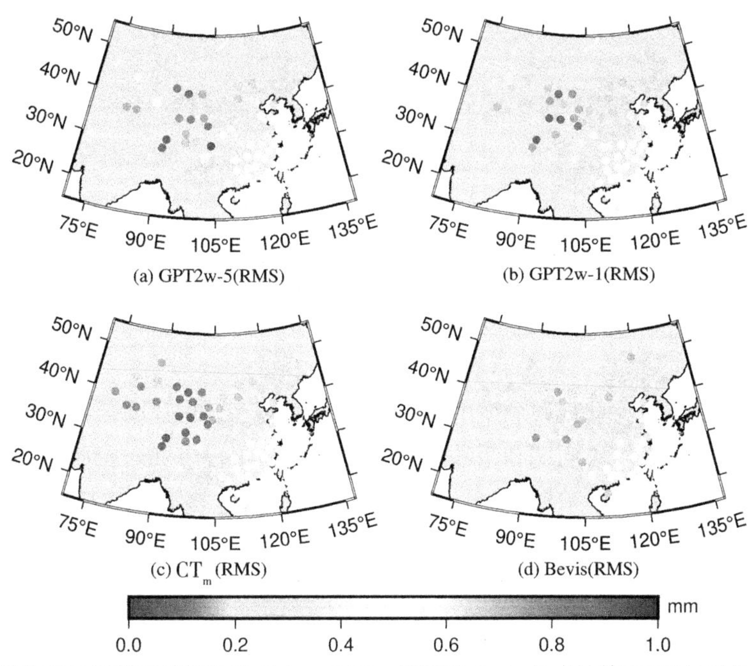

图 6-7　使用 2015 年探空数据检验 CT_m，GPT2w 模型和 Bevis 公式计算 PWV 的理论 RMS 误差

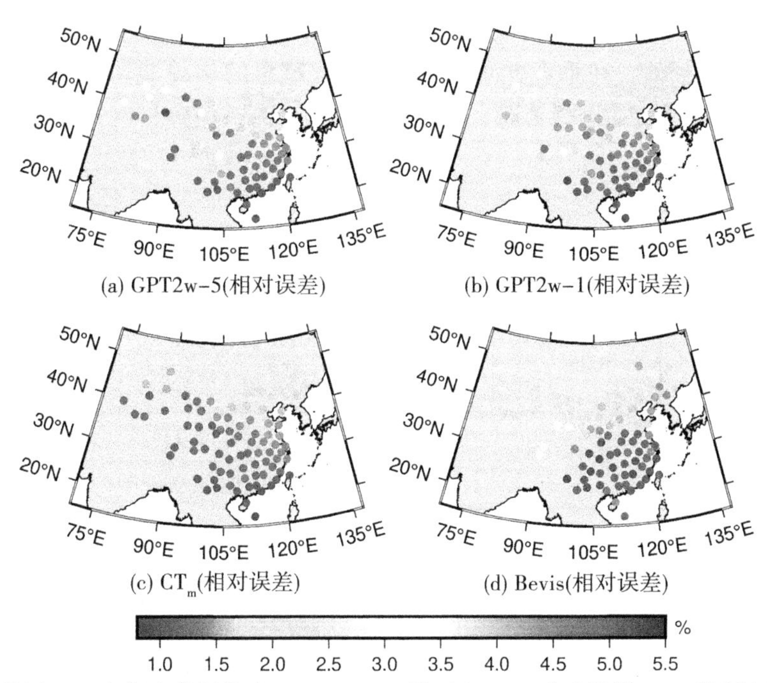

图 6-8　使用 2015 年探空数据检验 CT_m，GPT2w 模型和 Bevis 公式计算 PWV 的理论相对误差

6.3　顾及垂直递减率的中国区域 T_m 格网产品空间插值

GGOS Atmosphere 格网产品是基于 ECMWF 再分析资料计算获得的，其可向用户提供时间分辨率 6h、水平分辨率 2.5°×2°(经度×纬度)的全球 T_m 地表格网产品及相应的大地高。MERRA-2 再分析资料由美国 NASA 提供，其水平分辨率为 0.625°×0.5°(经度×纬度)，在垂直方向上分辨率为 42 层，其中等压层资料和地表资料的时间分辨率分别为 6h 和 1h。利用 2015 年 MERRA-2 资料积分获取覆盖中国区域的 6h 分辨率 0.625°×0.5° T_m 格网产品，同时对 2015 年中国区域 89 个探空站资料进行数值积分计算，获取每个探空站时间分辨率为 12h 的 T_m 信息，积分计算过程详见式(2-48)。

在 6.2 节构建的顾及垂直递减率的高精度中国区域 T_m 模型过程中，考虑到 T_m 与 T_m 垂直递减率存在着明显的年周期和半年周期变化特性，用户可通过空间插值的方法来获取任意位置、任意高程处的高精度 T_m 数据，且构建的中国区域 T_m 模型相对于 GPT2w 模型，精度得到显著提高。因此采用之前所建立的中国区域 T_m 垂直递减率来对格网点 T_m 格网数据进行空间插值。

6.3.1　中国区域 T_m 格网产品空间插值精度分析

在中国区域选取 89 个探空站 2015 年每天 UTC 0 时和 12 时的 T_m 作为参考值，使用反距离加权法与双线性插值法对 GGOS Atmosphere 和 MERRA-2 的 2015 年每天 UTC 0 时和 12 时数据进行水平插值，在垂直方向上考虑高程递减率的年周期和半年周期变化。以探空站的 T_m 数据对格网产品进行检验，对中国区域所有测站两种格网产品的年均精度进行统计，结果见表 6-3。

表 6-3　　**中国区域两种 T_m 格网产品年均检验结果(K)**

是否顾及垂直递减率	精度指标	方法	MERRA-2	GGOS Atmosphere
是	RMS	IDW	1.70(0.79，3.48)	1.94(0.81，3.59)
		BI	1.86(0.81，2.82)	2.06(0.73，3.17)
	偏差	IDW	0.23(−2.17，2.11)	0.72(−2.03，2.61)
		BI	0.36(−1.15，1.95)	0.66(−0.91，2.49)
否	RMS	IDW	1.96(0.70，6.17)	3.12(1.07，11.81)
		BI	2.06(0.72，4.38)	3.86(0.75，12.20)
	偏差	IDW	−0.88(−5.84，1.54)	−2.19(−11.6，1.69)
		BI	−0.82(−3.93，1.51)	−2.91(−12.00，2.03)

注：括号外表示误差平均值，括号内表示误差取值范围。IDW 表示反距离加权法，BI 表示双线性插值法。

从表 6-3 可以看出，就 MERRA-2 格网数据而言，在顾及垂直递减率函数下，使用反距离加权法的年均 RMS 为 1.70K，年均偏差为 0.23K，使用双线性插值法的年均 RMS 为 1.86K，年均偏差为 0.36K。在不顾及垂直递减率函数下，使用反距离加权法和双线性插值法的年均 RMS 误差分别为 1.96K 和 2.06K，年均偏差值分别为−0.88K 和−0.82K。就 GGOS Atmosphere 格网数据而言，在垂直方向上顾及垂直递减率、水平方向上使用反距离加权的插值方法得到的年均 RMS 最小；在垂直方向上顾及垂直递减率、水平方向上使用双线性插值的空间插值方法得到的年均偏差最优。使用上述两种水平插值方法对 MERRA-2 格网产品进行空间插值，无论在垂直方向上是否顾及垂直递减率函数，MERRA-2 的两种精度标准指标均优于 GGOS Atmosphere 格网产品精度，原因可能是 MERRA-2 产品的格网分辨率高于 GGOS Atmosphere 格网分辨率，因此 MERRA-2 插值后的精度更高，且更为稳定。这说明两种格网产品的 T_m 在经过顾及高程递减率插值后，精度得到明显提升，顾及垂直递减率改正后的反距离加权法的空间插值性能优于双线性插值法。通过对两种插值方法的基本原理进行分析可知，反距离加权法是根据格网与测站的直线距离通过确定权重来确定插值结果，双线性插值是将各格网点分别进行 X 方向和 Y 方向的归算后得出测站点的数据，由于 T_m 的精度与纬度的变化密切相关，因此使用反距离加权法对 T_m 格网产品进行插值在理论上优于双线性插值法，与表 6-3 得出的结果相吻合。

为了进一步分析各插值方法的年均偏差和 RMS 误差在中国区域的分布情况，对各探空站的误差结果进行统计，结果如图 6-9、图 6-10 所示。

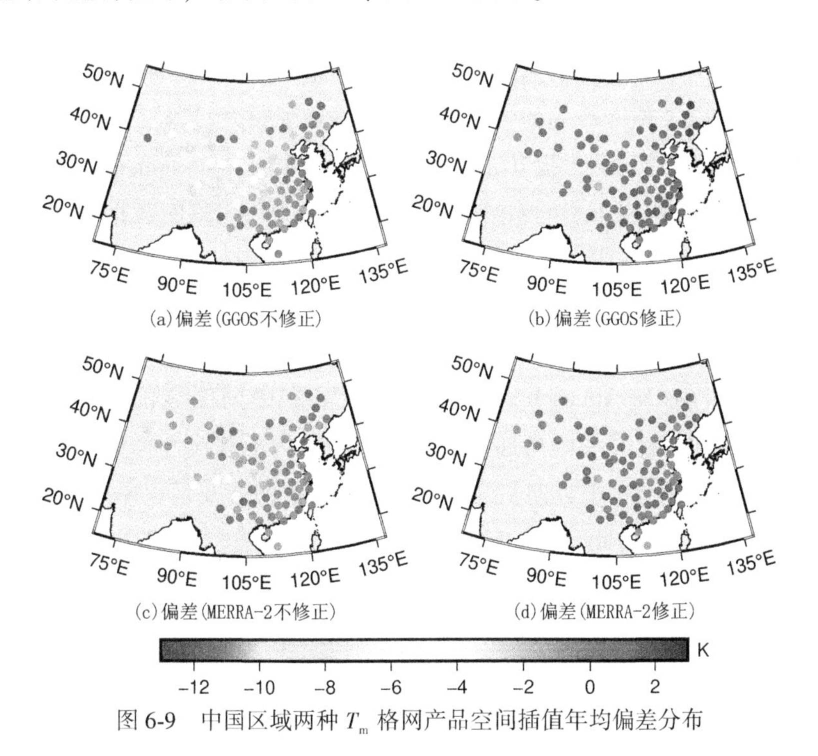

图 6-9　中国区域两种 T_m 格网产品空间插值年均偏差分布

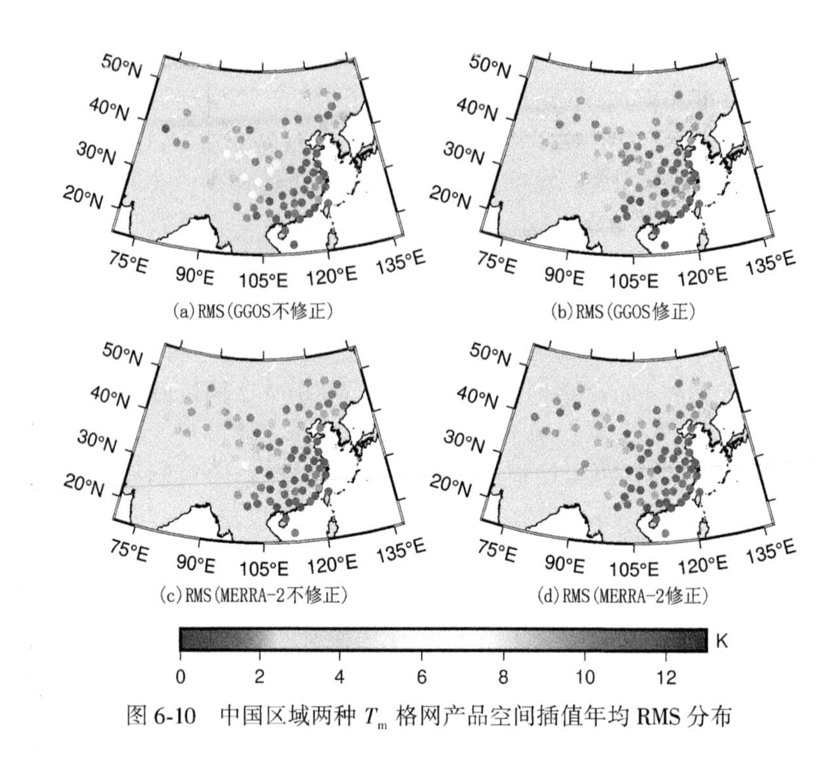

图 6-10　中国区域两种 T_m 格网产品空间插值年均 RMS 分布

从图 6-9 和图 6-10 中可以看出，在空间插值模型顾及垂直递减率后，GGOS Atmosphere 和 MERRA-2 格网产品的整体插值精度得到了较大提高，并且在中国西部地区，尤其是高海拔的青藏高原地区，提升尤为明显，并且 GGOS Atmosphere 在未顾及垂直递减率的空间插值中，整体出现了负的系统偏差。总之，两种 T_m 格网数据在进行顾及高程递减率的空间插值后，可以在中国区域获得稳定和较高的精度。

6.3.2　不同格网分辨率 T_m 产品空间插值精度分析

从 MERRA-2 和 GGOS Atmosphere 两种格网产品在中国区域的年均精度分析可知，MERRA-2 产品精度更高，且反距离加权法的插值效果优于双线性插值。为了进一步探究 T_m 在垂直方向上的变化与水平方向上变化的差别，并证明顾及垂直递减函数在 T_m 空间插值上的可行性与必要性，为此，对 MERRA-2 格网产品数据进行提取，得到了中国区域 1°×1.25°、2°×2.5° 和 4°×5°（纬度×经度）水平分辨率的 T_m 格网数据，与原始的 0.5°×0.625°分辨率构成四种不同分辨率的格网数据，并对不同格网分辨率的空间插值年均精度进行了统计，结果如表 6-4、图 6-11 和图 6-12 所示。其中，图 6-11 和图 6-12 的上半部分 4 幅子图均表示为不顾及垂直递减率的中国区域 T_m 空间插值结果精度分布，下半部分 4 幅子图均表示为顾及垂直递减率的空间插值结果精度分布。

表 6-4　　中国区域不同 **MERRA-2** 格网分辨率空间插值的年均精度统计(**K**)

格网分辨率		1°×1.25°	2°×2.5°	4°×5°
顾及垂直递减率	偏差	0.26(-2.13, 2.08)	0.28(-2.34, 2.26)	0.26(-2.70, 2.26)
	RMS	1.73(0.84, 3.42)	1.86(1.10, 3.51)	2.15(1.30, 4.01)
不顾及垂直递减率	偏差	-1.38(-10.21, 2.52)	-1.46(-8.73, 3.09)	-1.57(-11.44, 2.67)
	RMS	2.53(1.00, 10.46)	2.63(1.00, 9.01)	2.96(1.30, 11.71)

注：括号外表示误差平均值，括号内表示误差取值范围。

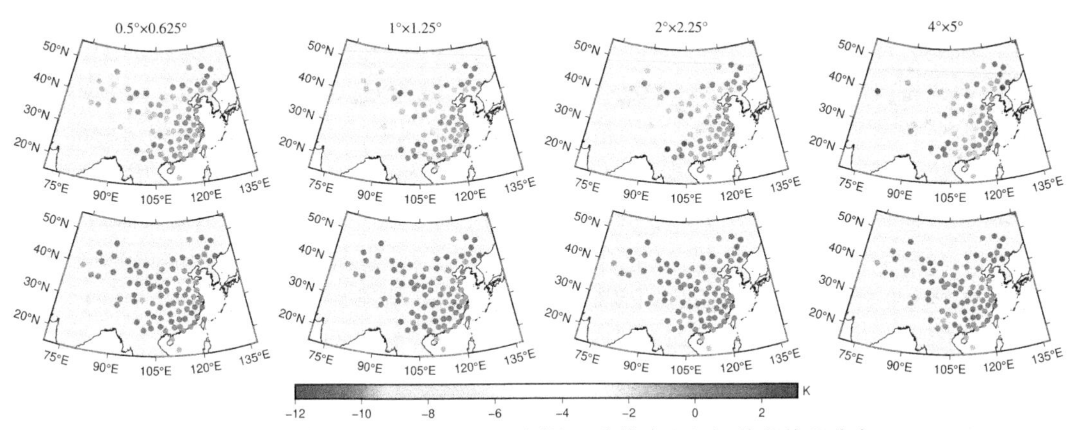

图 6-11　中国区域 MERRA-2 不同格网分辨率空间插值的偏差分布

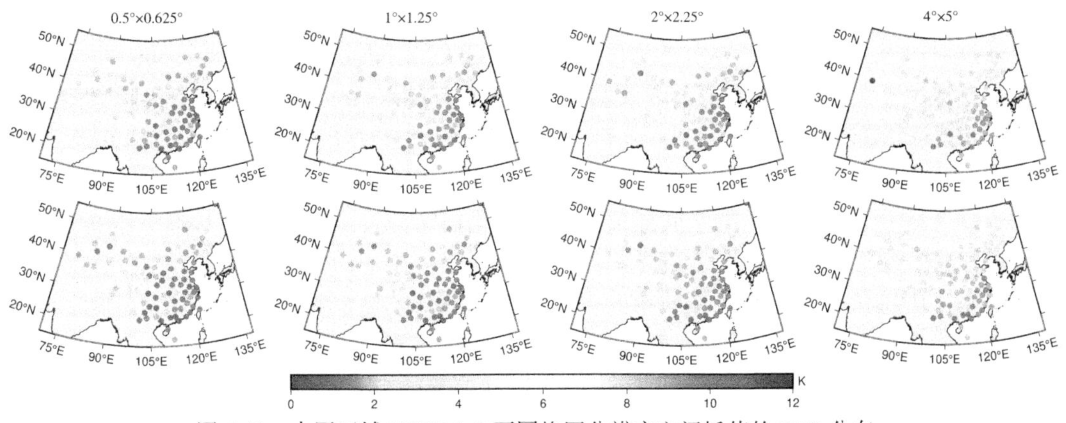

图 6-12　中国区域 MERRA-2 不同格网分辨率空间插值的 RMS 分布

由表 6-4 可知，在不顾及垂直递减率的 T_m 空间插值时，随着格网水平分辨率的降低，精度分布也随之变得分散，且年均偏差绝对值和 RMS 误差值均逐渐增大。当顾及垂直递减率后，随着格网水平分辨率的降低，年均偏差绝对值的变化较小，尽管 RMS 误差值有增大的趋势，但是相对于未顾及垂直递减率的空间插值，其 RMS 误差值增大的速度明显减小。图 6-11 和图 6-12 表明，在不顾及垂直递减率的 T_m 空间插值时，随着格网分辨率降低，在中国西部地区的偏差值和 RMS 误差值均逐渐增大，且出现了显著的偏差值和

RMS 误差值，而其他地区的偏差值和 RMS 误差值变化相对较小，主要原因是中国西部地区的地形起伏较大。当在 T_m 空间插值中顾及垂直递减率后，在整个中国区域均获得了稳定和较小的偏差值和 RMS 误差值。由此说明 T_m 在高程上的变化比其在水平方向上的变化更显著。因此，在中国区域顾及垂直递减率的 T_m 空间插值可显著提升中国西部等高海拔地区的空间插值精度。

6.4　本章小结

本章针对中国地形起伏大和高精度实时 T_m 模型缺乏等情况，构建了顾及精细季节变化的中国区域 T_m 垂直递减率函数模型，进而建立了顾及 T_m 垂直递减率函数的中国区域 T_m 格网新模型(CT_m 模型)。利用 2015 年覆盖中国区域的 GGOS 大气格网 T_m 数据和 2015 年 89 个探空站数据对 CT_m 模型进行了精度验证。结果表明：在中国西部和北部的部分地区，GPT2w 模型和 Bevis 公式出现了明显的系统偏差和较大的 RMS 误差，主要原因是 GPT2w 模型未考虑 T_m 在高程上的改正，而 CT_m 模型考虑了 T_m 的精细垂直递减率变化，其在该地区表现出了显著的优势(尤其在青藏高原地区)。此外，利用中国区域 89 个探空站数据从理论上分析了 T_m 对 GNSS PWV 估计的影响，结果表明 CT_m 模型在中国区域的 RMS_{pwv} 和 RMS_{pwv}/PWV 值均较小且比较稳定。CT_m 模型是一个经验格网模型，其在计算 T_m 时只需输入时间和测站位置信息，并且能提供稳定、高精度、实时的 T_m 信息。

此外，本章还对 GGOS Atmosphere T_m 格网产品和 MERRA-2 T_m 格网数据在中国区域的空间插值精度进行了分析。结果表明高程是影响 T_m 空间插值精度的重要因素。在顾及垂直递减率的 T_m 垂直改正后，在水平方向上使用反距离加权法的插值效果优于双线性插值。通过对顾及垂直递减率与未顾及垂直递减率的 T_m 空间插值结果分析可知：相对于未顾及垂直递减率的 T_m 空间插值，顾及垂直递减率的 GGOS Atmosphere T_m 空间插值偏差和 RMS 误差分别减少了 67%和 38%，而 MERRA-2 格网 T_m 数据的空间插值偏差和 RMS 误差分别减少了 74%和 13%。此外，分析了不同格网水平分辨率对 T_m 空间插值的影响，结果表明未顾及垂直递减率函数的空间插值精度会随着格网分辨率的降低而下降，其精度下降的速度显著大于顾及垂直递减率的 T_m 空间插值结果，在不同的格网分辨率 T_m 空间插值中，在整个中国区域顾及垂直递减率的空间插值均保持了稳定和较高的精度。由此说明在进行 T_m 格网产品的空间插值时，顾及垂直递减率可显著减小 T_m 在高程上引起的插值误差。因此，CT_m 模型和顾及垂直递减率的 T_m 格网产品空间插值在中国区域的高精度、实时 GNSS 水汽探测中具有重要的应用，尤其在中国西部等高海拔地区。

第 7 章　高精度全球对流层垂直剖面模型构建

7.1 引　　言

对流层延迟是 GNSS 导航定位的主要误差源之一。由于大气再分析资料的格网点高度与 GNSS 用户高度不一致，这种高程差异在地形起伏较大区域更为显著。为此，需依赖高精度的对流层垂直剖面模型来进行对流层延迟的高程归算(垂直改正)，以插值获取 GNSS 用户处的高精度对流层延迟信息。

诸多学者建立了不依赖于实测气象参数的对流层垂直剖面模型。Schüler(2014)对 TropGrid 模型进行改进，发展了 TropGrid2 格网模型，该模型采用负指数函数对 ZWD 进行高程改正，但是 ZWD 的高程缩放因子在全球仅采用了一个常数。赵静旸等(2014)提出了利用分段函数来表达 ZTD 的垂直剖面，在 17km 以下利用多项式来描述 ZTD 的垂直剖面格网模型，在 17km 以上采用负指数函数来进行表达，该格网模型获得了优异的 ZTD 高程归算效果。此外，Li 等(2018)提出了利用二次多项式和负指数函数进行 ZTD 垂直剖面的分段表达，并顾及了 ZTD 垂直剖面的季节变化，最终建立了 IGGtrop_SH 和 IGGtrop_rH 模型，两个模型均获得了较好的 ZTD 改正精度。尽管上述已构建的全球对流层垂直剖面模型均表现出各自的优越性，但仍存在模型构建仅使用单一格网点数据、建模数据使用月均剖面资料等不足。因此，急需开展实时高精度全球对流层垂直剖面格网模型的构建研究。

本章将引入滑动窗口算法，将全球剖分为大小一致的规则窗口，结合多年全球 MERRA-2 大气再分析资料积分计算的 ZWD/ZTD 分层剖面信息，利用全球每个窗口内所有 MERRA-2 格网点 ZWD/ZTD 分层剖面信息，构建全球每个窗口内顾及 ZWD/ZTD 高程缩放因子精细季节变化的 ZWD/ZTD 垂直剖面模型，最终建立顾及时空因素的高精度全球 ZWD/ZTD 垂直剖面格网模型(分别简称为 GZWD-H 模型和 GZTD-H 模型)。最后，联合 2017 年全球 321 个探空站资料和 2017 年全球 305 个 IGS 站 ZTD 产品，对 GZWD-H 模型和 GZTD-H 模型的分层垂直插值及其在 GGOS 大气格网 ZWD/ZTD 空间插值中的应用进行了精度检验，并与全球性能优异的 GPT2w 模型进行对比。

7.2 顾及时空因素的 ZWD/ZTD 垂直剖面格网模型构建

7.2.1 ZWD/ZTD 高程缩放因子时空特性分析

在 ZWD/ZTD 的垂直剖面表达方面，常用的 ZTD 垂直剖面函数主要有二次多项式(宋淑丽等，2010）和负指数函数（黄良珂等，2012；姚宜斌等，2013，2016）。与此同时，诸多学者也采用了负指数函数来表达 ZWD 在高程方向上的变化（Schüler，2014；Yao et al.，2015b，2018）。此外，Sun et al.（2019a，2019b）对 ZHD 和 ZWD 的垂直改正均采用了负指数函数，并获得了较好的 ZHD/ZWD 垂直改正效果。因此，本章也采用负指数函数来表示 ZWD/ZTD 的垂直剖面，其表达式分别为：

$$ZWD_t = ZWD_r \cdot \exp\left(-\frac{H_t - H_r}{H_w}\right) \tag{7-1}$$

$$ZTD_t = ZTD_r \cdot \exp\left(-\frac{H_t - H_r}{H_s}\right) \tag{7-2}$$

式中，ZWD_r 和 ZTD_r 分别表示其在参考高程 H_r 处的 ZWD 和 ZTD 值；ZWD_t 和 ZTD_t 分别表示其在目标高程 H_t 处的 ZWD 和 ZTD 值；H_w 和 H_s 分别表示 ZWD 和 ZTD 的高程缩放因子，单位均为 km。为了构建更为精细的全球 ZWD/ZTD 垂直剖面模型，那么 ZWD/ZTD 高程缩放因子的全球时空特性分析尤为关键。首先，选取全球具有代表性的 6 个 MERRA-2 格网点资料，计算其 2012—2017 年的日均 ZWD/ZTD 高程缩放因子时间序列，针对 H_w 和 H_s 的时间序列均采用年周期和半年周期的余弦函数进行拟合，结果如图 7-1 和图 7-2 所示。

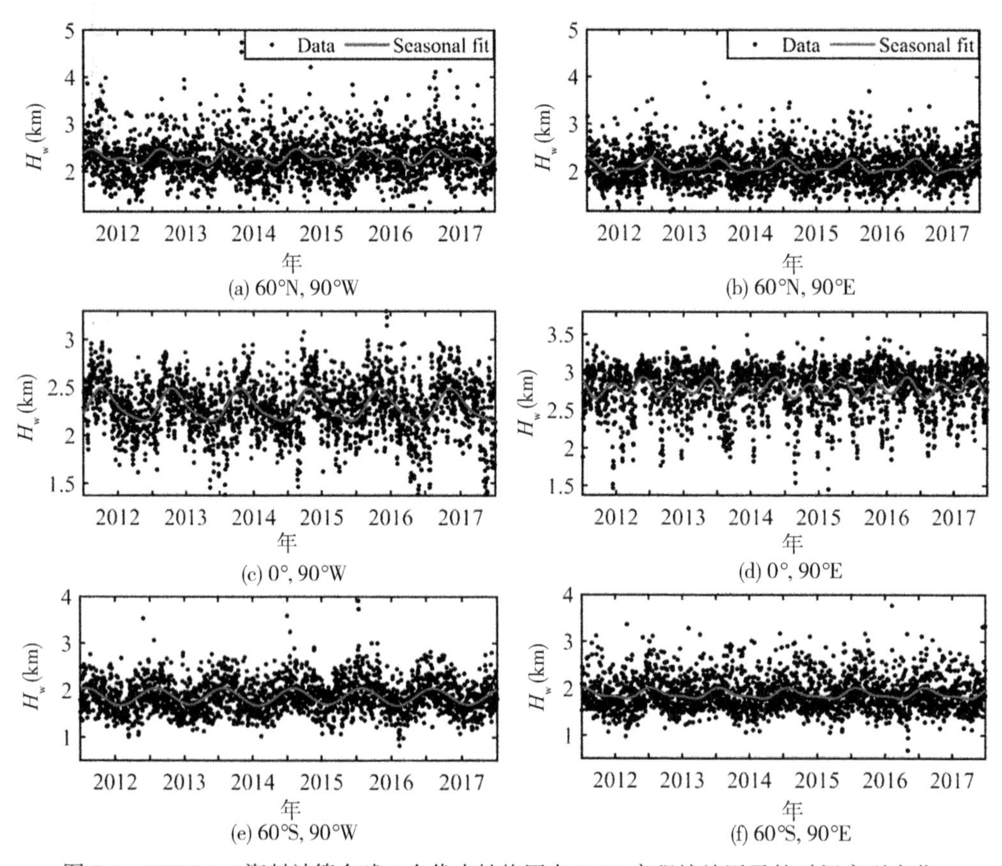

图 7-1　MERRA-2 资料计算全球 6 个代表性格网点 ZWD 高程缩放因子的时间序列变化

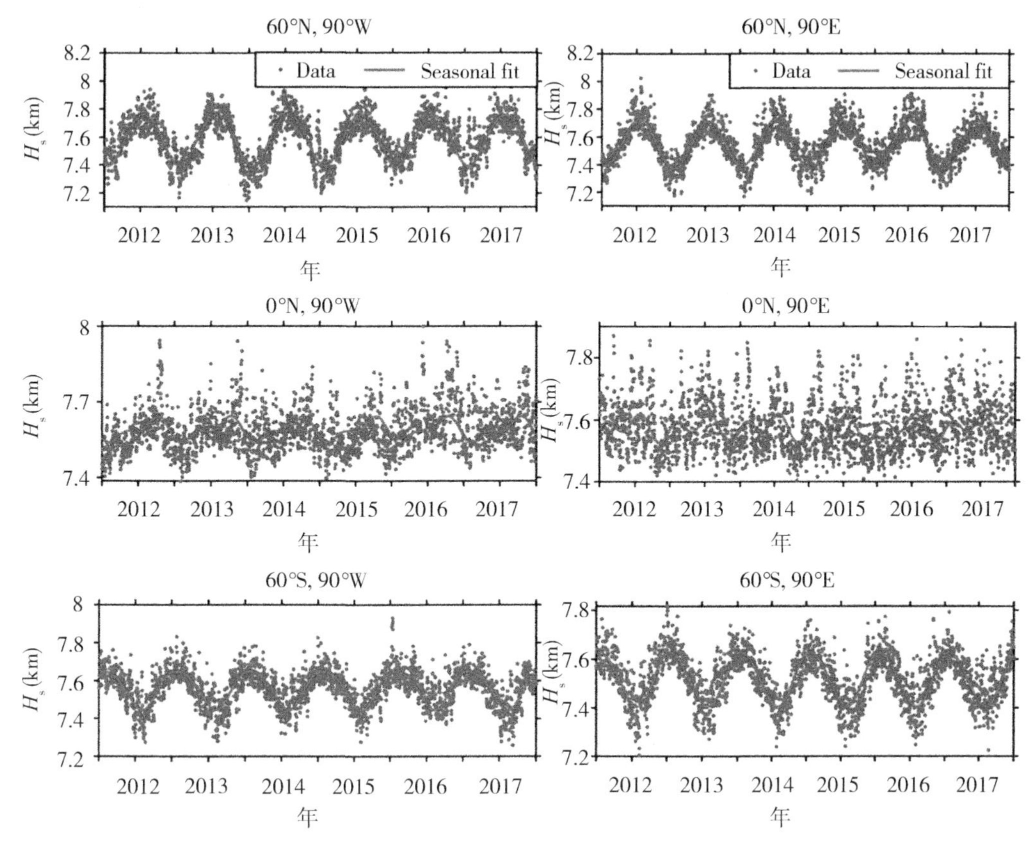

图 7-2　MERRA-2 资料计算全球 6 个代表性格网点 ZTD 高程缩放因子的时间序列变化

由图 7-1 可知，H_w 在全球表现出显著的年周期和半年周期变化，但是其在北半球高纬度格网点的波动范围较大为 1～4km，其在南半球的变化范围相对较小为 1～3km，在赤道上的变化范围最小。然而，在西半球赤道上格网点的值比其在东半球稳定，可能是受东半球赤道上热带雨林气候和热带季风气候等复杂气候的综合影响，导致东半球赤道上格网点的 H_w 的季节变化规律没有其他地区明显。图 7-2 表明，H_s 在全球的变化范围相对较小为 7.2～8km，其在南北半球的高纬度格网点存在明显的年周期和相对较小的半年周期变化，而在赤道上格网点的半年周期变化比其他地方较为显著，其在东半球赤道上的季节特性与 H_w 相似，也出现了相对较小的季节变化规律，原因如上所述。

为了进一步分析 H_w 和 H_s 的年均值、年周期和半年周期振幅的全球分布特性，计算了 2012—2017 年全球 MERRA-2 资料每个格网点 H_w 和 H_s 的年均值、年周期振幅和半年周期振幅，结果如图 7-3 和图 7-4 所示。

由图 7-3 可知，H_w 在低纬度地区的赤道两端，如南亚、非洲北部、南美洲北部、太平洋南部和印度洋东北部，出现了相对较大的年均值，其在低纬度的太平洋西部、南亚、印度洋北部和非洲南部等地区存在较大的年周期振幅，在低纬度的太平洋中部、非洲北部和西南部、大西洋东部等地区出现了较为显著的半年周期振幅，其原因可能是低纬度的这些区域的水汽变化较其他区域大。图 7-4 表明，H_s 除了在南极地区存在相对较小的年均值外，其年均值在全球的其他地区较为稳定。此外，H_s 在南极、北极、南亚和非洲的部分地区存在相对较大的年周期振幅，其在南极、非洲西南部和太平洋的部分区域存在较为显著的半年周期变化。因此，为了保证 ZWD/ZTD 垂直剖面模型的精度，在模型构建时需同时顾及 H_w 和 H_s 的年周期和半年周期变化。此外，由于 H_w 和 H_s 在全球范围内的变化相对较平缓，为了减少模型参数，提高模型的实用性，在保证 ZWD/ZTD 垂直剖面模型的精度不损失的情况下，在建立全球 ZWD/ZTD 垂直剖面格网模型时可适当降低模型格网的水平分辨率。

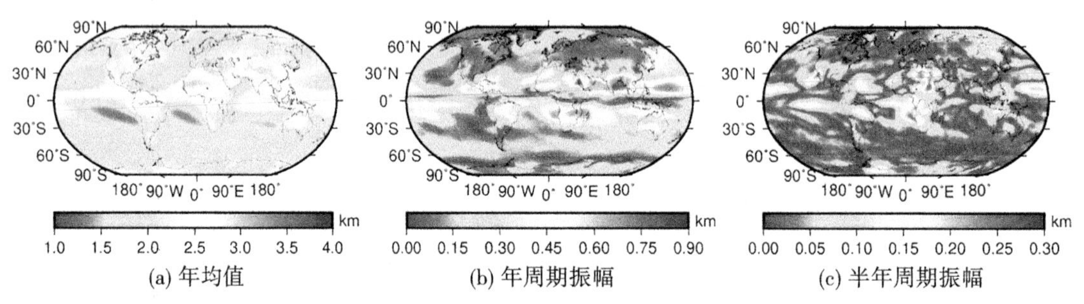

图 7-3　全球 MERRA-2 资料计算 ZWD 高程缩放因子的年均值、年周期振幅和半年周期振幅分布

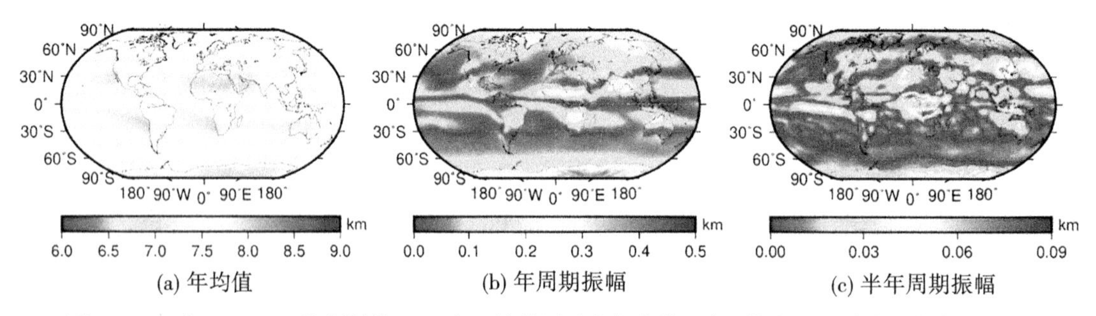

图 7-4　全球 MERRA-2 资料计算 ZTD 高程缩放因子的年均值、年周期振幅和半年周期振幅分布

7.2.2　GZWD-H 模型和 GZTD-H 模型构建

针对已有 ZWD/ZTD 垂直剖面模型建模时仅采用单一格网点数据等问题，本章提出引入滑动窗口算法将全球剖分为大小一致的规则窗口，以解决建模仅采用单一格网点数据的不足。在此，先对滑动窗口的算法做如下简述。

首先以平面分辨率为 0.625°×0.5°(经度×纬度)进行全球格网剖分，得到与 MERRA-2 格网资料相同大小水平分辨率的格网。滑动窗口算法的关键是需要确定其窗口的大小及其滑动步长，滑动窗口大小的确定需顾及全球窗口剖分个数的整数性、窗口的连续性及窗口内模型参数的可求解性等原则。根据以上原则，本章以 3 行 3 列(1.25°×1°的区域范围)为一个滑动窗口大小来举例说明滑动窗口算法，其流程如图 7-5 所示。具体过程为：首先利用格网左上角第一个窗口 N_1 内(每个红色框表示一个滑动窗口大小)的数据求出其窗口内的相关模型参数，并将其作为窗口 N_1 中心格网点(框内圆点)的结果；然后将窗口向纬度东向移动2个格网点，求解新窗口 N_2 内的相关模型参数，将其作为窗口 N_2 中心格网点的结果，依次类推求出这一纬度上所有窗口内的相关模型参数；然后窗口移动到下一纬度(向下移动两个格网点)，以同样的方法求出该纬度所有窗口内的相关模型参数，依次类推直到求出全球所有窗口内的相关模型参数。最终获得全球所有窗口内的相关模型参数，并将其作为各自窗口中心格网点的结果，最后将全球所有窗口中心格网点组建成新的全球格网，如图7-5中的点和虚线所示。

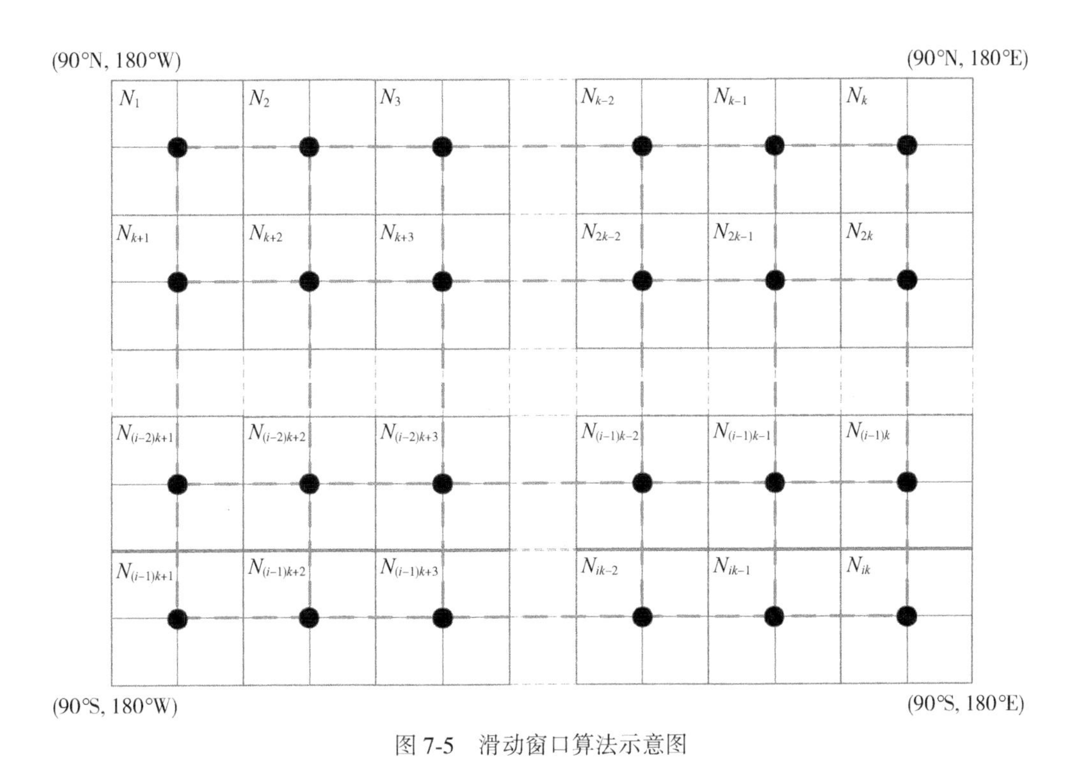

图7-5 滑动窗口算法示意图

如前所述，ZWD/ZTD高程缩放因子在全球表现出了显著的时空特性，因此在构建ZWD/ZTD的全球垂直剖面模型时需顾及其高程缩放因子的精细季节变化。为了进一步优化ZWD/ZTD垂直剖面模型参数及提高建模数据的利用率，结合上述滑动窗口算法，拟确定窗口大小为1.25°×1°(经度×纬度)，本章将利用全球每个窗口内所有格网点数据来建立对应窗口的顾及ZWD/ZTD高程缩放因子精细季节变化的ZWD/ZTD垂直剖面模型，每个窗口ZWD/ZTD垂直剖面模型的表达式如下：

$$\mathrm{ZWD_t} = \mathrm{ZWD_r} \cdot \exp\left(-\frac{H_t - H_r}{H_w^i}\right) \tag{7-3}$$

$$\mathrm{ZTD_t} = \mathrm{ZTD_r} \cdot \exp\left(-\frac{H_t - H_r}{H_s^i}\right) \tag{7-4}$$

式中，i 表示窗口的编号。由于 H_w 和 H_s 在全球表现出明显的年周期和半年周期，因此，对于全球每个窗口，H_w 和 H_s 可表示为：

$$
\begin{aligned}
F^i = & a_0^i + a_1^i\cos\left(2\pi\frac{\mathrm{doy}}{365.25}\right) + a_2^i\sin\left(2\pi\frac{\mathrm{doy}}{365.25}\right) \\
& + a_3^i\cos\left(4\pi\frac{\mathrm{doy}}{365.25}\right) + a_4^i\sin\left(4\pi\frac{\mathrm{doy}}{365.25}\right)
\end{aligned}
\tag{7-5}
$$

式中，F^i 表示第 i 个窗口的 ZWD/ZTD 高程缩放因子；a_0^i 表示第 i 个窗口的 ZWD/ZTD 高程缩放因子年均值；(a_1^i，a_2^i)表示 ZWD/ZTD 高程缩放因子年周期振幅系数；(a_3^i，a_4^i)表示 ZWD/ZTD 高程缩放因子半年周期振幅系数；doy 表示年积日。针对全球每个窗口，利用窗口内 9 个 MERRA-2 格网点 2012—2016 年 6 小时分辨率的 ZWD/ZTD 分层剖面信息，通过最小二乘法则能估计出全球每个窗口 ZWD/ZTD 垂直剖面模型的系数。全球每个窗口 F 因子的 5 个系数以平面分辨率为 1.25°×1°(经度×纬度)的格网形式存储，最终分别构建了顾及时空因素的高精度 GZWD-H 模型和 GZTD-H 模型。

GZWD-H 模型和 GZTD-H 模型的使用非常便捷，其使用过程如下：①用户仅需提供 doy 和目标点位置信息，根据目标点位置信息查找与目标点最近的模型参数格网点；②根据查询获得的最近的模型参数格网点的模型参数，并分别利用式(7-3)、式(7-4)和式(7-5)即可将目标点在参考高程处的 ZWD/ZTD 值垂直改正到目标高程处。

7.3　GZWD-H 模型和 GZTD-H 模型精度验证

为了验证 GZWD-H 模型和 GZTD-H 模型在全球的垂直插值精度和适用性，以 2017 年全球 321 个探空站数据积分计算的 0 和 12 时刻(UTC)的 ZWD/ZTD 分层剖面信息为参考值来验证 GZWD-H 模型和 GZTD-H 模型的分层垂直插值精度，并与目前性能优异的 GPT2w 模型进行精度对比，以 bias 和 RMS 误差作为精度指标来评判模型的精度。

在本次的模型分层垂直插值检验中，将从探空剖面的地表层开始，依次对探空剖面的相邻两层 ZWD/ZTD 信息进行垂直插值(即以其中一层为参考层，则另一层为目标层)，直至插值到探空剖面的顶层。最后对全球每个探空站 ZWD/ZTD 的分层垂直插值的 bias 值和 RMS 误差进行统计，结果如表 7-1、表 7-2、图 7-6 和图 7-7 所示。

表 7-1　不同模型对全球 2017 年各探空站相邻两层的 ZWD 垂直插值精度统计(单位：mm)

模型	GZWD-H		GPT2w-1		GPT2w-5	
	bias	RMS	bias	RMS	bias	RMS
最大值	0.7	12.4	2.1	12.2	2.0	16.2
最小值	-3.1	0.3	-3.6	0.3	-10.7	0.3
平均值	-0.2	2.5	-0.2	2.6	-0.3	2.7

表 7-2　**不同模型对全球 2017 年各探空站剖面相邻两层的 ZTD 垂直插值精度统计(单位：cm)**

模型	GZTD-H		GPT2w-1		GPT2w-5	
	bias	RMS	bias	RMS	bias	RMS
最大值	0.05	9.26	0.07	9.64	0.09	10.75
最小值	-5.84	1.17	-6.87	1.20	-7.05	1.19
平均值	-0.81	2.74	-1.21	3.03	-1.22	3.05

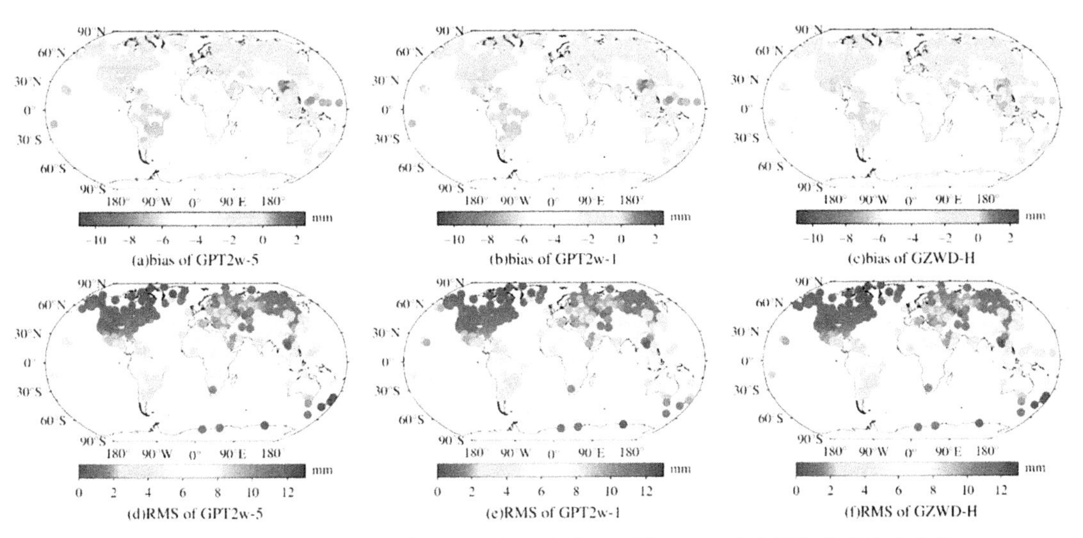

图 7-6　不同模型对 2017 年各探空站剖面相邻两层的 ZWD 垂直插值全球精度分布

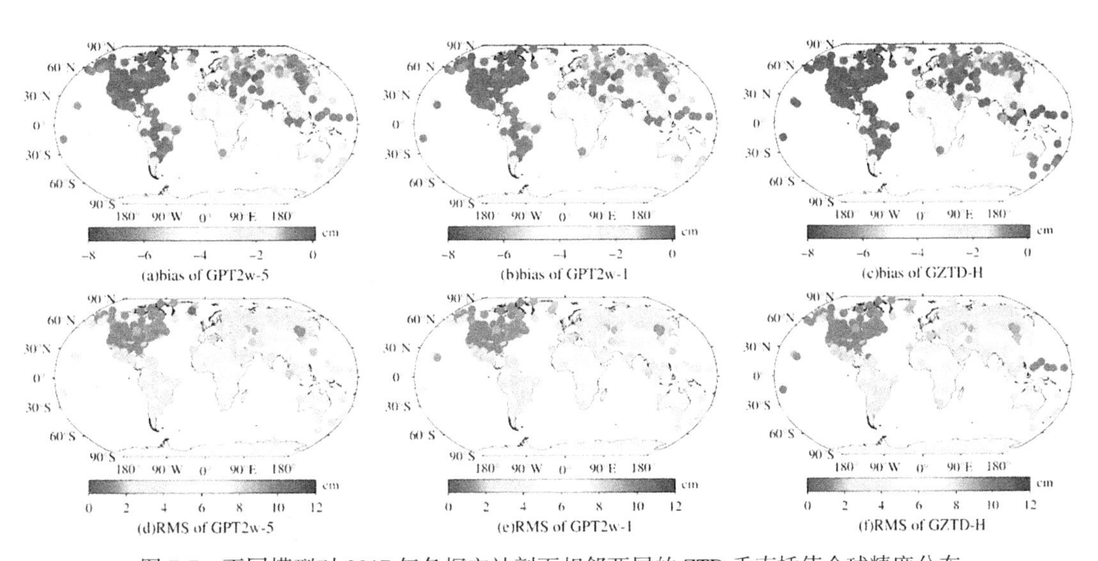

图 7-7　不同模型对 2017 年各探空站剖面相邻两层的 ZTD 垂直插值全球精度分布

由表 7-1 可以看出，所有模型进行全球 ZWD 垂直插值时均表现为负 bias 值，GPT2w-

5 表现出最大的绝对 bias 值，说明所有模型计算的 ZWD 值相对于探空站 ZWD 剖面是偏小的；在 RMS 误差方面，GZWD-H 模型在全球的 ZWD 垂直插值中表现为最小值，相对于 GPT2w-1 和 GPT2w-5，其 RMS 误差值分别减少了 0. 1mm(4%)和 0. 2mm(7%)。由表 7-2 可知，所有模型在进行全球 ZTD 垂直插值时仍表现为负 bias 值，说明所有模型计算 ZTD 值相对于探空站 ZTD 剖面仍偏小，GZTD-H 模型体现为最小的绝对 bias 值，而 GPT2w-5 仍表现出最大的绝对 bias 值，相对于 GPT2w-1 和 GPT2w-5，GZTD-H 模型的绝对 bias 值分别减少了 4mm(33%)和 4. 1mm(34%)；此外，GZTD-H 模型在全球 ZTD 垂直插值中具有最小的 RMS 误差值，其相对于 GPT2w-1 和 GPT2w-5 分别减少了 2. 9mm(10%)和 3. 1mm(10%)。由此表明，GZWD-H 模型和 GZTD-H 模型在全球探空站的 ZWD/ZTD 分层插值中均表现出了最优的精度和稳定性，尤其是 GZTD-H 模型。

由图 7-6 可知，所有模型在全球进行 ZWD 分层垂直插值时均表现出相对较小的 bias 值，且在全球大部分区域体现为负 bias 值，而 GPT2w-1 和 GPT2w-5 在中国东南部和太平洋西部的部分探空站表现为正 bias 值。相对于 GPT2w 模型，GZWD-H 模型在全球均表现更为稳定，其在南亚和太平洋西部的部分探空站仍具有一定的精度改善。在 RMS 误差方面，所有模型在全球中、高纬度地区表现为相对较小的值，而在低纬度地区表现为相对较大的值，尤其在南亚地区，主要原因是在中、高纬度地区的 ZWD 值远小于低纬度地区，且其变化比低纬度地区更为稳定，在低纬度地区(尤其在南亚)的水汽含量大且变化较为剧烈，因此所有模型在低纬度地区的 ZWD 垂直插值效果不如其在中、高纬度地区。然而，GZWD-H 模型顾及了 ZWD 高程缩放因子的精细季节变化，其相对于 GPT2w 模型在南亚和太平洋地区具有一定的精度改善。

图 7-7 表明，所有模型在北美洲、南美洲、欧洲和亚洲北部地区进行 ZTD 分层垂直插值时均出现了相对较小的 bias 值，而在南亚、中国东北部、太平洋西北部、格陵兰岛和南极地区呈现出较大的绝对 bias 值，且容易发现多数 bias 值较大的探空站位于海陆交界处，主要原因是这些区域的水汽含量较为丰富，且极易受到该地区复杂气候的影响，从而导致了 ZTD 的变化较为剧烈。尽管如此，相对于 GPT2w 模型，GZTD-H 模型在南亚、中国东北部、太平洋西北部、太平洋西南部和澳大利亚对 bias 值的减少较为显著，此外，其在欧洲北部也具有一定的 bias 值减少。与此同时，所有模型在北美洲地区仍表现出相对较小的 RMS 误差，在南亚、中国东北部、太平洋西北部、格陵兰岛和南极地区仍存在较大的 RMS 值，其原因如前所述。总之，相对于 GPT2w 模型，从 bias 值和 RMS 误差来说 GZTD-H 模型在太平洋、南亚和中国东北部地区均表现出显著的精度改善。

为了分析 ZWD/ZTD 分层插值 bias 值和 RMS 误差的季节变化情况，选取了全球具有代表性的 3 个探空站，统计了其 2017 年日均 bias 值和 RMS 误差的时间序列，结果如图 7-8和图 7-9 所示。

由图 7-8 可知，针对北半球高纬度地区的 22113 探空站，所有模型在夏季存在相对较显著的负 bias 值和 RMS 误差；对于南半球高纬度地区的 89611 探空站，所有模型在全年的 bias 值和 RMS 误差均较小，其 bias 值的变化在夏季相对较大，而 RMS 误差无明显季节变化；针对位于低纬度地区的 91413 探空站，GPT2w-1 和 GPT2w-5 模型在全年的大部分

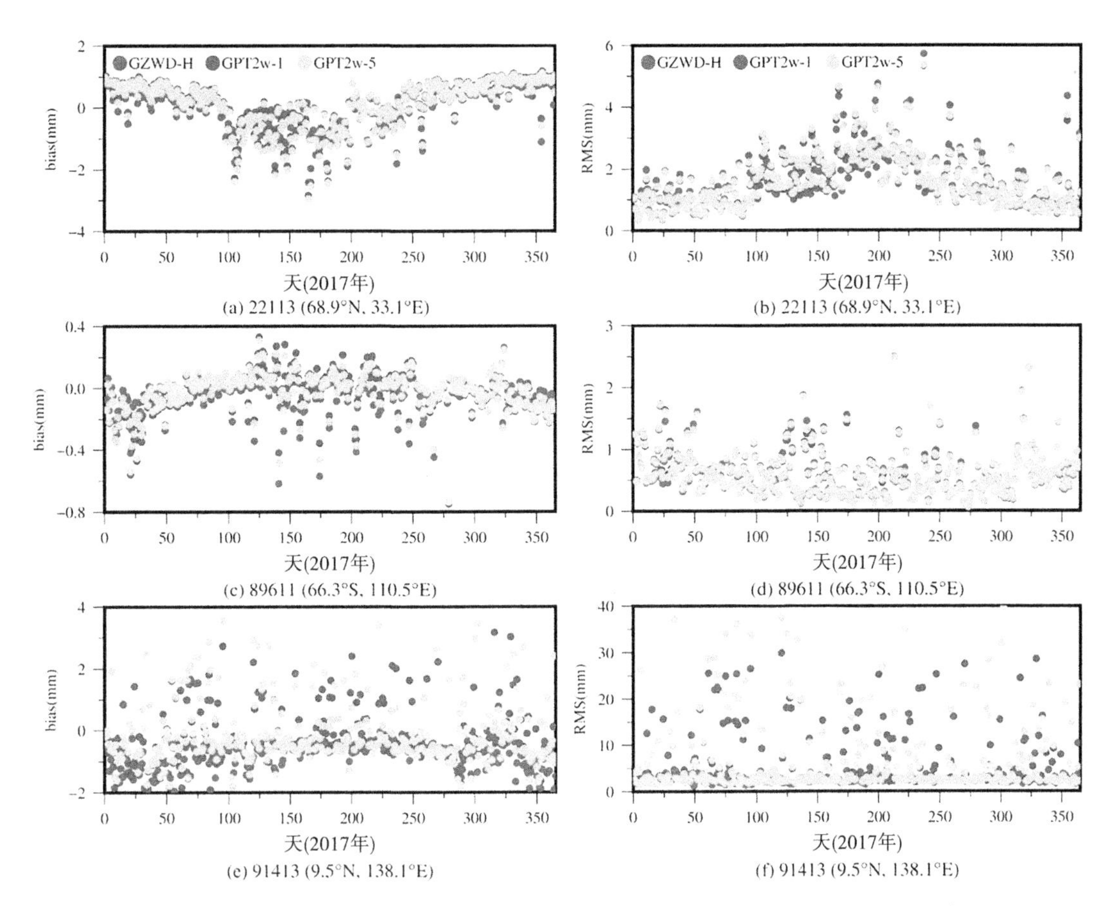

图 7-8 不同模型在 3 个探空站 ZWD 剖面分层插值中的日均 bias 值和 RMS 误差时序变化

时间均表现出相对较大且较为剧烈的日均 bias 值和 RMS 误差，并未发现其明显的季节特性，而 GZWD-H 模型在全年均具有较小和稳定的日均 bias 值和 RMS 误差。由图 7-9 可知，在 ZTD 的分层插值中，所有模型在高纬度地区的 22113 和 89611 探空站中的全年大部分时间均体现出显著的负 bias 值，尤其在 89611 站的夏季和秋季，说明在高纬度地区所有模型插值计算的 ZTD 剖面信息相对于探空站剖面偏低，此外，所有模型的 RMS 误差表现出与其 bias 值相同的季节特性，尽管如此，GZTD-H 模型全年的日均绝对 bias 值和 RMS 误差仍小于 GPT2w 模型；对于低纬度地区的 91413 探空站，GPT2w-1 和 GPT2w-5 模型在全年的大部分时间仍表现出显著的负 bias 值和较大的 RMS 误差，且无明显的季节变化，而 GZTD-H 模型则体现出较小和稳定的 bias 值和 RMS 误差。由此说明在 ZWD/ZTD 分层插值的 bias 值和 RMS 误差季节变化方面，相对于 GPT2w 模型，GZWD-H 模型和 GZTD-H 模型在低纬度地区均表现出了良好的季节性能。

为了分析 ZWD/ZTD 分层插值的 bias 值和 RMS 误差在垂直方向上的分布情况，在全球选取了具有代表性的 4 个探空站，计算了其在 2017 年 1 月 1 日 0 时刻(UTC)的 ZWD/ZTD 的误差剖面，结果如图 7-10 和图 7-11 所示。

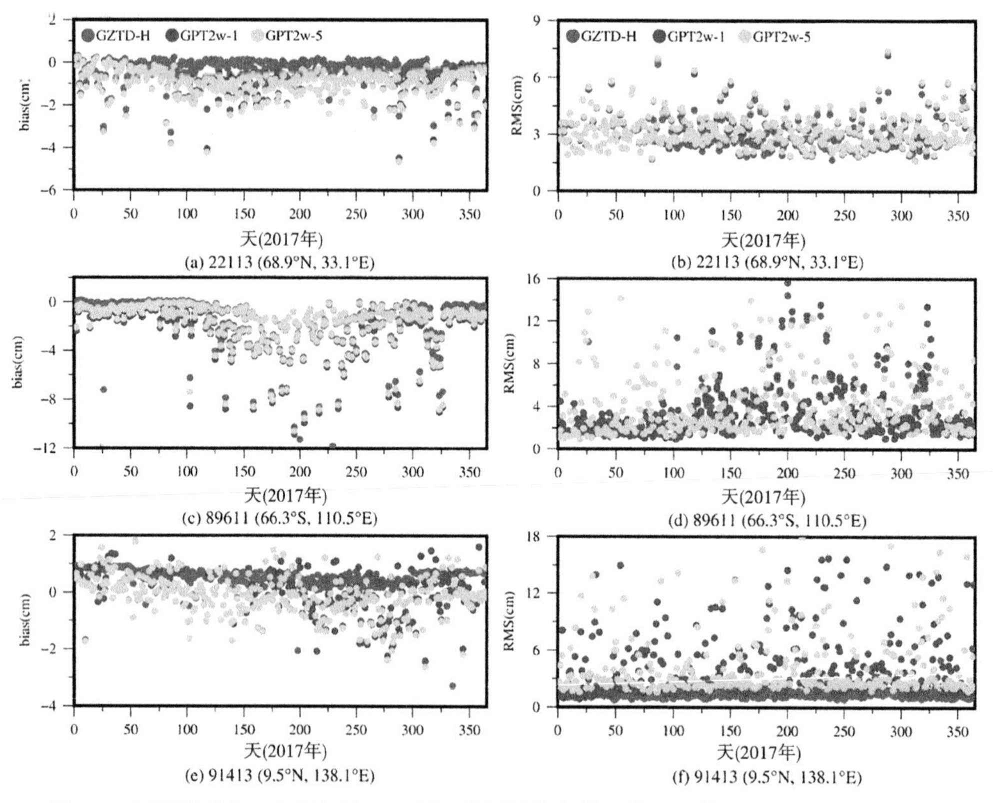

图7-9　不同模型在3个探空站ZTD剖面分层插值中的日均bias值和RMS误差时序变化

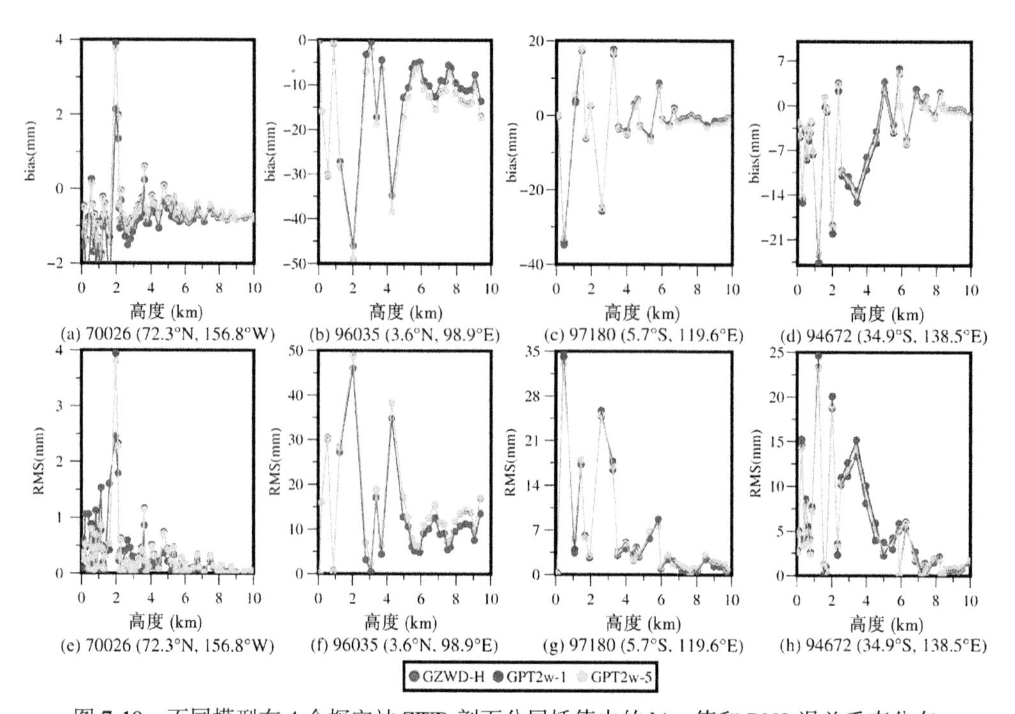

图7-10　不同模型在4个探空站ZWD剖面分层插值中的bias值和RMS误差垂直分布

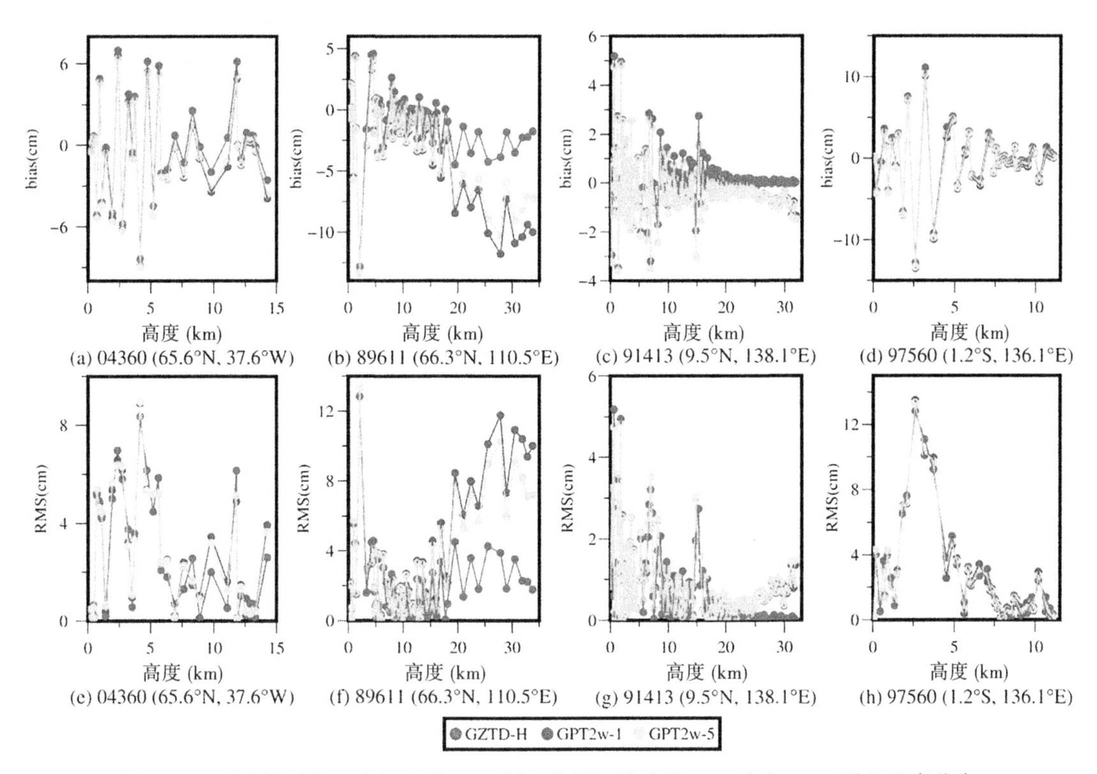

图 7-11　不同模型在 4 个探空站 ZTD 剖面分层插值中的 bias 值和 RMS 误差垂直分布

由图 7-10 可知，在中、低纬度地区的探空站中，所有模型在 5km 以下进行 ZWD 分层垂直插值均出现相对较大的 bias 值和 RMS 误差，在 5~10km 范围内其 bias 值和 RMS 误差相对较小和稳定；而所有模型在位于高纬度地区的 70026 探空站中，其在 10km 以下均具有相对较小的 bias 值和 RMS 误差，主要原因是在 5km 以下，中、低纬度地区的 ZWD 值相对较大且较为活跃，因此会造成相对较大的 ZWD 垂直插值误差，而在中低纬度地区的 5~10km 范围内和高纬度地区的 10km 以下 ZWD 值相对较小且变化较为稳定，从而所有模型能获得较好的 ZWD 垂直插值效果。图 7-11 表明，在选的 4 个探空站中，所有模型在 5km 以下均存在较大的 bias 值和 RMS 误差，其原因与上述 ZWD 的分析相同；而在位于南半球高纬度地区的 89611 探空站中，GPT2w-1 和 GPT2w-5 模型在 20km 以上范围却出现了显著的负 bias 值和较大的 RMS 误差，而 GZTD-H 模型在大于 5km 以上范围的 bias 值和 RMS 误差则相对较小且较为稳定。总之，GZWD-H 模型和 GZTD 模型的 bias 值和 RMS 误差在垂直分布上比 GPT2w 模型更稳定。

由于 ZWD/ZTD 的垂直分布与纬度密切相关，为了进一步分析 ZWD/ZTD 分层插值的 bias 值和 RMS 误差在纬度上的分布情况，对全球所有探空站按照 15 度纬度间隔对 bias 值和 RMS 误差进行分类统计，由于南半球纬度大于 60 度以上探空站数量较少，为此将该范围的探空站化为一个纬度区间，统计结果如图 7-12 和图 7-13 所示。

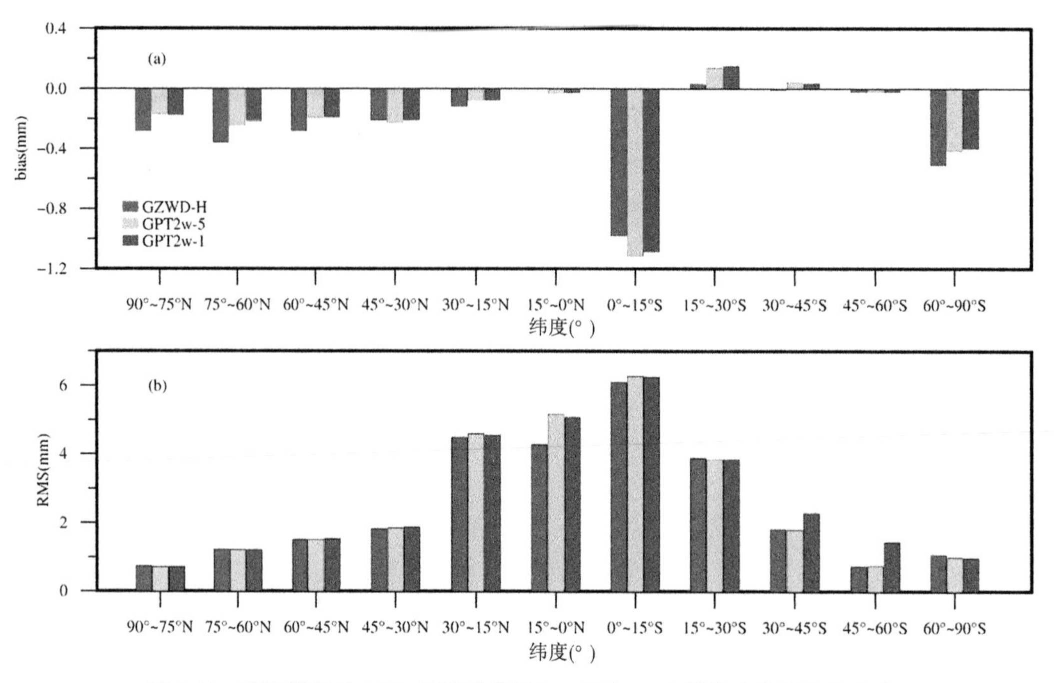

图 7-12　不同模型对 ZWD 分层插值的 bias 值和 RMS 误差在纬度上的分布

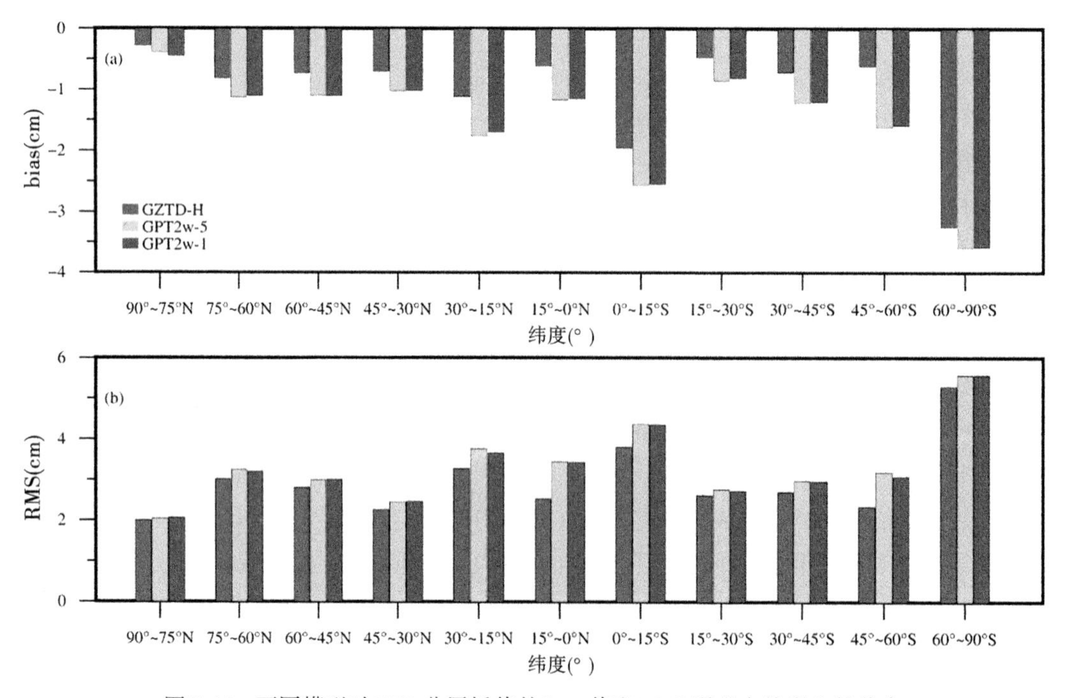

图 7-13　不同模型对 ZTD 分层插值的 bias 值和 RMS 误差在纬度上的分布

由图 7-12 可知，在 ZWD 的分层垂直插值中，所有模型在大部分纬度区间范围内表现为相对较小的负 bias 值，仅在 0~15°S 范围内表现为相对较大的 bias 值，此外，所有模型的 RMS 误差变化均表现为从赤道向两极逐渐减小的特性，这个特性跟 ZWD 在全球纬度上的分布特性较为一致。GZWD-H 模型在 15°N~15°S 范围内对 GPT2w 模型仍具有一定的精度改善。图 7-13 表明，所有模型在全球所有纬度范围内均存在显著的负 bias 值，且在南半球的绝对 bias 值大于其在北半球，尤其在 60°S~90°S 范围内的 bias 值和 RMS 误差，可能是该纬度范围内的探空站数量较少，对统计结果造成一定的偏差。此外，所有模型在 30°N~15°S 范围内也出现了较大的 RMS 误差，主要原因是低纬度地区的气候条件较其他地区更为复杂，导致 ZTD 的变化较为剧烈。尽管如此，GZTD-H 模型在 30°N~15°S 范围和 45°S~60°S 范围内进行 ZTD 分层垂直插值时对 GPT2w 模型有显著的改善。

7.4 GZWD-H 模型和 GZTD-H 模型应用于 ZWD/ZTD 空间插值的精度分析

当前，将大气再分析格网资料(如 NCEP、ERA-Interim、ERA5 和 MERRA-2 等)计算的 ZWD/ZTD 信息通过空间插值用于 GNSS 精密定位或 GNSS 大气反演获得了广泛的关注。由于大气再分析资料的格网点高程与 GNSS 站、探空站等用户位置处高程不一致(排除不同数据源之间的高程基准差异)，尤其在高海拔地区，这种差异更为显著。此外，ZWD 和 ZTD 在高程上的变化远大于其在水平方向上的变化。因此，若要将大气再分析资料格网 ZWD/ZTD 数据精确插值到用户位置处，最关键的是依赖高精度 ZWD/ZTD 垂直剖面模型对 ZWD/ZTD 进行垂直插值。本节以全球探空资料积分计算的地表 ZWD/ZTD 值和全球 IGS 站精密 ZTD 产品为参考值，验证 GZWD-H 模型和 GZTD-H 模型在 GGOS 大气格网产品中 ZWD/ZTD 的空间插值精度。

7.4.1 利用探空资料检验 GZWD-H 模型和 GZTD-H 模型在 ZWD/ZTD 空间插值中的精度

以 2017 年全球 321 个探空站资料积分计算的 12h 分辨率的地表 ZWD/ZTD 信息为参考值，检验 GZWD-H 模型和 GZTD-H 模型分别在 GGOS 大气格网 ZWD/ZTD 中的空间插值精度。首先基于 GZWD-H 模型和 GZTD-H 模型将各探空站周边最近 4 个 GGOS 大气格网点 ZWD/ZTD 值进行高程归算，将其从格网点高程处垂直改正到各探空站高程处；其次，对已进行垂直改正后的全球各探空站周边最近 4 个格网点 ZWD/ZTD 值进行双线性插值，进而可获得 GGOS 大气格网 ZWD/ZTD 值在各探空站的插值，最终可获得 GZWD-H 模型和 GZTD-H 模型在全球各探空站对 GGOS 大气格网 ZWD/ZTD 进行空间插值的 bias 值和 RMS 误差，并与 GPT2w-1 模型和 GPT2w-5 模型进行对比分析，各模型用于 GGOS 大气格网 ZWD/ZTD 空间插值的精度统计如表 7-3、表 7-4、图 7-14 和图 7-15 所示。

表 7-3　　利用探空资料验证 GZWD-H，GPT2w-1 和 GPT2w-5 模型进行 GGOS 大气格网 ZWD 空间插值的精度对比(单位：mm)

指标	GZWD-H		GPT2w-1		GPT2w-5	
	bias	RMS	bias	RMS	bias	RMS
最大值	11.7	65.6	62.4	85.0	66.8	86.5
最小值	-29.8	3.3	-81.4	4.7	-79.3	6.6
平均值	-2.4	18.0	-9.2	21.6	-9.1	27.7

表 7-4　　利用探空资料验证 GZTD-H，GPT2w-1 和 GPT2w-5 模型进行 GGOS 大气格网 ZTD 空间插值的精度对比(单位：cm)

指标	GZTD-H		GPT2w-1		GPT2w-5	
	bias	RMS	bias	RMS	bias	RMS
最大值	2.70	4.90	6.86	8.51	7.16	8.68
最小值	-3.75	0.55	-8.14	0.48	-7.96	0.87
平均值	-0.41	1.90	-0.60	2.06	-0.57	2.65

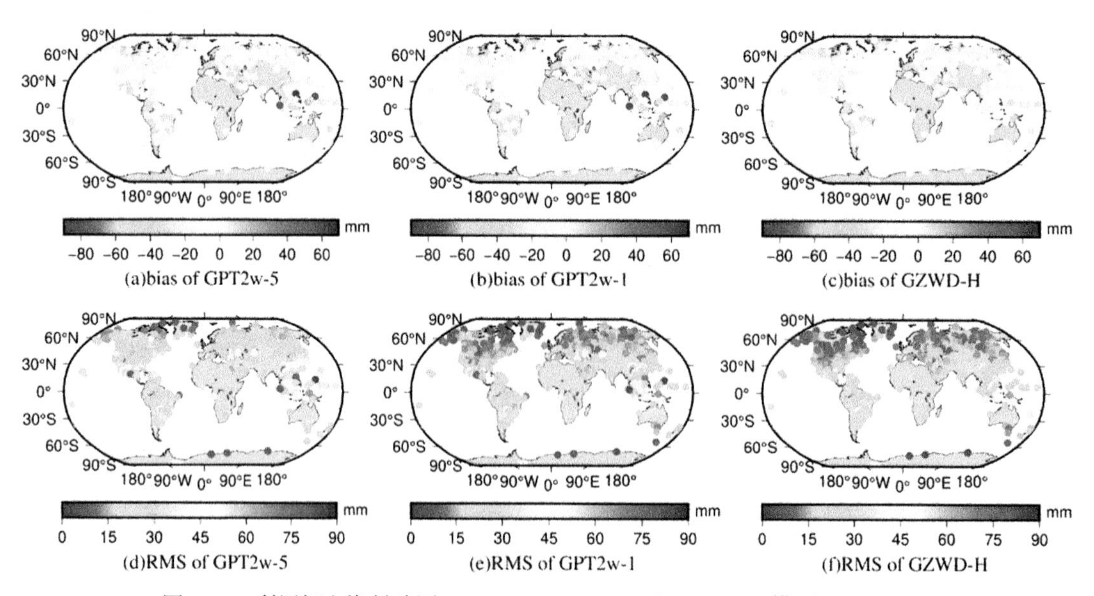

图 7-14　利用探空资料验证 GZWD-H、GPT2w-1 和 GPT2w-5 模型进行 GGOS 大气格网 ZWD 空间插值的 bias 值和 RMS 误差全球分布

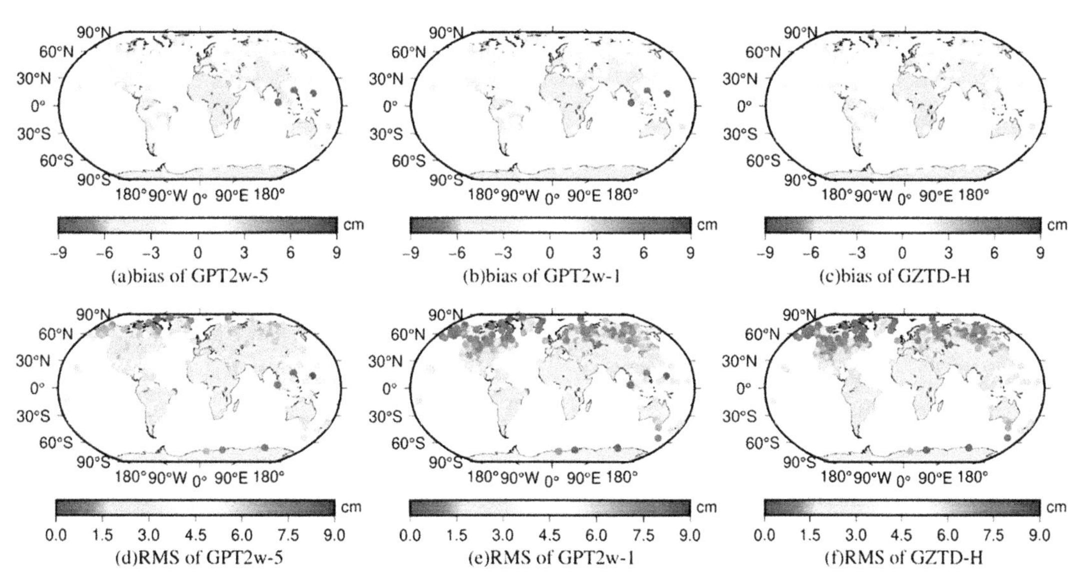

图 7-15 利用探空资料验证 GZTD-H，GPT2w-1 和 GPT2w-5 模型进行 GGOS 大气格网 ZTD 空间插值的 bias 值和 RMS 误差全球分布

由表 7-3 可以看出，针对 GGOS 大气格网 ZWD 的空间插值，GPT2w-1 模型和 GPT2w-5 模型均存在较大的平均 bias 值及较大的 bias 变化范围，GZWD-H 模型的平均 bias 值以及其变化范围均较小，但是所有模型均表现为负 bias 值，说明利用 GGOS 格网插值获得的 ZWD 值小于探空资料计算的值。GPT2w-5 具有最大的平均 RMS 误差，为 2.77cm，相对于 GPT2w-5，GPT2w-1 的空间插值精度提升了 6.1mm；而 GZWD-H 模型在 bias 值和 RMS 误差方面均体现出了最优和最稳定的性能，相对于 GPT2w-1 和 GPT2w-5，其 RMS 误差分别减少了 3.6mm(17%)和 9.7mm(35%)，这些误差的减少对应在 GNSS 数据处理中可对高程分量估计的精度分别提升 7.2mm 和 19.4mm(Yao et al., 2018b)。图 7-14 表明，所有模型在全球高纬度地区均具有良好的 ZWD 垂直改正精度，GPT2w-5 在全球南北半球的中纬度地区出现了相对较大的 RMS 误差；此外，GPT2w-1 和 GPT2w-5 在低纬度地区的东南亚、太平洋西部、南美洲中部和北美洲南部以及欧洲中部的部分探空站均出现了较大的 bias 值和 RMS 误差，尤其在东南亚地区，部分探空站出现了显著的 bias 值和 RMS 误差，可能是受该地区热带雨林气候和热带季风气候的影响，导致该地区温度、水汽压等气象因子相对于中高纬度地区较为活跃，难以对气象因子精确模型化，进而导致 GPT2w-1 和 GPT2w-5 的精度较低。而 GZWD-H 模型充分利用了多个格网点的 ZWD 垂直剖面信息进行建模且顾及了 ZWD 高程缩放因子的精细季节变化，因此在全球范围内均保持了较优和稳定的 ZWD 垂直改正性能，尤其在低纬度地区，GZWD-H 模型表现出显著的优势。

由表 7-4 可知，在 GGOS 大气格网 ZTD 的空间插值中，GPT2w-1 和 GPT2w-5 仍表现出较大的 bias 值和 RMS 误差，且均体现为负 bias 值，GPT2w-1 的精度优于 GPT2w-5；而 GZTD-H 模型表现出最优的精度和最稳定的性能，相对于 GPT2w-1 和 GPT2w-5，其精度分别改善了 1.6mm(8%)和 7.5mm(28%)。图 7-15 表明，所有模型在低纬度地区和欧洲中部出现了相对较大的 bias 值，尤其是 GPT2w-1 和 GPT2w-5。尽管如此，GZTD-H 模型在低纬度的东南亚和南美洲地区对 GPT2w-1 和 GPT2w-5 仍有一定的精度改善，尤其在东南亚地区的 GGOS 大气格网 ZTD 的空间插值中表现出显著的精度提升。在 RMS 误差方面，GPT2w-1 和 GZTD-H 模型在中高纬度地区的插值效果优于其在低纬度地区，而 GPT2w-5 则表现出最差的插值性能，其在中纬度地区也出现了相对较大的 RMS 误差；此外，GPT2w-1 和 GPT2w-5 在低纬度的东南亚地区和南美洲东岸的部分探空站出现了显著的 RMS 误差，主要是受该地区活跃的水汽变化影响。而 GZTD-H 模型在全球均保持了良好的稳定性，尤其在东南亚地区其对 GPT2w-1 和 GPT2w-5 具有显著的精度改善。总之，在 GGOS 大气格网 ZWD/ZTD 的空间插值中，相对于 GPT2w 模型，GZWD-H 模型和 GZTD-H 模型均表现出了最优和最稳定的性能，尤其在低纬度地区，其表现出了显著的精度提升。

7.4.2　利用 IGS ZTD 产品检验 GZTD-H 模型在 ZTD 空间插值中的精度

为了进一步验证 GZTD-H 模型的空间插值性能，以 2017 年全球均匀分布的 305 个 IGS 站精密 ZTD 产品为参考值，检验 GZTD-H 模型在 GGOS 大气格网 ZTD 中的空间插值精度。根据上述对探空站资料验证的过程，最终可获得 GZTD-H、GPT2w-1 和 GPT2w-5 模型在 GGOS 大气格网 ZTD 中的插值 bias 值和 RMS 误差，其精度统计结果如表 7-5 和图 7-16 所示。

表 7-5　**利用 IGS ZTD 产品验证 GZTD-H、GPT2w-1 和 GPT2w-5 模型进行 GGOS 大气格网 ZTD 空间插值的精度对比(单位：cm)**

指标	GZTD-H		GPT2w-1		GPT2w-5	
	bias	RMS	bias	RMS	bias	RMS
最大值	3.04	3.45	11.49	11.62	11.66	11.79
最小值	-2.44	0.58	-3.83	0.54	-3.72	0.54
平均值	-0.41	1.53	-0.37	1.72	-0.35	1.74

由表 7-5 可知，以 IGS ZTD 为参考值，在 GGOS 大气格网 ZTD 空间插值中，GPT2w-5 表现出最大的 bias 值变化范围和 RMS 误差值变化范围及最大的 bias 值和 RMS 误差值，但是其在全球的平均 bias 值和 RMS 误差与 GPT2w-1 较为接近；而 GZTD-H 模型均表现为较小的 bias 值和 RMS 误差值变化范围，平均 RMS 误差为 1.53cm，其相对于 GPT2w-5 和 GPT2w-1 的 RMS 误差分别减少了 1.9mm(11%)和 2.1mm(12%)。图 7-16 表明，所有模型在中高纬度地区均表现为较小和稳定的 bias 值和 RMS 误差，GPT2w-5 和 GPT2w-1 在低纬度的南美洲西海岸和太平洋东部的部分 IGS 站存在显著的正 bias 值和较大的 RMS 误差，而 GZTD-H 模型在该地区表现为相对较小和稳定的 bias 值和 RMS 误差。由此进一步证实 GZTD-H 模型在全球范围内具有优异和稳定的 ZTD 垂直改正性能，相对于 GPT2w 模型，其在低纬度地区表现出显著的精度提升。

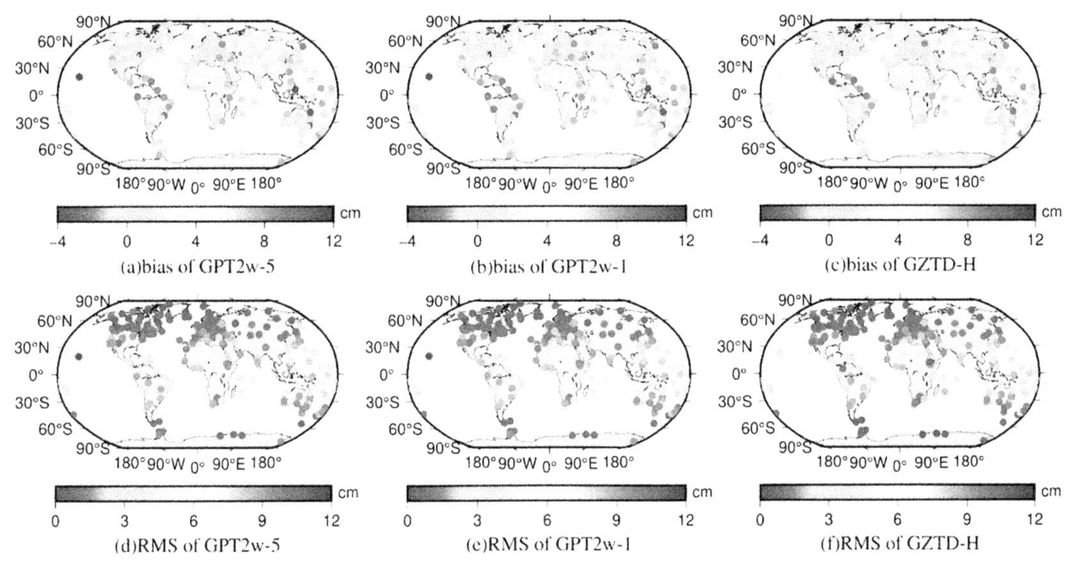

图 7-16 利用 2017 年 IGS ZTD 产品验证 GZTD-H、GPT2w-1 和 GPT2w-5 模型进行 GGOS 大气格网 ZTD 空间插值的 bias 值和 RMS 误差全球分布

7.5 本章小结

本章针对已有 ZWD/ZTD 垂直剖面模型建模仅使用单一格网点数据且使用月均剖面数据等不足，在分析全球 ZWD/ZTD 高程缩放因子的精细时空特性基础上，提出了引入滑动窗口算法将全球剖分为大小一致的规则窗口，利用全球各窗口内的 9 个 MERRA-2 格网点 ZWD/ZTD 分层剖面信息，分别构建了全球每个窗口顾及 ZWD/ZTD 高程缩放因子精细季节变化的 ZWD/ZTD 垂直剖面模型，最终建立了顾及时空因素的全球 ZWD/ZTD 垂直剖面格网模型(GZWD-H 模型和 GZTD-H 模型)。同时，检验了 GZWD-H 模型和 GZTD-H 模型在全球的分层垂直插值精度及其在 ZWD/ZTD 空间插值中的应用，并与全球精度优异的 GPT2w 模型进行了精度对比。结果表明，GZWD-H 模型和 GZTD-H 模型相对于 GPT2w 模型在全球的分层垂直插值精度及其在 ZWD/ZTD 空间插值中均体现出较好的稳定性。

第 8 章　高精度全球对流层天顶延迟模型构建

8.1 引　　言

对流层延迟是制约高精度 GNSS 导航定位的重要因素。在 GNSS 精密数据处理中，常采用对流层延迟经验模型来估计出 ZHD 或 ZTD 作为初始值，如果模型计算的 ZHD 或 ZTD 初始值不精确，最终也会影响 GNSS 定位的精度。由此可见，高精度的对流层延迟经验模型显得尤为重要，尤其在全球坐标参考框架建立等 GNSS 应用中。因此，建立实时高精度的全球对流层延迟模型具有重要的现实意义。

诸多学者广泛聚焦于采用高水平分辨率的格网形式来存储对流层延迟模型参数，这些模型在全球范围内的使用均取得了良好的对流层延迟改正效果，部分模型的精度与 GPT2w 模型精度相当，能较好地用于北斗/GNSS 导航定位服务。尽管这些全球对流层延迟模型均表现出各自的优越性，但在模型方程和建模数据利用方面仍有待进一步深入研究。相关研究表明 ZTD 与高程和纬度均存在显著的相关性，而现有的全球对流层延迟模型中存在模型方程未同时顾及高程和纬度因子的影响，且模型构建仅使用单一格网点数据。

针对这些问题，本章提出了一种全球对流层天顶延迟格网模型建立的新方法，引入滑动窗口算法将全球剖分为大小一致的规则窗口，使用多年的全球 GGOS 大气格网 ZHD 和 ZWD 产品及对应的椭球高数据，构建全球每个窗口，同时顾及高程、纬度和季节变化的 ZTD 模型，最终建立顾及时空因素的高精度全球 ZTD 格网精化模型(简称 GGZTD 模型)，并以未参与建模的全球 GGOS 大气格网 ZHD 和 ZWD 数据及全球 316 个 IGS 站精密 ZTD 产品为参考值，验证 GGZTD 模型在全球的精度和适用性。

8.2 ZTD 时空特性分析与 GGZTD 模型构建

8.2.1 ZTD 时空特性分析

相关文献研究表明 ZTD 时间序列主要表现为年周期和半年周期变化，同时在部分地区也表现出一定的日周期变化(姚宜斌等，2016)，为了进一步验证 ZTD 值的年周期、半年周期和日周期振幅在全球的分布，利用 2010—2015 年水平分辨率为 2°×2.5°、时间分辨率为 6 小时的全球 GGOS 大气格网 ZTD 数据，计算出全球各格网点 ZTD 值不同周期的振幅值，结果如图 8-1 所示。

$$\begin{aligned} \text{ZTD} = & A_0 + A_1\cos\left(2\pi\frac{\text{doy}}{365.25}\right) + A_2\sin\left(2\pi\frac{\text{doy}}{365.25}\right) + A_3\cos\left(4\pi\frac{\text{doy}}{365.25}\right) \\ & + A_4\sin\left(4\pi\frac{\text{doy}}{365.25}\right) + A_5\cos\left(2\pi\frac{\text{hod}}{24}\right) + A_6\sin\left(2\pi\frac{\text{hod}}{24}\right) \end{aligned} \tag{8-1}$$

式中，A_0 表示 ZTD 年均值，(A_1，A_2)、(A_3，A_4)和(A_5，A_6)分别表示 ZTD 的年周期、半年周期和日周期的系数，doy 表示年积日，hod 表示 UTC 时间。

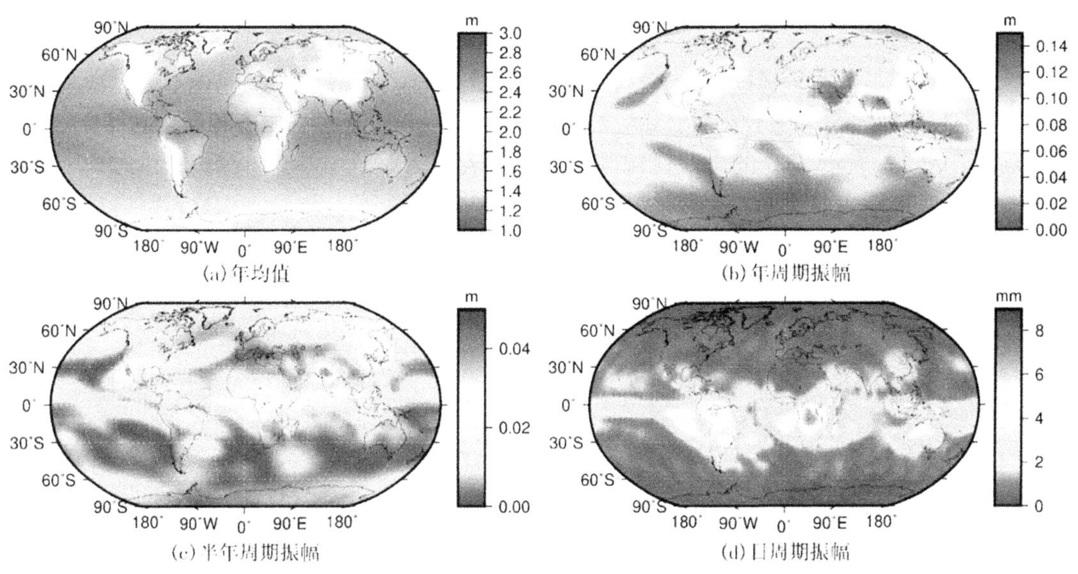

图 8-1　GGOS 格网 ZTD 数据计算全球 ZTD 平均值、年周期、半年周期和日周期分布

由图 8-1 可知，ZTD 平均值的分布与高程和纬度存在较大关系，其在青藏高原、南极和格陵兰等高海拔地区的值较小，在海洋地区其平均值较大；对于 ZTD 年周期振幅，其在北半球的年周期振幅值高于其在南半球的值，在太平洋西部、亚洲东部和南部、北美洲东南部、非洲、澳大利亚北部等地区表现出显著的年周期振幅值，在南半球的中高纬度地区其值相对较小；对于 ZTD 的半年周期振幅，其在北半球的值仍然大于南半球，在中国东北部、亚洲东南部和低纬度的部分地区存在显著的半年周期振幅值，在南半球的中高纬度地区仍表现出相对较小的值；对于 ZTD 的日周期振幅，其在低纬度的部分地区表现出相对较大的日周期振幅值，尤其在南美洲中部和非洲南部地区存在 4~8mm 的日周期振幅值，但是在全球大部分地区 ZTD 的日周期变化较小，其值低于 2mm。由于在低纬度地区 ZTD 的年周期和半年周期相对较为显著，此外，该地区的气候较为复杂，其引起的 ZTD 的变化也较为剧烈，尽管在该地区的部分区域存在 4~8mm 的日周期变化，那么在 ZTD 建模时，这些相对较小的 ZTD 日周期变化容易被 ZTD 年周期和半年周期的模型化残差及其他非季节性信号淹没。因此，为了优化 ZTD 建模的模型参数，提高模型的适用性，本章模型构建时对 ZTD 的季节变化只考虑其年周期和半年周期。由于本章构建全球 ZTD 模型时采用的是全球 GGOS 大气格网 ZTD 产品及对应的地表椭球高数据，因此将采用二次多项式来描述 ZTD 的垂直剖面改正。

8.2.2　GGZTD 模型构建

针对当前全球对流层经验模型的模型方程未同时顾及高程和纬度的变化及模型构建仅使用单一格网点数据等问题，结合上述对 ZTD 的时空特性分析，引入滑动窗口算法来解决上述问题，滑动窗口算法的具体描述详见第 7 章。由第 7 章描述的滑动窗口算法可知，最终确定选择窗口大小为 5°×4°(经度×纬度)，即每个窗口包含了 9 个格网点，针对每一个窗口，GGZTD 模型在时间尺度上主要考虑 ZTD 的年周期和半年周期特性，在空间尺度上主要顾及 ZTD 在纬度和高程上的变化，由此可确定全球每个窗口内的 ZTD 模型方程如下：

$$\mathrm{ZTD}(\varphi,\ h,\ \mathrm{doy}) = f_1(\varphi,\ h) + f_2(\mathrm{doy}) \tag{8-2}$$

式中，φ，h 分别表示纬度和高程，doy 表示年积日，$f_1(\varphi,\ h)$ 表示纬度和高程对 ZTD 的共同影响，$f_2(\mathrm{doy})$ 表示 ZTD 的季节变化，其分别可表示为：

$$f_1(\varphi,\ h) = a_0 + a_1\varphi + a_2 h + a_3 h^2 \tag{8-3}$$

$$\begin{aligned} f_2(\mathrm{doy}) = {} & b_0 + b_1\cos\left(2\pi\frac{\mathrm{doy}}{365.25}\right) + b_2\sin\left(2\pi\frac{\mathrm{doy}}{365.25}\right) \\ & + b_3\cos\left(4\pi\frac{\mathrm{doy}}{365.25}\right) + b_4\sin\left(4\pi\frac{\mathrm{doy}}{365.25}\right) \end{aligned} \tag{8-4}$$

最终可将式(8-2)改写为：

$$\begin{aligned} & \mathrm{ZTD}(\varphi_T,\ \lambda_T,\ h,\ \mathrm{doy}) = \\ & \quad C_0(\varphi_i,\ \lambda_i) + C_1(\varphi_i,\ \lambda_i)\cdot\varphi_T + C_2(\varphi_i,\ \lambda_i)\cdot h + C_3(\varphi_i,\ \lambda_i)\cdot h^2 \\ & \quad + C_4(\varphi_i,\ \lambda_i)\cdot\cos\left(2\pi\frac{\mathrm{doy}}{365.25}\right) + C_5(\varphi_i,\ \lambda_i)\cdot\sin\left(2\pi\frac{\mathrm{doy}}{365.25}\right) \\ & \quad + C_6(\varphi_i,\ \lambda_i)\cdot\cos\left(4\pi\frac{\mathrm{doy}}{365.25}\right) + C_7(\varphi_i,\ \lambda_i)\cdot\sin\left(4\pi\frac{\mathrm{doy}}{365.25}\right) \end{aligned} \tag{8-5}$$

式中，$(\varphi_i,\ \lambda_i)$ 表示第 i 个窗口的几何中心的纬度(°)和经度(°)；φ_T，λ_T 和 h 分别表示目标点的纬度(°)、经度(°)和高程(m)。C_0 表示 ZTD 的年均值，C_1 表示纬度改正系数，C_2 和 C_3 表示高程改正系数，$(C_4,\ C_5)$和$(C_6,\ C_7)$分别表示 ZTD 的年周期和半年周期系数。利用 2008—2015 年水平分辨率为 2°×2.5°的全球 GGOS 大气格网 ZTD 地表数据和对应的全球椭球高数据，根据式(8-5)采用最小二乘算法即可求解出全球每个窗口的模型系数，最终 GGZTD 模型的模型系数以 4°×5°的格网形式存储。同时，GGZTD 模型在全球包含了 3240 个格网点(窗口)。

GGZTD 模型的使用非常简便，其使用过程如下：①用户提供 doy 和目标点位置信息，根据目标点位置信息查找与目标点最近的模型参数格网点；②根据获得的最近的模型参数格网点的模型参数，并利用式(8-5)即可计算出目标点的 ZTD 信息。

8.3　GGZTD 模型精度验证

为了验证 GGZTD 模型在全球的精度和适用性，选取未参与建模的全球 GGOS 大气格网 ZTD 产品和全球 IGS 中心提供的 GNSS ZTD 产品为参考值来验证 GGZTD 模型的精度，并与目前精度标称最优的 GPT2w 模型和全球广泛使用的 UNB3m 模型进行精度对比，并以 bias 值和 RMS 误差作为精度指标来评判模型的精度。

8.3.1　利用全球 GGOS 大气 ZTD 产品验证 GGZTD 模型精度

以 GGOS 中心提供的未参与建模的 2016 年时间分辨率为 6 小时(UTC 00:00，06:00，12:00 和 18:00)的全球 GGOS 大气格网 ZHD 和 ZWD 地表产品为参考值，可计算获得全球共 13104 个 ZTD 格网点，同时计算出 GGZTD 模型、GPT2w 模型和 UNB3m 模型在这些格网点处对应时间的 ZTD 值，由此可获得这些模型计算 ZTD 的 bias 值和 RMS 误差值，结果如表 8-1、图 8-2 和图 8-3 所示。

表 8-1　**2016 年全球 GGOS 大气格网 ZTD 产品验证 GGZTD、GPT2w-5、GPT2w-1 和 UNB3m 模型的精度统计(单位：cm)**

模型		UNB3m	GPT2w-5	GPT2w-1	GGZTD
bias 值	最大值	15.11	24.77	7.42	2.88
	最小值	-8.03	-5.56	-5.29	-5.06
	平均值	3.08	0.15	0.18	-0.23
RMS	最大值	15.73	27.55	8.07	8.00
	最小值	1.06	1.10	0.84	0.85
	平均值	6.19	3.71	3.66	3.58

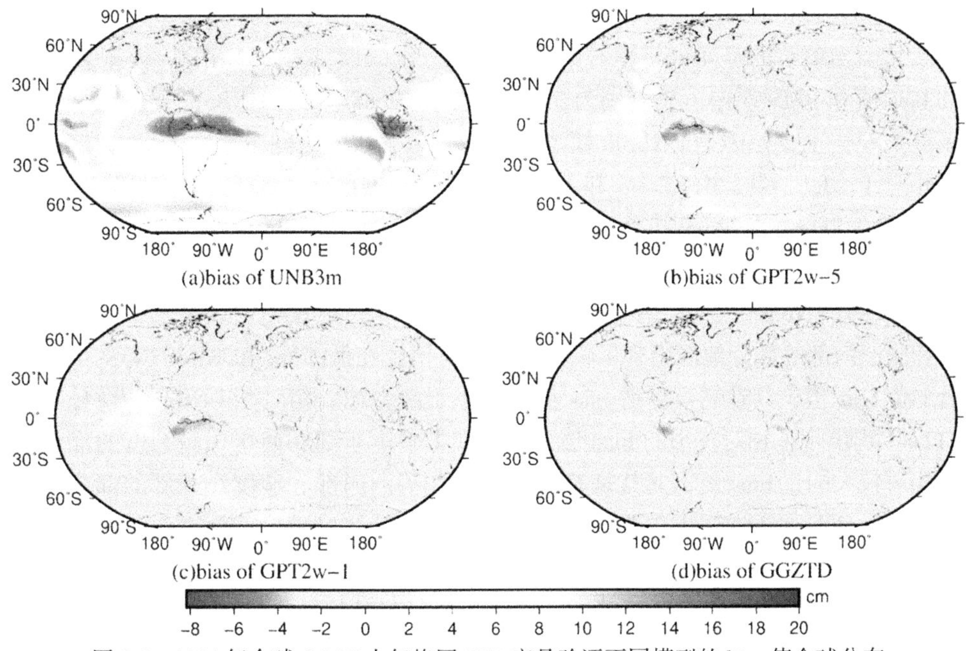

图 8-2　2016 年全球 GGOS 大气格网 ZTD 产品验证不同模型的 bias 值全球分布

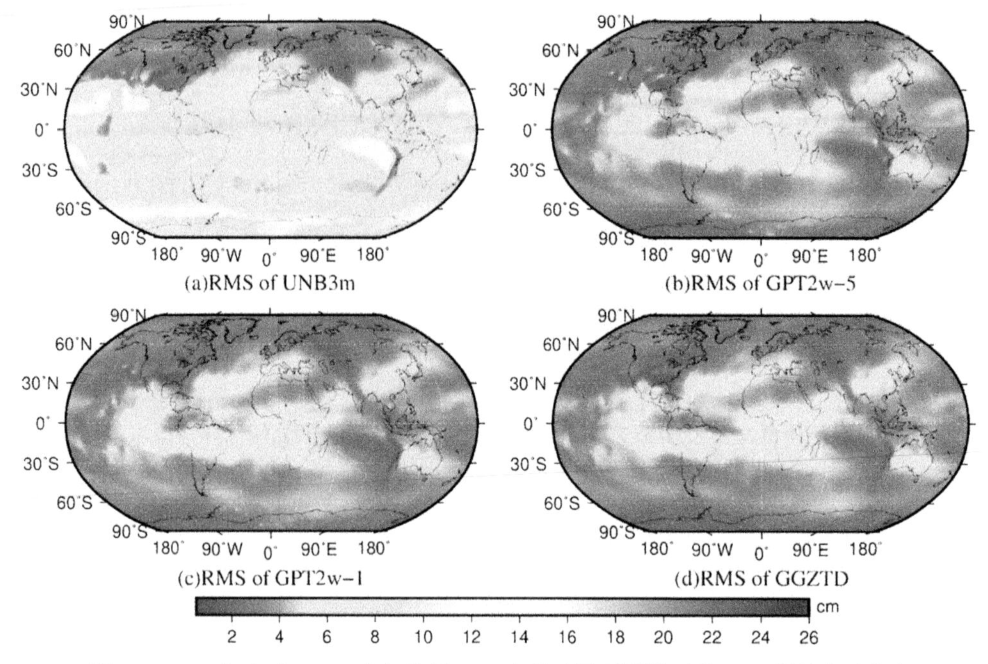

图 8-3　2016 年全球 GGOS 大气格网 ZTD 产品验证不同模型的 RMS 误差全球分布

由表 8-1 可知，GGZTD 模型表现出较小的 bias 值和最小的 RMS 误差，平均 bias 值和 RMS 误差分别为-0. 23cm 和 3. 58cm，其 bias 值和 RMS 误差变化范围分别为-5. 06～2. 88cm 和 0. 85～8. 00cm；GPT2w-5 表现出最大的 bias 值和 RMS 误差值，分别为 24. 77cm 和 27. 55cm，GPT2w-1 的性能相对较为稳定且精度优于 GPT2w-5，由此表明 GPT2w 模型通过提高其模型参数的空间分辨率对其精度具有一定的改善；而 UNB3m 模型表现出最大的平均 bias 值和 RMS 误差值，分别为 3. 08cm 和 6. 19cm，说明 UNB3m 模型在全球存在显著的系统偏差，主要原因是 UNB3m 模型提供的模型参数的空间分辨率较低。在 RMS 误差方面，相对于 GPT2w-1、GPT2w-5 和 UNB3m 模型，GGZTD 模型在全球计算 ZTD 的精度分别提升了 0. 8mm、1. 3mm 和 26. 1mm(42%)，由此可见，GGZTD 模型的精度相对于 UNB3m 模型有显著的提高，同时相对于目前性能优异的 GPT2w 模型也具有一定的改善。

图 8-2 表明 UNB3m 模型在南半球高纬度地区(纬度大于 60°)、印度洋、太平洋及亚洲西南部和非洲南部的部分地区出现了较大的正 bias 值，在低纬度(30°S～30°N)的部分地区存在显著的负 bias 值，其在北半球的 bias 值明显小于南半球。相对于 UNB3m 模型，GPT2w-5 和 GPT2w-1 均出现了相对较小的 bias 值，但是在太平洋东部和南半球高纬度的部分地区仍然存在相对较大的正 bias 值，尤其是 GPT2w-5 在北美洲南部和印度洋东部的部分地区存在较大的正 bias 值且在该地区出现最大的 bias 值，而在低纬度地区的大西洋、南美洲北部和非洲中部及太平洋南部的部分地区存在相对较大的负 bias 值，而 GGZTD 在全球范围内均出现相对较小的 bias 值，其仅在低纬度的小部分区域存在相对较大的负 bias 值。

由图 8-3 可知，UNB3m 模型在整个南半球区域及北半球低纬度地区存在较大的 RMS 误差，尤其是在南半球高纬度地区、印度洋东部和太平洋部分地区，其在南半球的精度也明显低于北半球，主要原因是受 UNB3m 模型的南北半球对称假设的影响(Leandro et al., 2006)，此外，UNB3m 模型在低纬度地区未考虑年际参数变化；相对于 UNB3m 模型，GPT2w-5、GPT2w-1 和 GGZTD 模型在全球范围内表现出较小的 RMS 误差，但是在低纬度的部分地区(如大西洋、非洲、太平洋东部地区、中国东南部和澳大利亚)表现出相对较大的 RMS 误差，尤其是 GPT2w-5 在北美洲南部的部分地区，由于在这些地区受深对流、热带海洋气候和热带雨林气候等复杂气候系统的影响，进而引起 ZTD 的剧烈变化，因此难以对 ZTD 进行精确模型化；此外，相对于其他地区，低纬度地区的 ZTD 具有较为显著的日周期变化(Yao et al., 2016)，而这三种模型均未顾及 ZTD 的日周期变化，从而导致所有模型在该地区均存在较大的误差。尽管如此，相对于 GPT2w 模型，GGZTD 模型在太平洋东部、大西洋、北美洲南部和南极的部分地区仍具有一定的精度提升。因此，相对于 UNB3m 模型，GGZTD 模型在全球估计 ZTD 的精度具有显著的提高；而相对于目前性能优异的 GPT2w 模型，GGZTD 模型在部分地区仍具有一定的精度改善。总之，相对于其他两种模型，GGZTD 模型在全球估计 ZTD 表现出稳定和优异的性能。

8.3.2 利用全球 IGS 站 ZTD 产品验证 GGZTD 模型精度

IGS 中心能提供全球 IGS 站的精密 ZTD 产品，其时间分辨率为 5min，精度优于 5mm (Byun et al., 2009)，为了进一步验证 GGZTD 模型在全球的精度，利用 2016 年全球 IGS 站精密 ZTD 产品作为参考值对其进行精度检验。由于部分 IGS 站的数据缺失较为严重，为了保证验证的可靠性，选取了数据量至少含有 120 天的 IGS 站参与模型检验，最终在全球选取了 2016 年的 316 个 IGS 站，其点位分布如图 8-4 所示。以 2016 年全球 316 个 IGS 站精密 ZTD 产品为参考值，同时计算出 GGZTD 模型、UNB3m 模型和 GPT2w 模型在这些 IGS 站的 ZTD 值，最终获得这些模型的 bias 值和 RMS 误差值的统计结果，如表 8-2、图 8-5和图 8-6 所示。

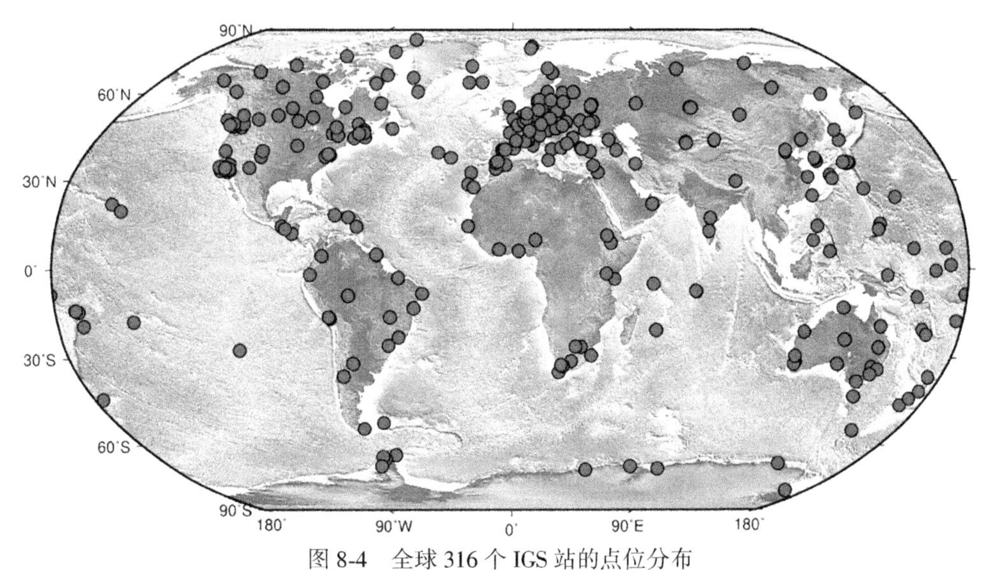

图 8-4 全球 316 个 IGS 站的点位分布

表 8-2　2016 年全球 316 个 IGS 站 ZTD 产品验证 GGZTD、GPT2w-5、GPT2w-1 和 UNB3m 模型的精度统计(单位：cm)

模型		UNB3m	GPT2w-5	GPT2w-1	GGZTD
bias 值	最大值	9.81	2.55	2.37	3.04
	最小值	-7.18	-4.84	-4.57	-3.62
	平均值	0.66	-0.62	-0.52	-0.52
RMS	最大值	19.62	8.17	8.28	7.44
	最小值	1.78	1.79	1.77	1.68
	平均值	5.15	3.75	3.69	3.62

由表 8-2 可知，UNB3m 模型表现出最大的平均 bias 值和 RMS 误差值，其分别为 0.66cm 和 5.15cm，与 GGOS 大气 ZTD 格网产品验证结果一致。GPT2w-5、GPT2w-1 和 GGZTD 模型均表现出负 bias 值，说明这些模型估计值偏小；相对于 UNB3m 模型，GPT2w-5 和 GPT2w-1 表现出相对较小的平均 RMS 误差值，分别为 3.75cm 和 3.69cm，GPT2w-1 相对于 GPT2w-5 其精度提升了 0.6mm，进一步说明 GPT2w 模型通过改善模型参数的空间分辨率能在一定程度上提高其 ZTD 估计的精度。而 GGZTD 模型在所有模型中表现出最优的性能，其 RMS 误差变化范围为 1.68～7.44cm，平均值为 3.62cm，相对于 UNB3m 模型、GPT2w-5 和 GPT2w-1 模型，其在全球估计 ZTD 的精度分别提升了 15.3mm (30%)、1.3mm 和 0.7mm。进一步表明 GGZTD 模型在全球范围内的精度相对于 UNB3m 模型具有显著的提升，相对于性能优异的 GPT2w 模型仍具有一定的改善。

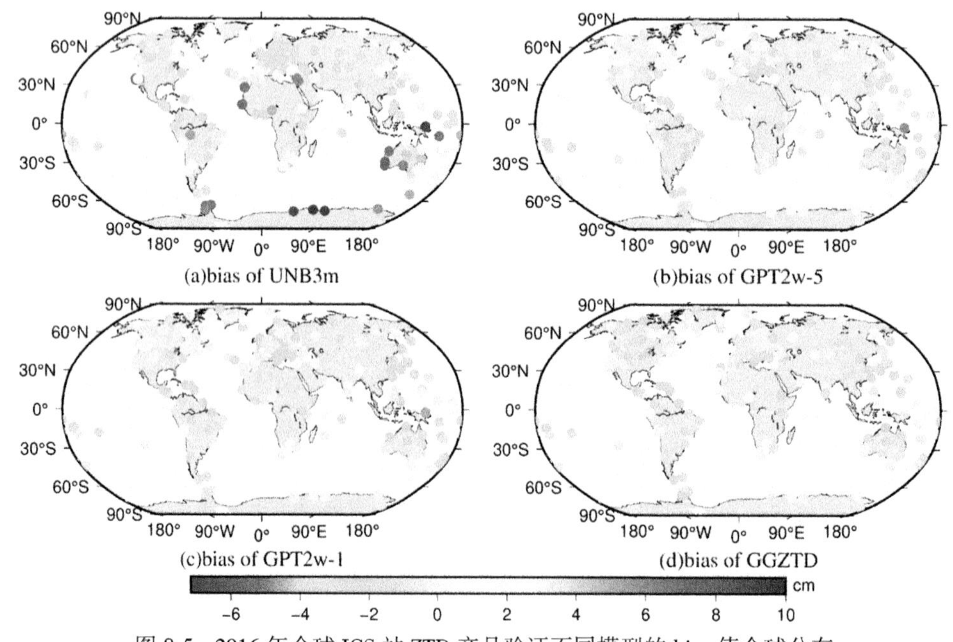

图 8-5　2016 年全球 IGS 站 ZTD 产品验证不同模型的 bias 值全球分布

由图 8-5 可以看出，UNB3m 模型在南半球中高纬度地区、澳大利亚、非洲北部、北美洲东部和西南部地区存在显著的正 bias 值，在低纬度、亚洲和欧洲的部分地区存在显著的负 bias 值，在南半球的 bias 值要高于北半球。相对于 UNB3m 模型，GPT2w-5 和 GPT2w-1 模型在全球范围内表现出相对较小的 bias 值，只有在临近赤道的 PNGM 站出现了较大的负 bias 值，可能受赤道附近复杂的气候影响。而 GGZTD 在全球范围内均表现出稳定和相对较小的 bias 值，且在南北半球的 bias 值分布较为均匀。图 8-6 表明，在 RMS 误差方面，UNB3m 模型在南半球和低纬度地区仍表现出较大的 RMS 误差值，尤其在南极地区，且在南半球的 RMS 误差值明显大于北半球，这与 GGOS 大气格网 ZTD 产品验证结果一致，进一步说明 UNB3m 模型的南北半球假设不合理、模型参数空间分辨率偏低和低纬度地区未顾及年际参数变化。相对于 UNB3m 模型、GPT2w 模型和 GGZTD 模型在全球均表现出相对较小且稳定的 RMS 误差，但是其在低纬度地区的太平洋和印度洋的 GNSS 测站中存在相对较大的 RMS 误差，由于在这些地区受热带海洋气候和热带雨林气候等复杂气候系统的综合影响，从而在 ZTD 信息中引入了显著的非季节性变化信号，导致了 ZTD 的异常扰动，因此难以对 ZTD 进行精确模型化。此外，相对于中高纬度地区，低纬度地区 ZTD 也存在较为显著的日周期变化，然而 GPT2w 模型和 GGZTD 模型未顾及日周期变化，从而在模型中引入了未模型化的误差。尽管如此，相对于 GPT2w 模型，GGZTD 模型在非洲东部、中国东部、欧洲和南极地区的部分 GNSS 测站中仍表现出相对优越的性能。此外，为了进一步分析这些模型的精度分布情况，对其 bias 值和 RMS 误差结果进行了精度统计，结果如图 8-7 和图 8-8 所示。

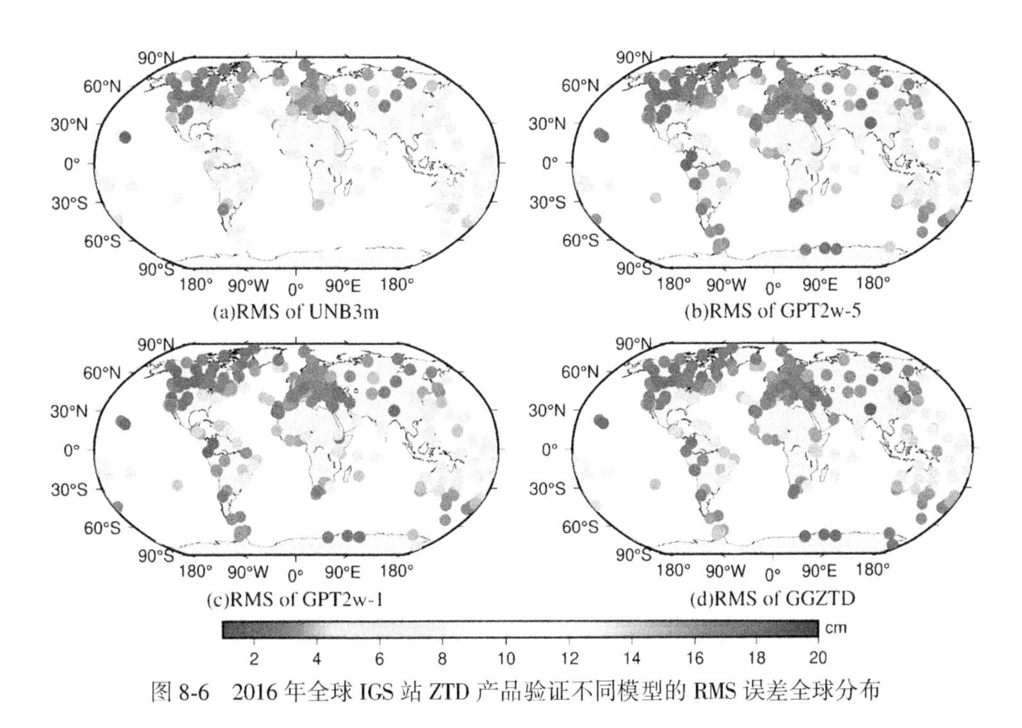

图 8-6　2016 年全球 IGS 站 ZTD 产品验证不同模型的 RMS 误差全球分布

图 8-7 表明，从误差分布直方图可看出，UNB3m 模型具有较小的平均正 bias 值，但

是仍然表现出较大数量的正负 bias 值的个数，其较大正 bias 值的个数大于较大负 bias 值的个数，说明 UNB3m 模型在全球大部分区域估计的 ZTD 值大于 IGS-ZTD 值。GPT2w-5、GPT2w-1 和 GGZTD 模型均表现出较小的平均负 bias 值，相对于 GPT2w-5 和 GPT2w-1，GGZTD 模型的 bias 值分布更为集中，而 GPT2w-5 相对于 GPT2w-1 的 bias 值分布更为分散，由此说明 GGZTD 模型比 GPT2w 模型和 UNB3m 模型更具稳定性。由图 8-8 可知，对于 UNB3m 模型，其 RMS 误差在 3~4cm 的范围占据了最大的比例，为 34%，而小于 3cm 的比例仅为 10%，大于 6cm 的比例高达 31%。相对于 UNB3m 模型，GPT2w-5 和 GPT2w-1 模型的 RMS 误差分布具有明显的改善，GPT2w-5 的 RMS 误差在低于 3cm 的比例中占据了 29%（GPT2w-1 为 32%），而大于 6cm 的 RMS 误差比例低至 6%（GPT2w-1 为 5%），GPT2w-5 模型和 GPT2w-1 模型在低于 4cm 的比例分别为 68% 和 71%。在所有模型中，GGZTD 模型在小于 3cm 和小于 4cm 的 RMS 误差分布中均占据了最大比例，其比例分别高达 35% 和 73%，此外，其在大于 6cm 的 RMS 误差比例中具有最小值，低至 4%。在低于 3cm 的 RMS 误差比例中，相对于 UNB3m 模型、GPT2w-5 模型、GPT2w-1 模型，GGZTD 模型分别提高了 25%、6% 和 3%，在低于 4cm 的 RMS 误差比例中，其分别提高了 29%、5% 和 2%。由此进一步表明相对于 UNB3m 模型和 GPT2w 模型，GGZTD 模型在全球范围内具有稳定的 ZTD 估计性能及最优的精度。

为了分析 GGZTD 模型、GPT2w 模型和 UNB3m 模型的季节变化性能，在全球南北半球的高、中和低纬度地区分别挑选了数据较为齐全的 6 个具有代表性的 IGS 站，即 KELY 站、BJFS 站、BJCO 站、PNGM 站、DUND 站和 SYOG 站，用于参与模型的季节变化性能分析，图 8-9 和图 8-10 分别给出了所有模型估计的对应测站的 ZTD 时序图和日均 bias 值时序图。

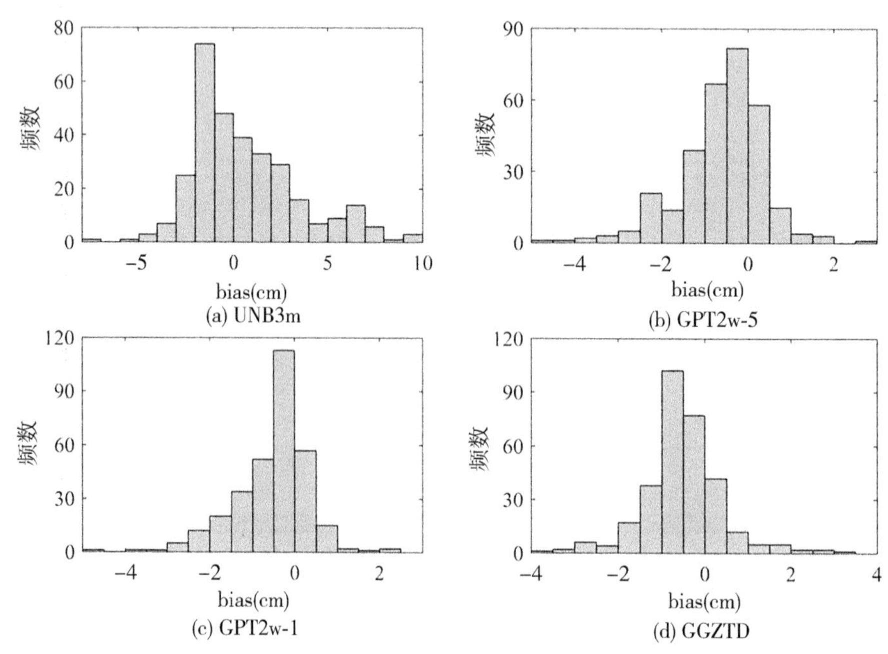

图 8-7　2016 年全球 IGS 站 ZTD 产品验证不同模型的 bias 值直方分布图

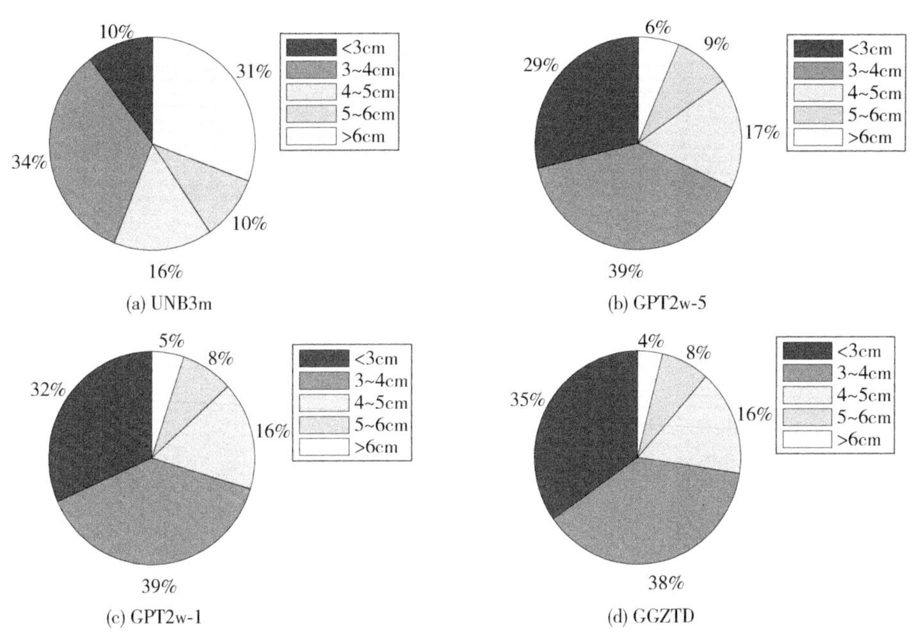

图 8-8 2016 年全球 IGS 站 ZTD 产品验证不同模型的 RMS 误差比例分布

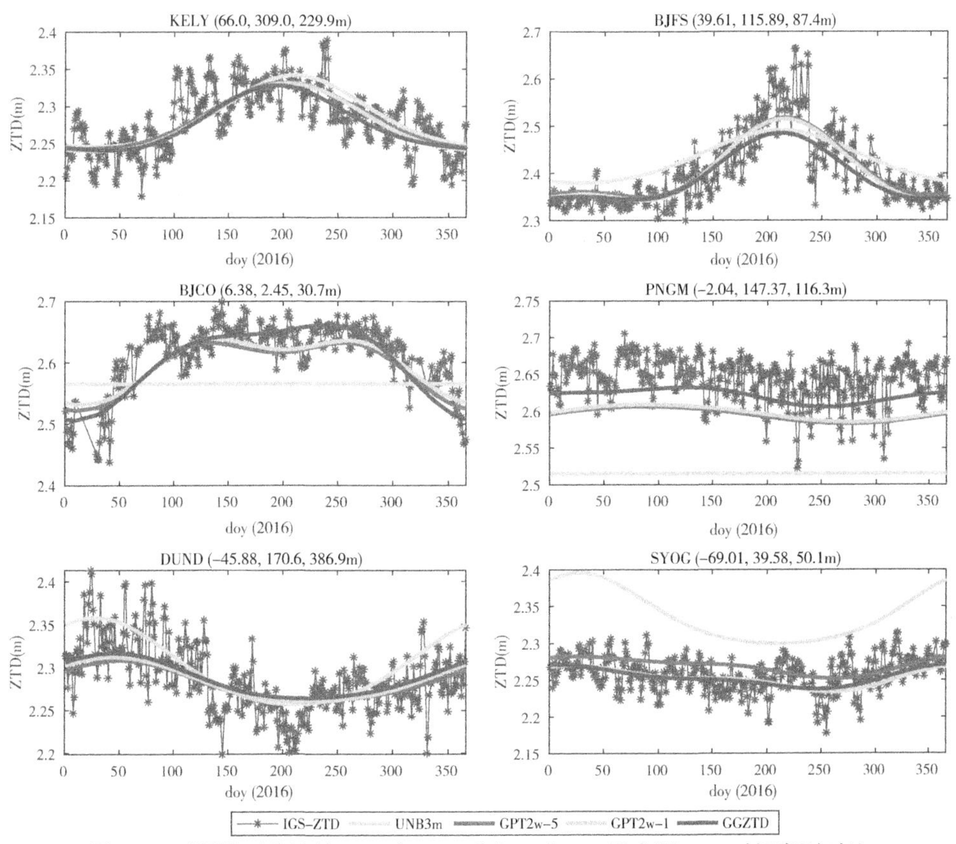

图 8-9 不同模型估计的 2016 年 ZTD 值与 6 个 IGS 站实测 ZTD 时间序列对比
(图上部括号内表示每个测站的纬度、经度和高程)

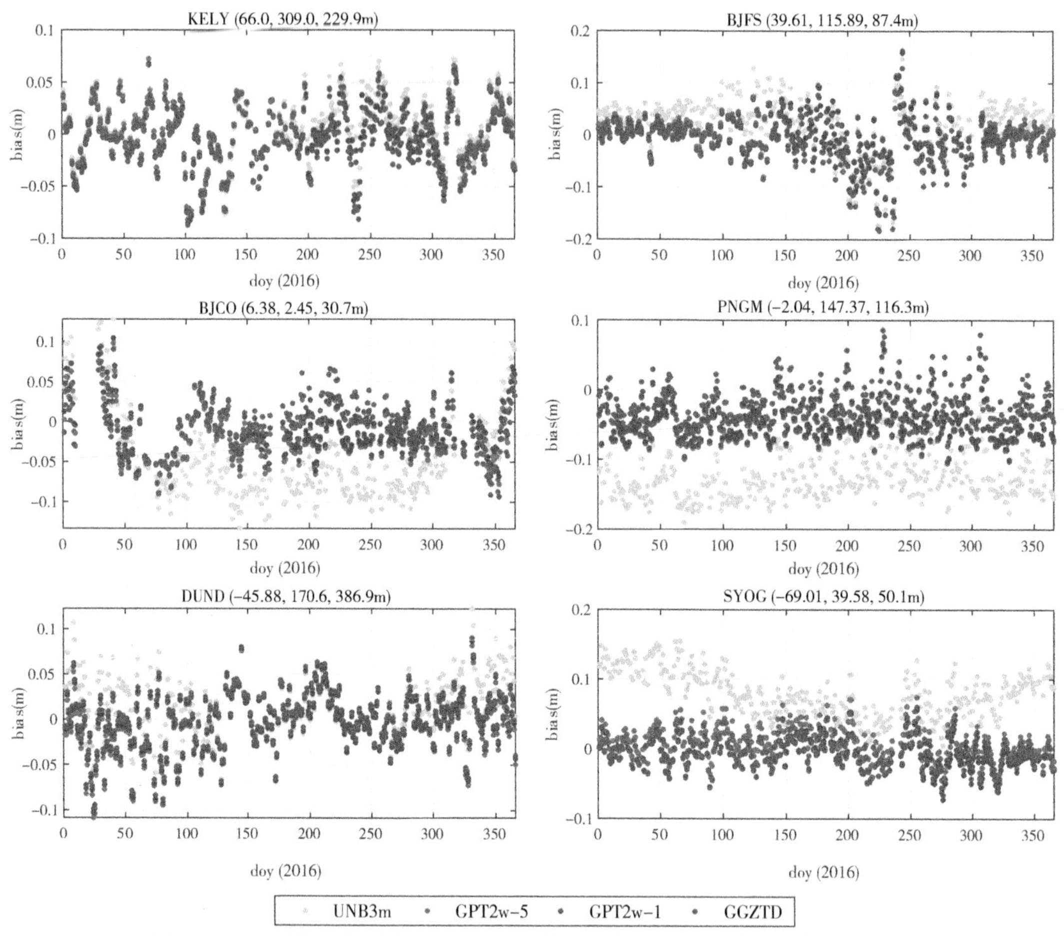

图 8-10　不同模型估计的 2016 年 ZTD 值在 6 个 IGS 站中的 bias 值时间序列

由图 8-9 和图 8-10 可知，位于北半球高纬度地区的 KELY 站，所有模型在春季表现为显著的负 bias 值，在其他季节的变化不明显；对于北半球中纬度地区的 BJFS 站，所有模型在夏季均表现出较大的 bias 值(以负 bias 值为主)，说明北半球的夏季水汽变化较为剧烈，导致所有模型的 ZTD 估计值低于其实测值，在其他季节里 UNB3m 模型存在显著的正 bias 值，而 GGZTD 模型和 GPT2w 模型的变化不明显，且在春季和冬季表现出较小的 bias 值；对于低纬度地区的 BJCO 站和 PNGM 站，UNB3m 模型在全年均表现为显著的负 bias 值，除了在 BJCO 站的冬季表现为显著的正 bias 值外。此外，GPT2w-5、GPT2w-1 和 GGZTD 模型在 BJCO 站的冬季也体现为相对明显的正 bias 值，GPT2w-5 和 GPT2w-1 在 BJCO 站的其他季节和在 PNGM 站的全年均表现出较为显著的负 bias 值，而 GGZTD 模型则体现出良好的季节特征，其表现出相对稳定和较小的 bias 值。对于南半球中纬度地区的 DUND 站，所有模型在春季和冬季均表现出较大的 bias 值，尤其是 UNB3m 模型，在夏季和秋季则表现为相对平稳的 bias 值，主要是受南半球中纬度地区冬季和春季的水汽变化剧烈的影响；对于南半球高纬度地区的 SYOG 站，UNB3m 模型在全年均表现出较大的正 bias 值，尤其在春季和冬季，GPT2w-5 模型在春季和夏季表现出相对明显的正 bias 值，而 GGZTD 模型和 GPT2w-1 模型在全年均体现出相对较为稳定的 bias 值，相对于 GPT2w-1 模型，GGZTD 模型在秋季表现出更为稳定和较小的 bias 值。由此表明，UNB3m 模型在全球范围内估计 ZTD 的 bias 值存在明显季节变化，进一步说明 UNB3m 模型的模型参数空间分辨率低下以及南北半球对称的假设不合理，导致了 UNB3m 模型在南半球使用存在较大的偏差，尤其在南半球低纬度地区，而 GGZTD 模型和 GPT2w 模型估计 ZTD 的 bias 值存在相对较小的季节变化，相对于 GPT2w 模型，GGZTD 模型在低纬度地区估计 ZTD 值具有显著的季节变化性能，其能更好地捕捉 ZTD 的季节变化。

相关研究表明，ZTD 与高程和纬度具有极强的相关性，为了进一步分析所有模型估计 ZTD 的 bias 值和 RMS 误差在高程上的变化关系，对全球 316 个 IGS 站按照 500m 高程间隔进行分类，最终可分为低于 500m，500～1000m，1000～1500m，1500～2000m 和大于 2500m 等 5 个高程范围，统计不同模型在每个高程范围内的 bias 值和 RMS 误差，结果如图 8-11 所示。

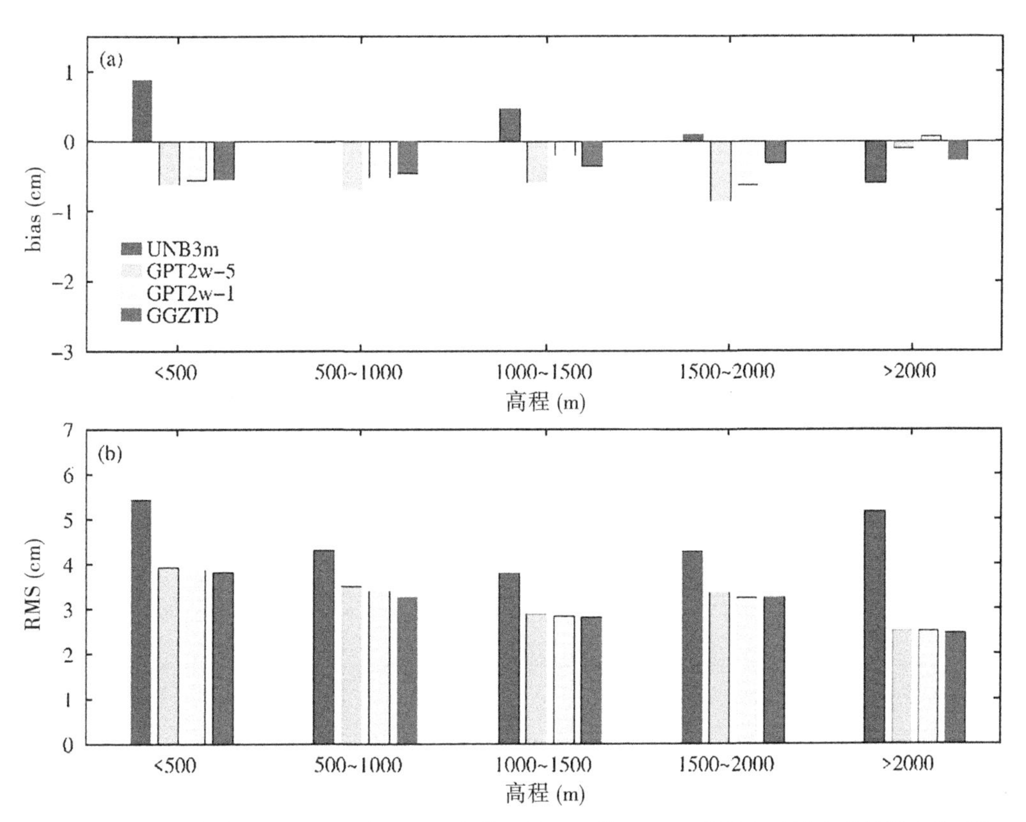

图 8-11　2016 年全球 IGS 站 ZTD 产品验证各模型的 bias 值和 RMS 误差在不同高程范围内的变化

图 8-11 表明，UNB3m 模型在海拔大于 2000m 时存在较大的负 bias 值，GPT2w-5、GPT2w-1 和 GGZTD 模型在低于 2000m 的高程范围内均体现出相对明显的负 bias 值，所有模型的 bias 值在高程上无明显的变化关系，相对于 GPT2w 模型，GGZTD 模型在 1500～

2000m 高程范围内具有较小的绝对 bias 值。UNB3m 模型的 RMS 误差在高程上未发现明显的变化关系，尽管如此，其在低于 500m 和大于 2000m 的高程范围内存在较大的 RMS 误差，但是总体上，GPT2w-5、GPT2w-1 和 GGZTD 模型的 RMS 误差在高程上均随着高程的增大而减小。此外，位于低纬度地区的 IGS 站其高程大部分低于 500m，导致低于 500m 高程范围的 RMS 误差较大，且随着高程的增加，水汽的含量及其变化也相应递减，从而更易于对 ZTD 模型化。

如前所述，纬度也是影响 ZTD 的主要变化因子。为了进一步分析不同模型估计 ZTD 的 bias 值和 RMS 误差在纬度上的变化关系，对全球 316 个 IGS 站按照 15 度的纬度间隔进行分类，统计不同模型在每个纬度范围内的 bias 值和 RMS 误差，结果如图 8-12 所示。

由图 8-12 可知，UNB3m 模型在南半球 15 度以上范围存在较大的正 bias 值，尤其在南半球高纬度地区，而 GPT2w-5、GPT2w-1 和 GGZTD 模型在全球各纬度范围内均体现出相对较小的负 bias 值，相对于 GPT2w 模型，GGZTD 模型在 15°S～15°N 纬度范围内表现出相对较小的绝对 bias 值。在 RMS 误差方面，UNB3m 模型在南半球的纬度范围内的值明显大于北半球，尤其在南半球的高纬度地区，此外，在低纬度地区也存在相对较大的 RMS 误差。对于 GPT2w-5、GPT2w-1 和 GGZTD 模型，总体上其 RMS 误差均存在以赤道向两极减小的趋势。相对于 UNB3m 模型，GGZTD 模型在整个南半球和北半球的低纬度地区具有显著的精度改善，尤其在南半球；相对于 GPT2w 模型，GGZTD 模型在南半球纬度大于 75°区域和北半球低纬度地区仍具有一定的精度提升，尤其在南半球纬度大于 75°区域。由此表明，GGZTD 模型在所有比对的模型中具有稳定和优越的性能，尤其在南半球高纬度地区和全球低纬度地区。

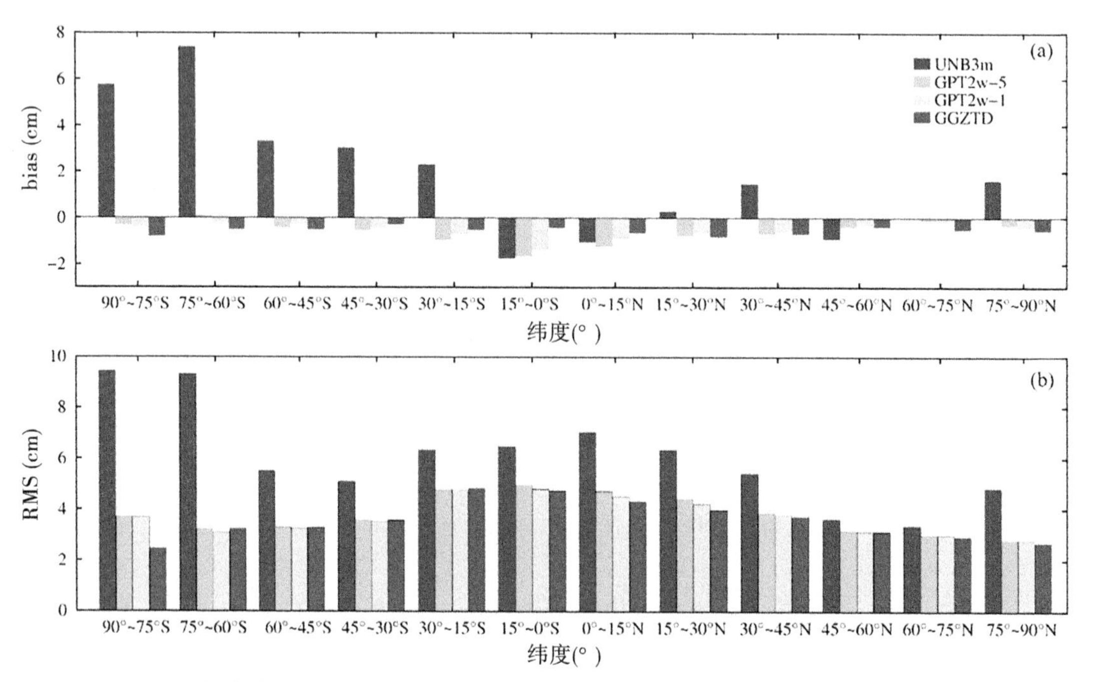

图 8-12　2016 年全球 IGS 站 ZTD 产品验证各模型的 bias 值和 RMS 误差在不同纬度范围内的变化

8.4 本章小结

本章针对已有对流层延迟模型的模型方程未同时顾及高程、纬度和季节变化以及模型构建使用单一格网数据等不足，在分析了 ZTD 的时空特性基础上，提出了采用滑动窗口算法进行全球格网剖分，利用全球每个窗口内的 9 个格网点数据构建了同时顾及高程、纬度和季节变化的 ZTD 模型方程，最终建立了顾及时空因素的全球 ZTD 格网精化模型（GGZTD）。同时，以未参与建模的 2016 年全球 GGOS 大气格网 ZTD 产品和全球 316 个 IGS 站精密 ZTD 产品作为参考值，详细地评估了 GGZTD 模型在全球的精度和适用性，并与全球广泛使用的 UNB3m 模型和目前精度优异的 GPT2w 模型进行了对比分析。结果表明，以全球 GGOS 大气格网 ZTD 产品和 IGS 站精密 ZTD 产品为参考值，相对于 UNB3m 模型和 GPT2w 模型计算的 ZTD 信息，GGZTD 模型在全球范围内表现出了最优的精度和稳定的性能。此外，在计算 ZTD 时相对于 GPT2w 模型，GGZTD 模型显著地减少了模型参数，极大地提升了模型的计算效率。

第9章　高精度全球大气加权平均温度模型构建

9.1　引　　言

为了开展全球范围内的GNSS水汽监测，诸多学者在分析全球范围内T_m与T_s等气象因子相关性的基础上，构建了全球的单气象因子和多气象因子的线性/非线性T_m模型(Yao et al., 2014a, 2014b; Ding, 2018; Jiang et al., 2019)，这些模型在实测气象数据的支撑下能获得较高的精度。而大多数的GPS/GNSS站并未安装气象传感器，从而限制了它们在实时GNSS气象学中的应用。为了实现在全球范围内开展实时/近实时GNSS水汽监测，全球实时T_m模型(非气象参数模型)的构建受到了广泛关注。如GWMT系列模型与GT_m系列模型(Yao et al., 2012, 2013, 2014c, 2015a)、GT_m-N模型(Chen et al., 2014)和GWMT-D模型(He et al., 2017)；此外，部分实时全球对流层延迟模型也提供了高精度的T_m信息，如GPT2w模型(Böhm et al., 2015)、ITG模型(Yao et al., 2015b)和GTrop模型(Sun et al., 2019a)，这些模型在全球范围内均能提供实时的T_m信息，且表现出了各自的优越性。在一定程度上，以上实时全球T_m模型的构建促进了GNSS气象学的发展。

T_m在全球范围内表现出明显的季节和位置依赖性，同时其与纬度和高程均表现出很强的相关性。然而，现有全球T_m模型的模型方程并未同时顾及高程和纬度因子的变化，且模型建模时只使用了单个格网点数据。此外，在某一特定区域构建一个模型并将其用于该区域，其定能获得优异的性能，但是该模型并不具备全球普适性。针对以上问题，本章建立了顾及时空因素的实时高精度全球T_m格网模型(GGT_m模型)，解决了T_m区域模型的全球适用化难题。

本章首先基于滑动窗口算法将全球剖分为大小一致的规则窗口(规则区域)，利用2007—2014年全球GGOS大气格网T_m产品及对应的椭球高数据，建立全球每个窗口同时考虑高程、纬度和季节因子的T_m模型方程，进而构建了顾及时空因素的高精度T_m全球格网模型。然后联合未参与建模的2015年全球GGOS大气格网T_m数据和2015年全球412个探空站资料，验证了GGT_m模型的精度和适用性。

9.2　GGT_m模型构建

近年来，全球T_m模型的模型参数表达基本是基于球谐函数或者是以格网点形式来存储的。如果在T_m模型的模型参数表达时采用球谐函数，将会在模型参数中引入拟合误差，不利于高精度全球T_m模型的构建。一般情况下，全球T_m格网模型具有较高的精度，即其模型参数都是以格网点形式存储的，模型在使用时也比较方便，只需提供目标点的位置信息就可以查找目标点周围的4个格网点参数，结合双线性内插即可获得目标点的 T_m 信息。为此，提出引入滑动窗口算法将全球剖分为大小一致的规则窗口，利用窗口内所有格网点数据来建立全球各窗口同时顾及高程和纬度的 T_m 模型方程，仍以格网点形式来存储模型参数。滑动窗口算法的具体实现过程参见本书第7.2.2节的描述。

已有相关研究对全球 T_m 的时空特性进行了分析，研究表明 T_m 的时间序列主要表现为年周期变化和半年周期变化(Wang et al., 2005; Chen et al., 2014; Böhm et al., 2015)。相对于年周期和半年周期变化，T_m 的日变化相对较小，在全球大部分的陆地区域其平均振幅为0.5~1.5K，大部分海洋区域的平均振幅小于0.5K(Wang et al., 2005)；此外，T_m 日周期变化还依赖于季节和地理位置，难以使用简单的三角函数予以精确建模(He et al., 2017)。对于 T_m 的空间特性，如上所述，现有的全球 T_m 模型的模型方程只考虑了一个空间因子，即纬度或高程；此外，相对于纬度和高程，T_m 受经度的影响较小(Yao et al., 2014a)。根据第7.2.2节描述的滑动窗口算法可知，最终确定选择窗口大小为5°×4°(经度×纬度)，即每个窗口包含9个格网点，因此，针对每一个窗口，GGT$_m$ 模型在时间尺度上将顾及年周期和半年周期的变化，在空间尺度上其模型方程将同时考虑纬度和高程的变化，最终可确定每个窗口的模型表达式如下：

$$
\begin{aligned}
T_m(\varphi_U, \lambda_U, h, \mathrm{doy}) = & a_1(\varphi_i, \lambda_i) + a_2(\varphi_i, \lambda_i)\cdot\varphi_U + a_3(\varphi_i, \lambda_i)\cdot h + \alpha_4(\varphi_i, \lambda_i)\cdot \\
& \cos\left(2\pi\frac{\mathrm{doy}}{365.25}\right) + \alpha_5(\varphi_i, \lambda_i)\cdot\sin\left(2\pi\frac{\mathrm{doy}}{365.25}\right) \\
& + \alpha_6(\varphi_i, \lambda_i)\cdot\cos\left(4\pi\frac{\mathrm{doy}}{365.25}\right) + a_7(\varphi_i, \lambda_i)\cdot\sin\left(4\pi\frac{\mathrm{doy}}{365.25}\right)
\end{aligned}
\tag{9-1}
$$

式中，doy 表示年积日；(φ_i, λ_i)表示第 i 个窗口几何中心的纬度和经度(°)；φ_U, λ_U 和 h 分别表示目标点的纬度(°)、经度(°)和高程(m)；α_1 表示 T_m 的年均值；α_2 表示纬度改正；α_3 表示高程改正；(α_4, α_5)和(α_6, α_7)分别表示 T_m 的年周期和半年周期系数。利用2007—2014年的水平分辨率为2°×2.5°的全球GGOS大气 T_m 格网数据和对应的全球椭球高格网数据，根据模型方程式(9-1)结合最小二乘算法即可求解出每个窗口的模型系数，GGT$_m$ 的模型系数将以5°×4°的格网形式存储。与此同时，可将全球范围剖分为3240个相同大小的规则窗口，即GGT$_m$ 模型具有3240个格网点。GGT$_m$ 模型的使用过程参见GGZTD模型。

9.3 GGT$_m$ 模型精度验证

为了评估GGT$_m$ 模型的性能，联合未参与建模的全球GGOS大气 T_m 格网数据和全球探空站资料作为参考值来评价GGT$_m$ 模型在全球的精度，并与当前最先进的GPT2w模型和全球广泛使用的Bevis公式进行对比分析。同时，以bias值和RMS误差作为精度指标来评价模型。

9.3.1 利用全球GGOS大气格网数据验证GGT_m模型精度

以2015年时间分辨率为6h(UTC 00：00、06：00、12：00和18：00)的全球GGOS大气T_m格网数据作为参考值，共计13104个T_m格网点，采用GGT_m、GPT2w-1、GPT2w-5和Bevis公式计算其在各格网点处的T_m信息，由此可以得到这些模型的日均bias值和RMS误差值。对于Bevis公式，其T_s值在格网点处难以获取。因此，T_s值可以由GPT系列模型得到(Böhm et al., 2007, 2013, 2015)。那么，在评估GGT_m之前，以2015年T_m格网数据为参考值，首先分析GPT、GPT2w-5和GPT2w-1模型计算的T_s值对Bevis公式估计T_m的影响，结果如表9-1所示。

表9-1　**GPT、GPT2w-5和GPT2w-1模型计算的T_s值对Bevis公式的估计T_m精度对比(单位：K)**

模　型		Bevis&GPT	Bevis&GPT2w-5	Bevis&GPT2w-1
bias值	最大值	14.60	18.70	13.58
	最小值	-6.60	-6.68	-7.25
	平均值	1.18	1.17	1.16
RMS	最大值	15.50	19.49	14.23
	最小值	1.23	1.33	1.32
	平均值	4.85	4.76	4.74

由表9-1可知，GPT2w-1计算的T_s值用于Bevis公式估计T_m时表现出最小的bias值和RMS误差值。因此，相对于GPT和GPT2w-5，GPT2w-1能提供最精确的T_s值用于Bevis公式的T_m估计。因此，选择GPT2w-1来为Bevis公式提供T_s值。如前所述，将这些模型估计的T_m值与T_m格网数据进行比较，最终可得到2015年T_m格网数据检验不同模型的bias值和RMS误差的精度统计，结果如表9-2和图9-1所示。

表9-2　**利用2015年全球GGOS大气格网数据验证GGT_m、GPT2w-5、GPT2w-1和Bevis公式的精度统计(单位：K)**

模　型		Bevis+GPT2w-1	GPT2w-5	GPT2w-1	GGT_m
bias值	最大值	13.58	24.68	11.93	3.48
	最小值	-7.25	-13.52	-3.19	-2.24
	平均值	1.16	0.01	0.02	-0.05
RMS	最大值	14.23	24.98	12.43	5.67
	最小值	1.32	1.02	1.02	0.86
	平均值	4.74	3.43	3.29	2.89

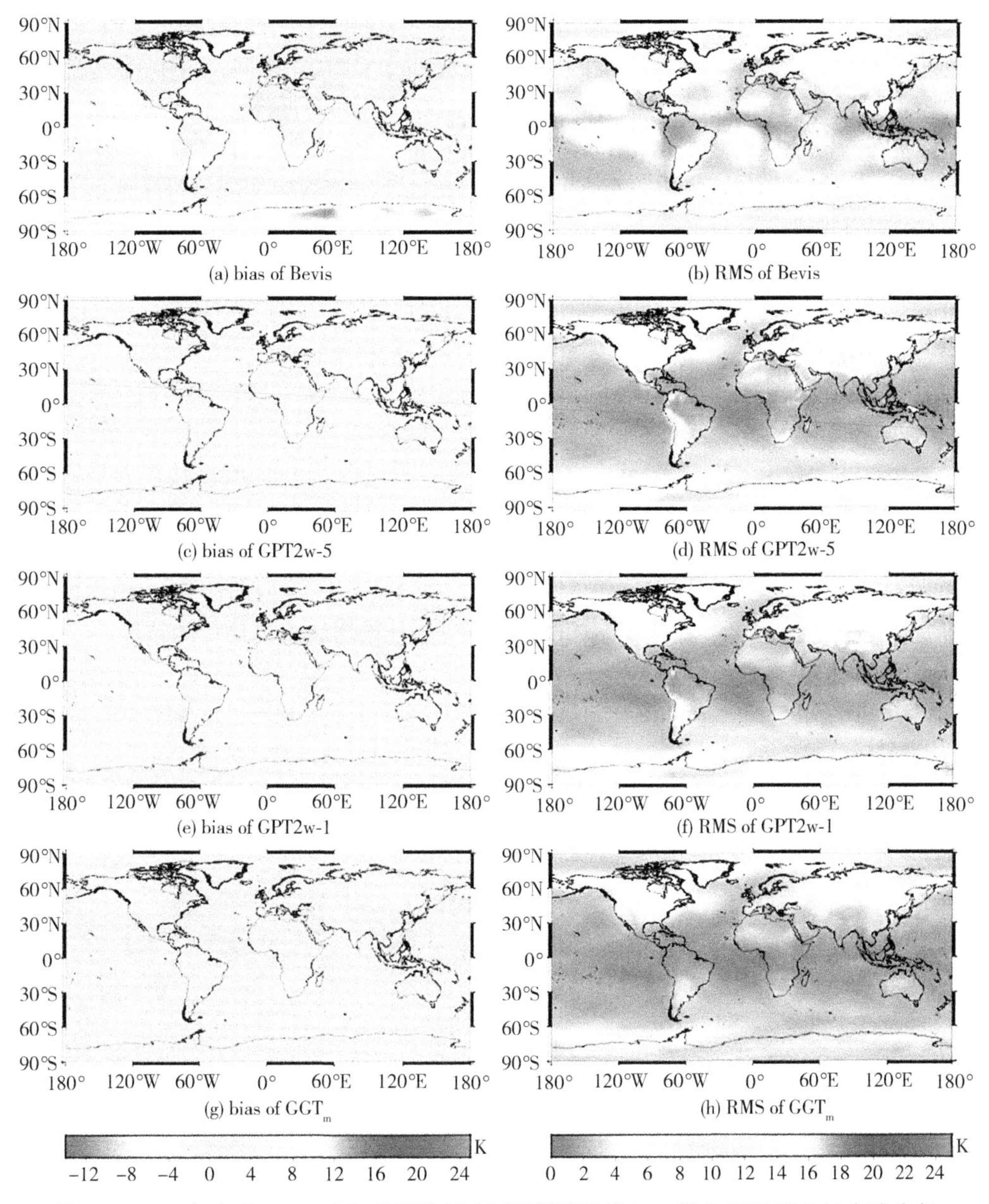

图 9-1 2015 年全球 GGOS 大气格网数据验证不同模型的 bias 值和 RMS 误差的全球分布

由表 9-2 可知，GGT$_m$ 模型的平均 bias 值和 RMS 误差值分别为-0.05K 和 2.89K，其变化范围分别是-2.24~3.48K 和 0.86~5.67K。在 RMS 误差方面，相对于 GPT2w-5 和 GPT2w-1，GGT$_m$ 模型在全球的精度分别提升了约 0.5K(16%)和 0.4K(12%)。GPT2w-1 的精度略优于 GPT2w-5，而 Bevis 公式则表现出最大的 RMS 误差值。图 9-1 表明 GPT2w-5 在中国西部、喜马拉雅山、南极、智利、秘鲁和格陵兰的部分地区存在较大的 bias 值和 RMS 误差。相对于 GPT2w-5，GPT2w-1 提高了模型参数的空间分辨率，但是在格陵兰、智利、中国西部和南极的部分地区仍存在较大的 bias 值和 RMS 误差，其主要原因是这些地区的地形起伏较大，由于 GPT2w 模型在计算 T_m 时未顾及 T_m 的高程改正。GGT$_m$ 模型在全球范围内均表现出稳定和优异的性能，因此，相对于 GPT2w 模型，GGT$_m$ 模型在这些地形起伏较大的地区表现出显著的优势。对于 Bevis 公式，其在低纬度地区表现出明显的负 bias 值，而在南极地区则表现出正 bias 值。与此同时，Bevis 公式在格陵兰和中国西部的部分地区存在较大的 RMS 误差，尤其是在南纬 60 度至南极地区和部分海洋地区，其主要原因是 Bevis 公式建模时只利用了北美地区的探空站资料。此外，Bevis 公式也没有顾及 T_m 的垂直递减率，从而导致了其在这些区域使用时存在较大的误差。总之，相对于 GPT2w 模型和 Bevis 公式，GGT$_m$ 模型在全球范围内估计 T_m 时均未发现较大的误差，且表现出稳定和优越的性能。

为了检验不同模型在不同年积日上的稳定性和精度，统计了不同模型的全球所有格网点的日均 bias 值和 RMS 误差时间序列，结果如图 9-2 所示。

由图 9-2 可以看出，Bevis 公式在全年均表现出明显的正 bias 值，其在春季和秋季存在较大的 bias 值和 RMS 误差，同时 Bevis 公式在所有模型当中表现出了最大的 bias 值和 RMS 误差。GPT2w 模型和 GGT$_m$ 模型均在春季和冬季期间表现出明显的负 bias 值，而在夏季期间表现出正 bias 值。而在 RMS 误差方面，GPT2w 模型和 GGT$_m$ 模型均未发现明显的季节变化。总之，相对于其他模型，GGT$_m$ 模型在全年均表现出最优的精度。

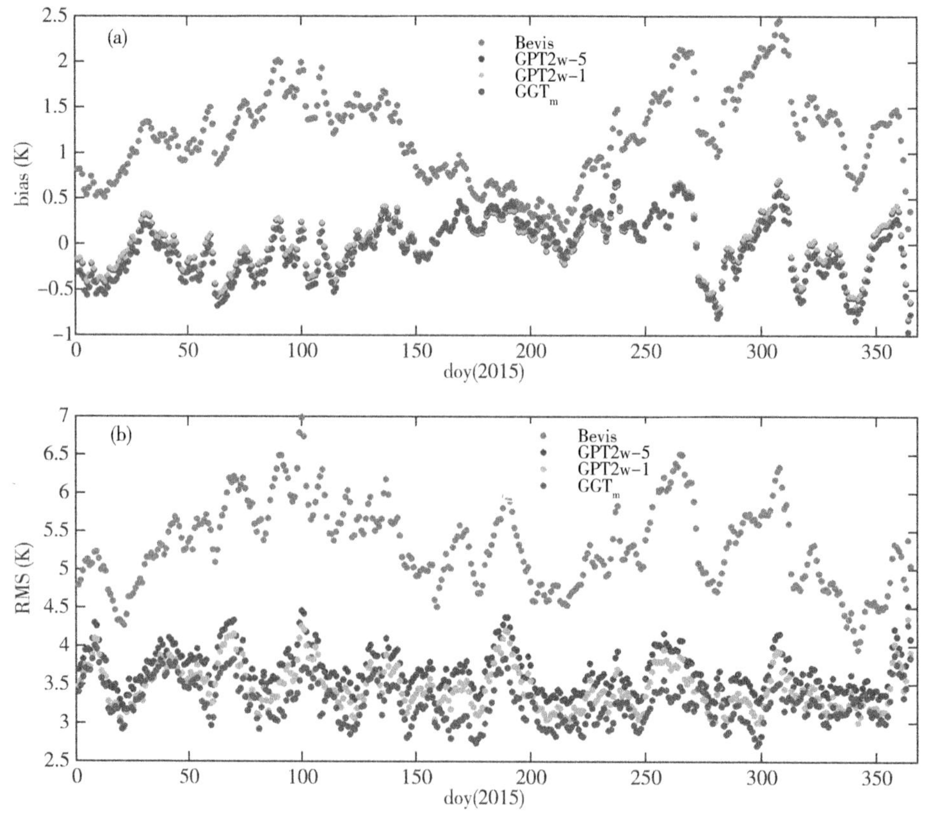

图 9-2　2015 年全球 GGOS 大气格网数据验证不同模型的日均 bias 值和 RMS 误差的时序变化

9.3.2 利用全球探空资料验证 GGT$_m$ 模型精度

为了进一步检验 GGT$_m$ 模型的精度，共选择了 412 个分布全球的无线电探空站，无线电探空站的点位分布如图 9-3 所示。由图 9-3 可以看出分布于北半球的无线电探空站个数多于南半球。以 2015 年每天 UTC 00：00 和 12：00 时刻的无线电探空资料积分计算的 T_m 值作为参考值，验证 GGT$_m$ 模型、GPT2w-5、GPT2w-1 和 Bevis 公式的精度，Bevis 公式计算 T_m 值所需的 T_s 值可由探空站提供。为了确保验证的可靠性，所选择的 412 个无线电探空站所包含的数据均为半年以上，且剔除了异常的无线电探空剖面信息，最终统计得到不同模型的 bias 值和 RMS 误差，结果如表 9-3 和图 9-4 所示。

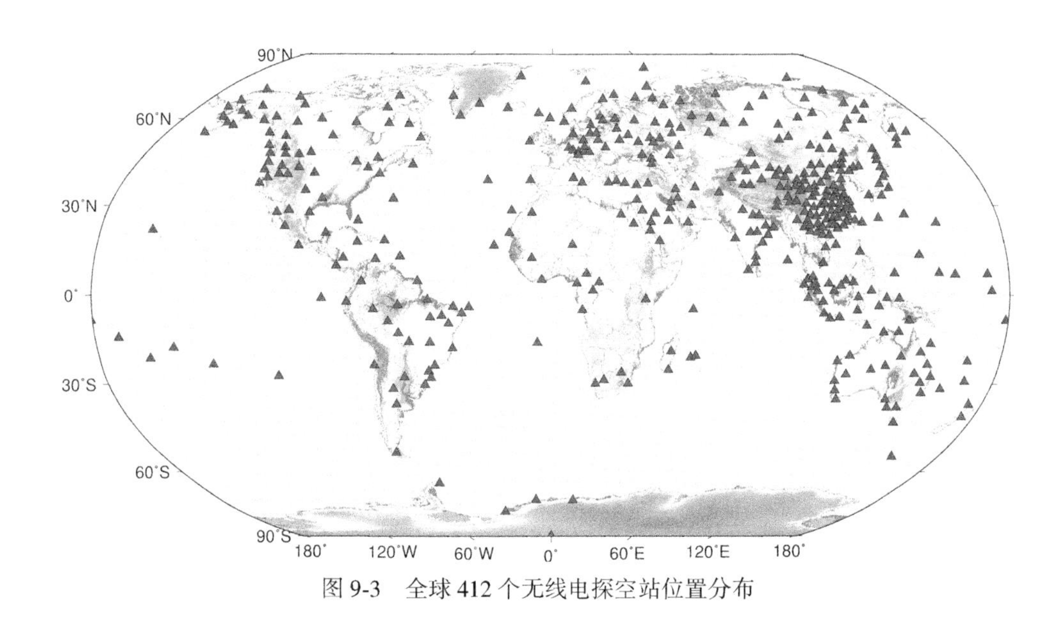

图 9-3 全球 412 个无线电探空站位置分布

表 9-3 **利用 2015 年全球 412 个探空站数据验证 GGT$_m$、GPT2w-5、GPT2w-1 和 Bevis 公式的精度统计(单位：K)**

模型		Bevis	GPT2w-5	GPT2w-1	GGT$_m$
bias	最大值	7.75	8.39	4.49	3.61
	最小值	-6.12	-13.89	-6.63	-3.67
	平均值	-0.02	-0.93	-0.76	0.03
RMS	最大值	8.33	14.42	8.44	6.90
	最小值	1.32	1.45	1.48	1.14
	平均值	4.10	4.03	3.82	3.54

由表 9-3 可知，Bevis 公式在全球具有最大的平均 RMS 误差和最小的平均绝对 bias 值，其值分别为4.1K和 0.02K。GPT2w-5 和GPT2w-1在全球的平均 RMS 误差分别为 4.03K

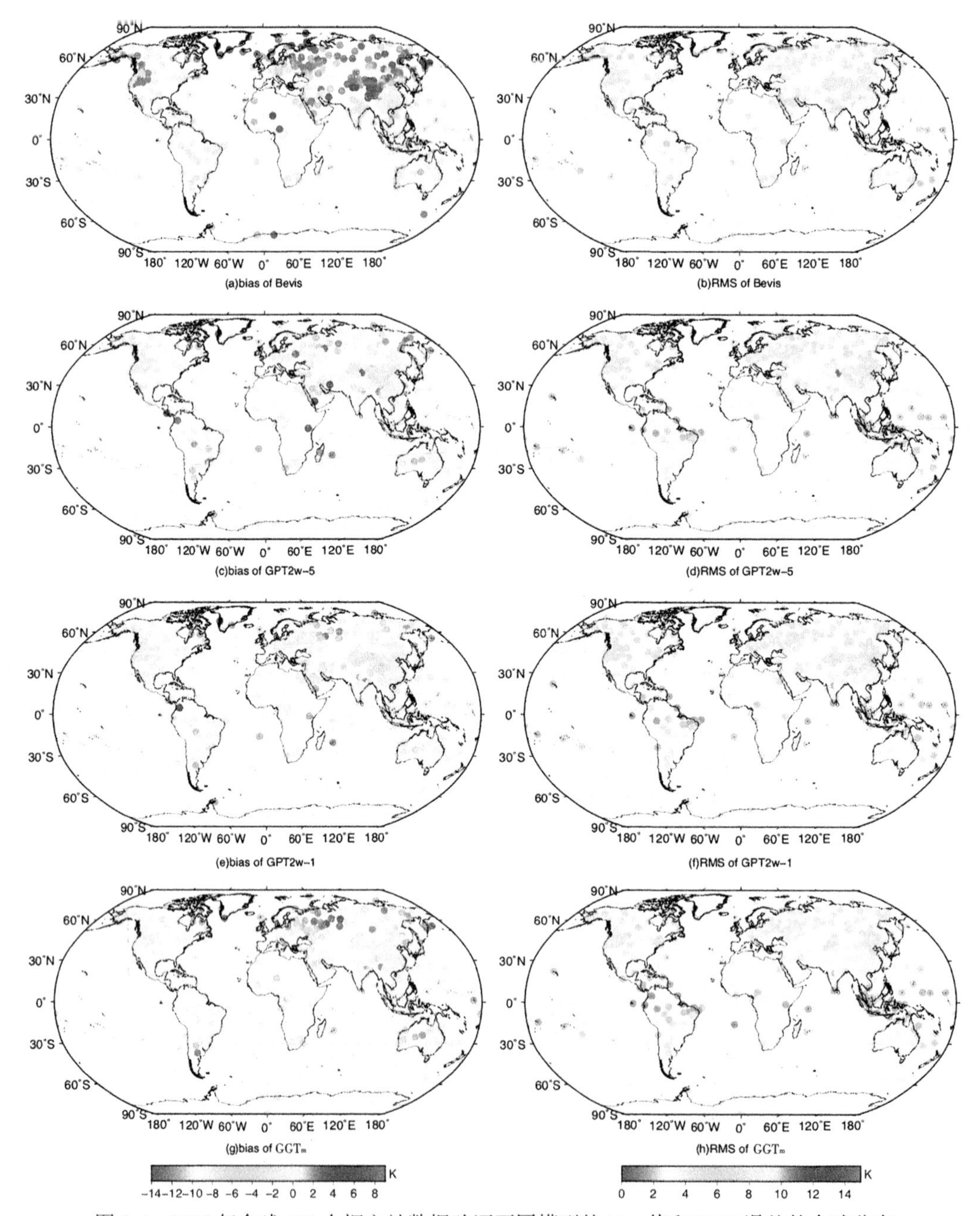

图 9-4　2015 年全球 412 个探空站数据验证不同模型的 bias 值和 RMS 误差的全球分布

和 3.82K，但是 GPT2w-5 存在最大的绝对 bias 值和 RMS 误差值，相对于 GPT2w-5，GPT2w-1 表现出相对稳定的 bias 值和 RMS 误差，原因是 GPT2w-1 提高了模型参数的空间分辨率。GGT_m 在全球具有最小的平均 RMS 误差，为 3.54K，其数值的变化范围为 1.14~6.90K，相对于 GPT2w-5 和 GPT2w-1，GGT_m 模型在全球计算 T_m 的精度分别提升了 0.5K (12%) 和 0.3K(8%)。因此，相对于其他模型，GGT_m 模型在全球表现出了优异的 T_m 估计性能。

由图 9-4 可知，在 RMS 误差方面，所有模型在低纬度地区均获得了相对较高的精度，其原因将在随后进一步分析。Bevis 公式在低纬度地区存在明显的负 bias 值，而在俄罗斯和中国西部地区表现出正 bias 值，但是其在北美地区取得了相对较好的 T_m 估计效果，其原因是 Bevis 公式建模使用的数据主要来自该地区的探空站资料。对于 GPT2w-5，其在智利和中国西北部的部分地区存在较大的 bias 值和 RMS 误差值。此外，GPT2w-5 和 GPT2w-1 在中国西北部和北美西部的部分地区表现出较大的负 bias 值，相对于 GGT_m 模型，GPT2w-1 模型在中国西北部和南美西北部的部分地区仍然存在较大的 RMS 误差。然而，GGT_m 模型在全球范围内均保持了较小和稳定的 bias 值和 RMS 误差值。此外，对每个模型在所有探空站的 bias 值进行了进一步统计分析，得到了每个模型的误差分布直方图，结果如图 9-5 所示。

图 9-5 表明，从误差分布直方图可看出 GGT_m 模型的 bias 值较小且其分布高度集中于 0；尽管 Bevis 公式 bias 值的分布相对集中于 0，但是具有较大负 bias 值的个数与其较大正 bias 值的个数近似相等，从而导致了 Bevis 公式具有较小的平均 bias 值。而 GPT2w-5 和 GPT2w-1 的 bias 值分布表现为相对分散，其负 bias 值的个数居多，由此表明相对于探空站数据 GPT2w 模型估计的 T_m 值存在系统偏差。图 9-6 进一步给出了这些模型的 RMS 误差值的统计。

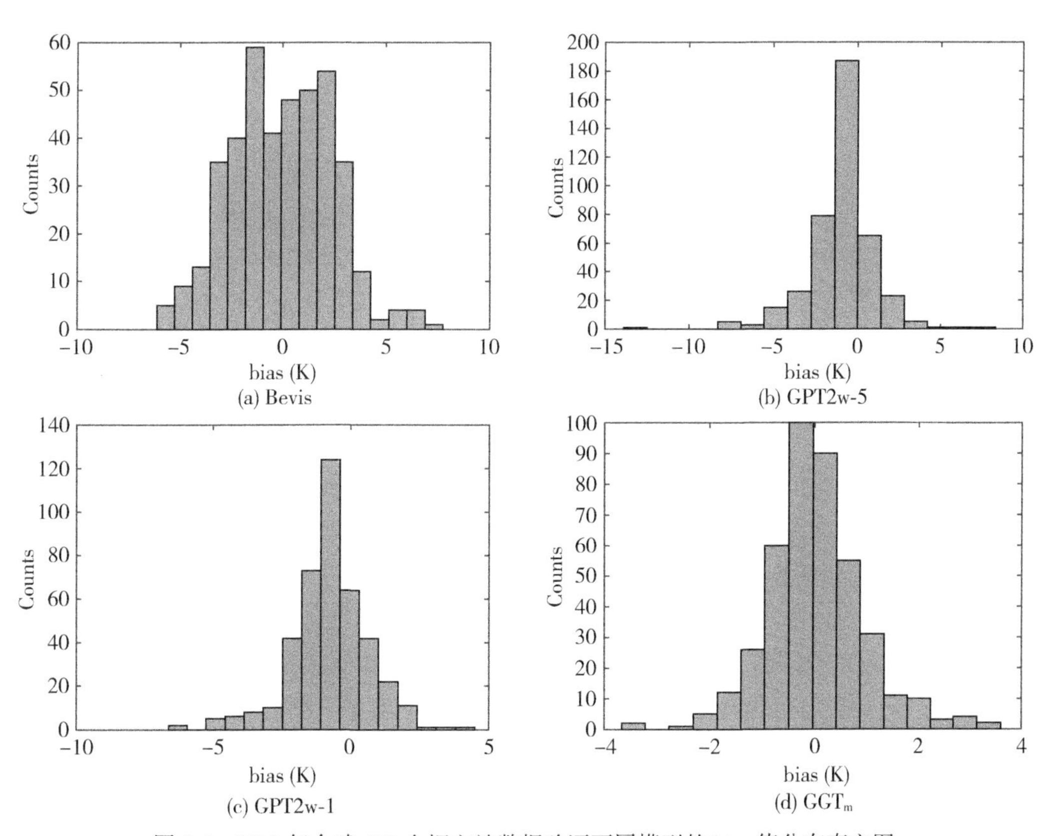

图 9-5 2015 年全球 412 个探空站数据验证不同模型的 bias 值分布直方图

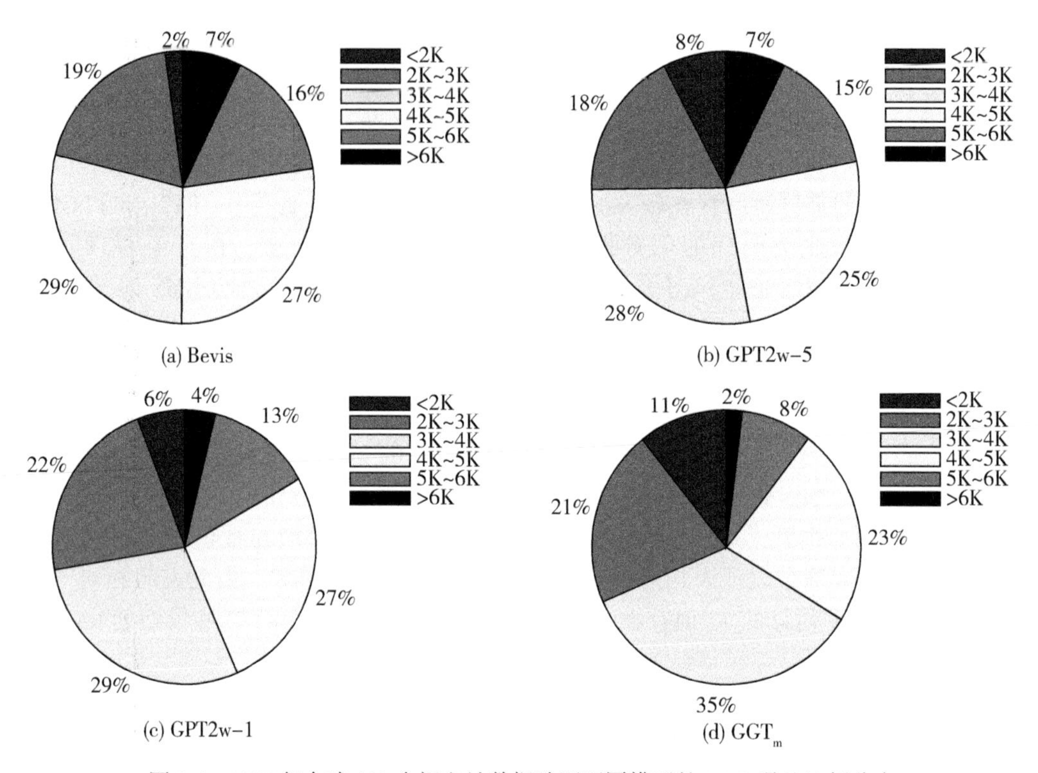

图 9-6　2015 年全球 412 个探空站数据验证不同模型的 RMS 误差比例分布

由图 9-6 可以更直观地看出，对于 Bevis 公式，其 RMS 误差小于 5K 的比例为 77%，低于 3K 的比例仅为 21%，而其大于 6K 的比例则高达 7%。对于 GPT2w-5，其 RMS 误差低于 5K 的比例为 78%(GPT2w-1 为 83%)，而低于 3K 的比例为 26%(GPT2w-1 为 28%)，其大于 6K 的比例高于 GPT2w-1，但是其低于 2K 的比例稍微高于 GPT2w-1。在所有模型当中，GGT_m 模型在低于 5K 和低于 3K 的 RMS 误差中均占据了最大的比例，其比例分别为 90%和 32%。在低于 5K 的 RMS 误差比例中，相对于 GPT2w-5 和 GPT2w-1，GGT_m 模型的比例分别提高了 12%和 7%，而在低于 3K 的 RMS 误差比例中，其分别提高了 6%和 4%。此外，GGT_m 模型在大于 6K 和低于 2K 的 RMS 误差比例中，其分别具有最小值 2%和最大值 11%。在大于 6K 的 RMS 误差比例中，相对于 GPT2w-5 和 GPT2w-1，GGT_m 模型的比例分别减少了 5%和 2%，而在小于 2K 的 RMS 误差比例中，其分别增加了 3%和 5%。由此进一步表明相对于其他模型，GGT_m 模型在全球范围内表现出了最优的 T_m 估计性能。

为了分析 GGT_m 模型、GPT2w 模型和 Bevis 公式的 bias 值和 RMS 误差值的季节变化特性，统计了每个模型在所有探空站的日均 bias 值和 RMS 误差值，得到了每个模型日均 bias 值和 RMS 误差值随年积日的变化，结果如图 9-7 所示。

由图 9-7 可知，总体上 GGT_m 表现出最小的 bias 值，且无明显的季节变化。GPT2w-5 和 GPT2w-1 在一年中的大部分时间内均表现出负 bias 值，其在春季和冬季期间存在相对显著的负 bias 值，由此进一步说明 GPT2w 模型计算 T_m 值时存在一定的系统误差。而 Bevis 公式在春季表现出了明显的正 bias 值，在夏季则表现为负 bias 值。在 RMS 误差方面，所有模型均具有相对明显的季节变化，其在春季和冬季期间表现为相对较大的 RMS 误差，在夏季期间则表现为较小的 RMS 误差，主要原因是本次实验所选择的探空站大部分都分布于北半球的中高纬度地区，在这些地区 T_m 的变化表现为夏季小和冬季大。而在所有模型中，GGT_m 模型在全年都具有最优的稳定性和精度。然而，对于其他模型，其稳定性和精度随着年积日的变化而变化。为了进一步验证 GGT_m 模型在季节变化上的性能，统计获得了不同模型的月均 bias 值和 RMS 误差，结果如图 9-8 所示。

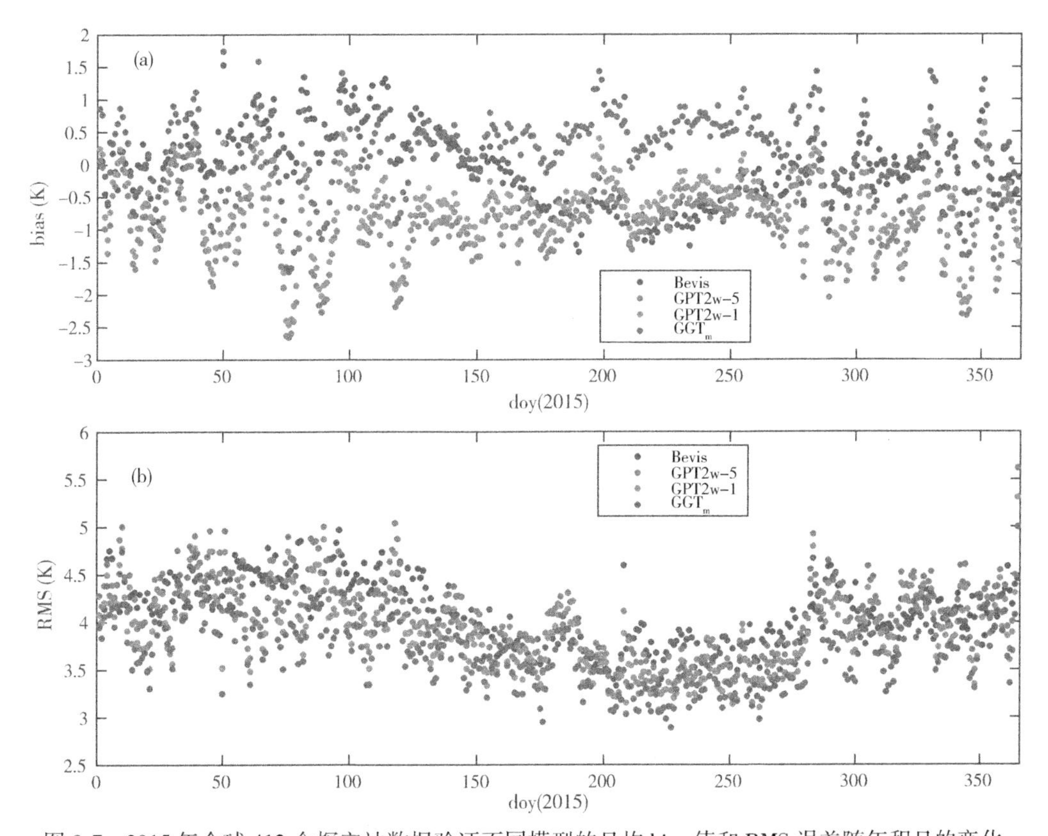

图 9-7　2015 年全球 412 个探空站数据验证不同模型的日均 bias 值和 RMS 误差随年积日的变化

由图 9-8(a)可以看出，GPT2w-5 和 GPT2w-1 在 12 个月当中均表现出较大的月均负 bias 值，而 GGT_m 模型则表现为稳定和较小的月均 bias 值。相对于 GPT2w-5 和 GPT2w-1，GGT_m 模型在 1~6 月和 10~12 月中表现出了显著的优势。图 9-8(b)表明相对于其他模型，在 RMS 误差方面，GGT_m 模型仍然保持了最优的性能。相对于 GPT2w-5 和 GPT2w-1 的月均 RMS 误差，GGT_m 模型分别改善了约 0.5K 和 0.3K。因此，GGT_m 模型在所有模型当中表现出了最优的季节性能。

如前所述，T_m 与高程和纬度均具有较强的相关性。为了分析 GGT_m 模型、GPT2w 模型和 Bevis 公式的 bias 值和 RMS 误差值与高程的关系，将本次实验所选的 412 个无线电探空站按照 500m 的高程间隔进行分类，最终可分为 6 组高程范围，即低于 500m、500～1000m、1000～1500m、1500～2000m、2000～2500m 和高于 2500m。对 412 个探空站的 bias 值和 RMS 误差值按照以上高程范围进行统计，则可获得每个高程范围内的 bias 值和 RMS 误差值，结果如图 9-9 所示。

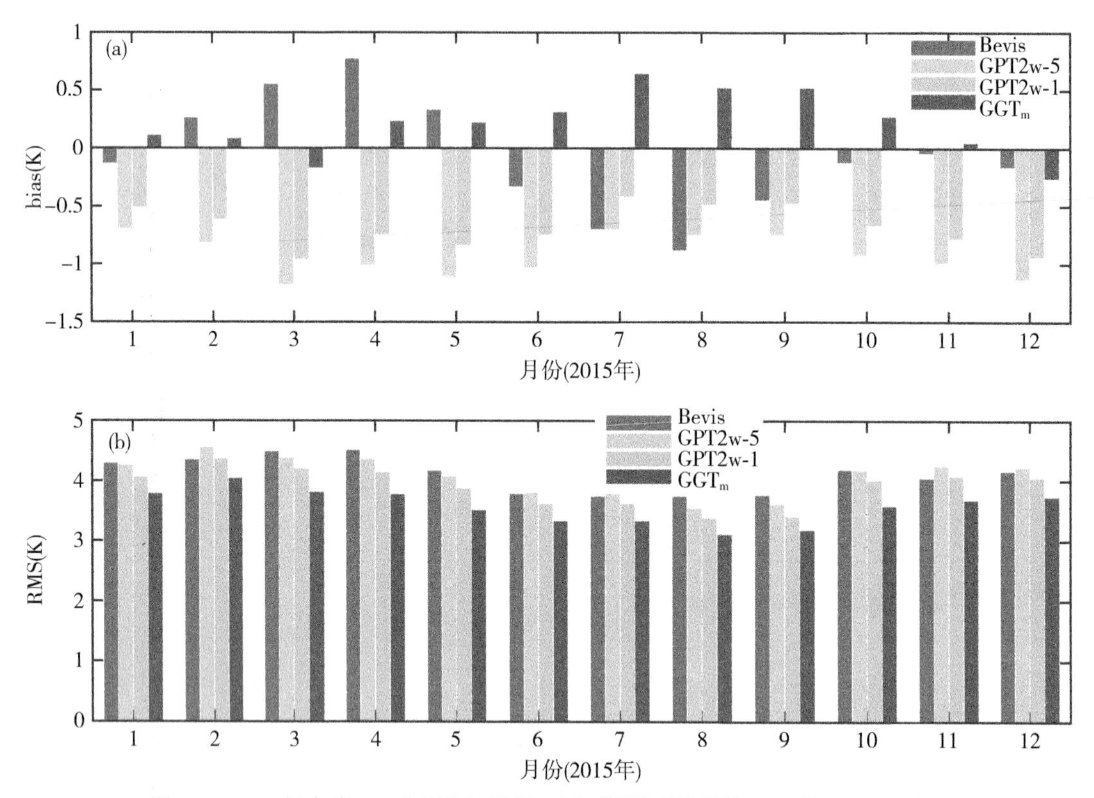

图 9-8　2015 年全球 412 个探空站数据验证不同模型的月均 bias 值和 RMS 误差

由图 9-9 可知，总体上 Bevis 公式的 bias 值和 RMS 误差值随着高程的增加而增大；尽管 GPT2w-5 和 GPT2w-1 的 bias 值和 RMS 误差值在不同高程范围内未发现明显的变化关系，但其在高海拔地区仍然存在较大的 bias 值和 RMS 误差值。GGT$_m$ 模型在高海拔地区则表现出显著的优势，尤其在高程大于 2500m 以上地区，相对于 Bevis 公式、GPT2w-5 和 GPT2w-1，其精度分别提升了 2.5K、1.3K 和 1.2K(在 RMS 误差方面)。然而，GGT$_m$ 在每个高程范围内均具有较小的 bias 值和 RMS 误差值，且它们在每个高程范围内的差异也较小，由此证实了 GGT$_m$ 模型与其他模型相比具有较强的优势。

此外，为了进一步分析不同模型的 bias 值和 RMS 误差值与纬度的关系，对 412 个探空站的 bias 值和 RMS 误差值按照 15 度的纬度间隔进行分类，最终得到每个纬度范围内的 bias 值和 RMS 误差值，结果如图 9-10 所示。

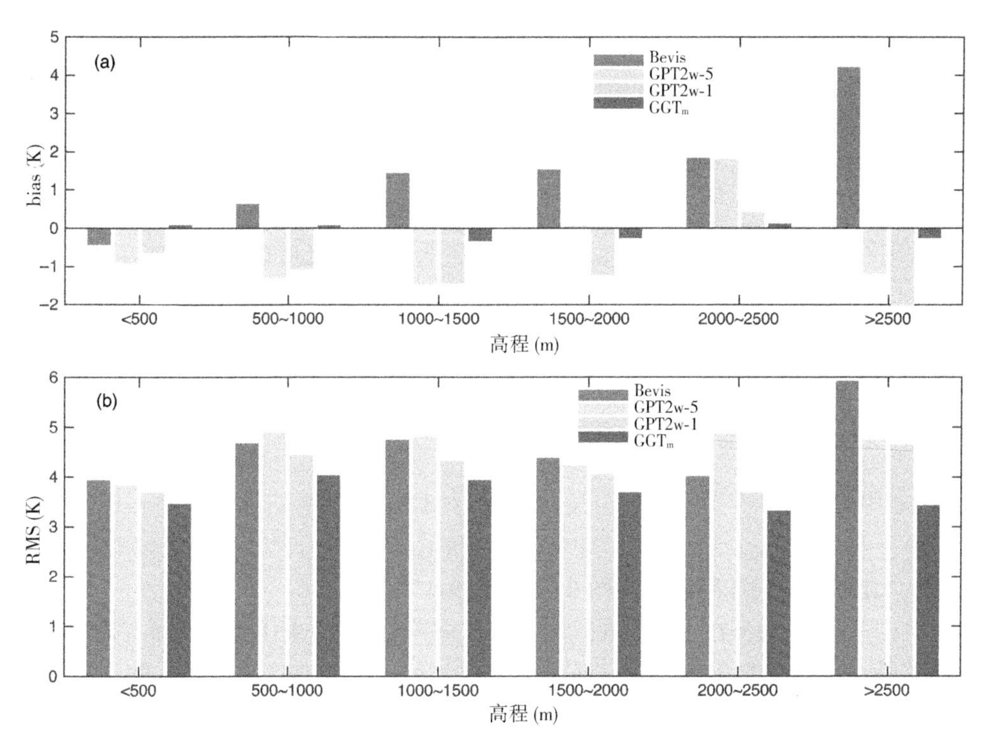

图 9-9 2015 年全球 412 个探空站数据验证不同模型在不同高程范围的 bias 值和 RMS 误差结果

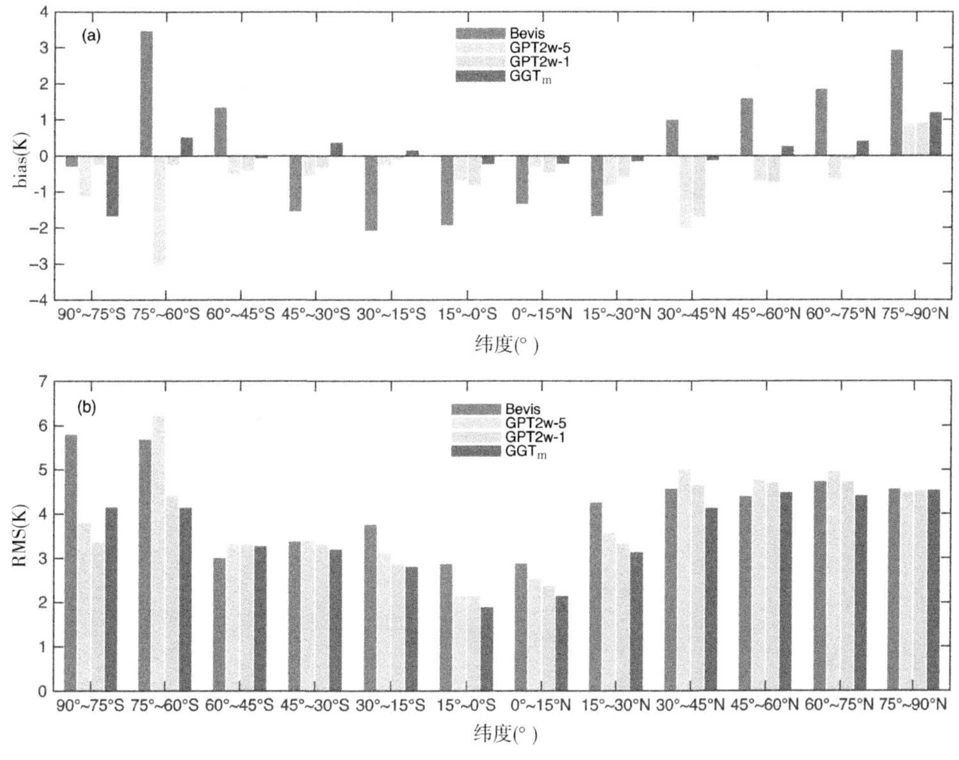

图 9-10 2015 年全球 412 个探空站数据验证不同模型在不同纬度范围的 bias 值和 RMS 误差结果

图9-10表明Bevis公式在大部分的纬度范围内均表现出相对较大的bias值和RMS误差值，其bias值在北半球随着纬度的增加而增大。此外，Bevis公式、GPT2w-5和GPT2w-1在低纬度和中纬度地区出现明显的负bias值，尤其在南半球的高纬度地区，Bevis公式和GPT2w-5存在较大的bias值和RMS误差值。在RMS误差方面，Bevis公式在北半球的中纬度地区(30°N~60°N)其精度略优于GPT2w-5和GPT2w-1，主要原因是Bevis公式建模时采用了该地区的探空站资料。然而，所有模型在低纬度地区(30°S~30°N)均表现出较好的精度，主要原因是该地区的T_m振幅值低于高纬度地区(Yao et al., 2014c)。相对于其他模型，GGT$_m$模型在纬度范围为15°S~45°N的地区表现出优越的T_m估计性能。总之，GGT$_m$模型在所有模型当中表现出了最优的稳定性和精度。

9.3.3　GGT$_m$模型对GNSS PWV估计的影响

本节采用与6.2.3.3节一样的方法分析T_m对GNSS PWV估计的影响，其理论表达式见式(6-5)，采用RMS$_{PWV}$和RMS$_{PWV}$/PWV来评价GGT$_m$模型计算的T_m值对GNSS PWV估计的影响，其理论结果如图9-11、图9-12和表9-4所示。

图9-11显示了各模型在2015年的全球RMS$_{PWV}$分布。由图9-11可知，所有模型在南极和北极地区均表现出较小的RMS$_{PWV}$值，本次试验中尽管在这两个地区具有较小的年均T_m值，主要原因是这两个地区的年均PWV值分别仅为3.0mm和8.0mm，因此该地区计算出的RMS$_{PWV}$值较小。Bevis公式和GPT2w-5在低纬度地区(30°S~30°N)均存在较大的RMS$_{PWV}$值，尤其是Bevis公式在亚洲南部的部分地区，在该地区其具有最大的RMS$_{PWV}$值(约1.0mm)。在低纬度地区，Bevis公式和GPT2w-5存在最大的年均PWV值和T_m值，尽管其在这些地区表现出较小的T_m年均RMS误差，由于存在较大的PWV值，从而导致这两个模型在该地区表现出较大的RMS$_{PWV}$值。相反，GGT$_m$和GPT2w-1则表现为相对较小的年均RMS$_{PWV}$值。

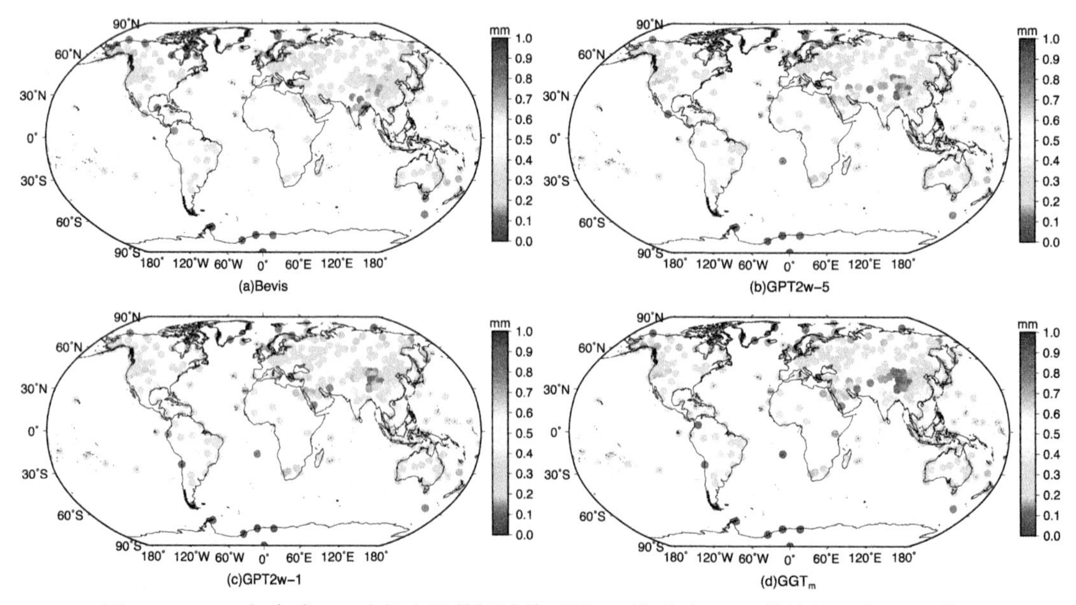

图9-11　2015年全球412个探空站数据计算不同T_m模型对PWV估计的理论RMS误差

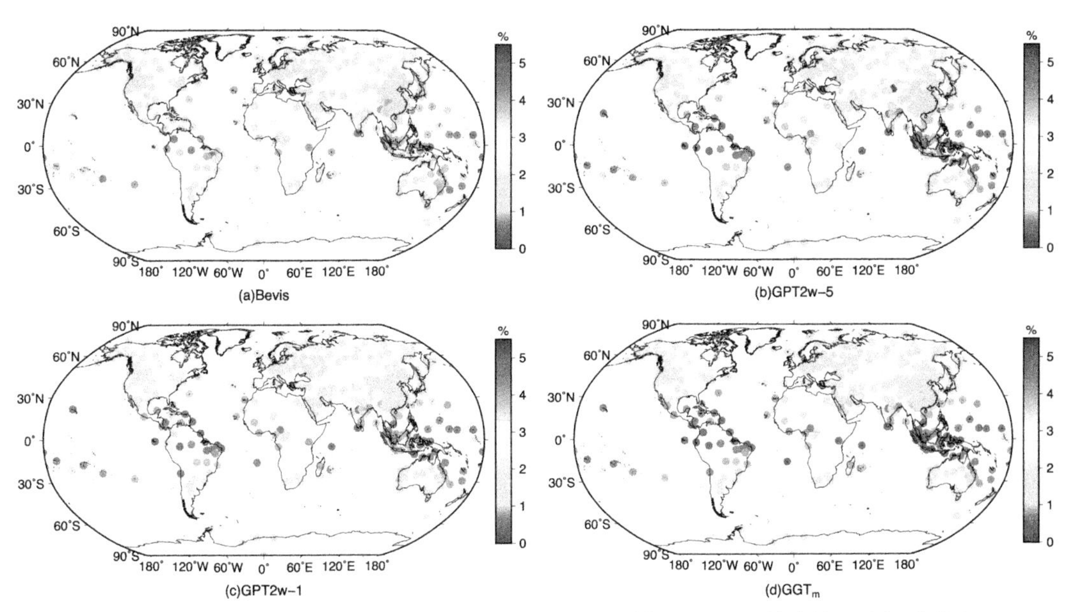

图 9-12　2015 年全球 412 个探空站数据计算不同 T_m 模型对 PWV 估计的理论相对误差

由图 9-12 可以看出，GGT_m、GPT2w-5 和 GPT2w-1 在低纬度地区均表现为较小的 RMS_{PWV}/PWV 值，尤其在 15°S～15°N 地区，由于在这些区域存在较小的 T_m 年均 RMS 误差和较大的 T_m 值，从而导致了其在该地区出现较小的 RMS_{PWV}/PWV 值，而在该地区 Bevis 公式相对于 GGT_m 模型和 GPT2w 模型则表现出相对较大的 RMS_{PWV}/PWV 值。尽管如此，Bevis 公式、GPT2w-5 和 GPT2w-1 在中国西部的部分地区仍存在相对较大的 RMS_{PWV}/PWV 值，而 GGT_m 在全球范围内则表现出相对稳定的性能。由表 9-4 可知，GGT_m 模型的 RMS_{PWV}值均小于 0.65mm，其在全球的平均 RMS_{PWV}值为 0.26mm。GGT_m 模型的 RMS_{PWV}/PWV 值在全球的变化范围是 0.4%～2.53%，其在全球范围内的平均 RMS_{PWV}/PWV 值为 1.28%。由于 GGT_m 模型是一个全球经验格网模型，其能为全球 GNSS PWV 估计提供实时、高精度和稳定的 T_m 信息。因此，GGT_m 模型在全球极端天气(如暴雨、水灾和台风事件)的实时分析或短临预报中具有重要的应用，尤其在低纬度地区和中国西部地区中的应用。

表 9-4　全球各模型提供 T_m 对 GNSS PWV 估计的 PWV 理论 RMS 误差和相对误差统计

模型	RMS_{PWV}(mm)			RMS_{PWV}/PWV(%)		
	最大值	最小值	平均值	最大值	最小值	平均值
Bevis	0.99	0.01	0.31	3.28	0.45	1.47
GPT2w-5	0.92	0.01	0.30	5.20	0.50	1.46
GPT2w-1	0.74	0.01	0.28	3.06	0.51	1.38
GGT_m	0.65	0.01	0.26	2.53	0.40	1.28

9.4　本章小结

为了满足全球范围内近实时/实时高精度的 GNSS 水汽探测要求，需要构建一个实时的、可靠的、高精度的全球 T_m 经验模型，尤其在缺乏实测气象参数的情况下。针对 T_m 在全球具有明显的季节和地理位置依赖性，本章利用全球多年的 GGOS 大气格网 T_m 数据及对应的椭球高格网数据构建了顾及时空因素的高精度全球 T_m 格网新模型——GGT_m 模型，该模型较好地解决了区域模型的全球化使用问题。结合 2015 年全球 GGOS 大气格网 T_m 数据和 2015 年全球无线电探空站资料检验了 GGT_m 模型在全球的精度和稳定性，并与全球广泛使用的 Bevis 公式和 GPT2w 模型进行精度对比。以全球 GGOS 大气格网 T_m 数据和全球无线电探空资料为参考值，相对于 Bevis 公式和 GPT2w 模型，GGT_m 模型在全球范围内表现出了最优的精度和稳定性，尤其在地形起伏较大的地区，而 Bevis 公式则表现出了最差的 T_m 估计效果和明显的系统偏差。

参考文献

[1]陈发德，刘立龙，黄良珂，等．2018. 小波去噪的广西加权平均温度插值研究[J]. 测绘科学，43(4)：24-29.

[2]陈冠旭，刘焱雄，柳响林，等．2017. 船载 GNSS 探测海洋水汽信息的影响因子分析[J]. 武汉大学学报(信息科学版)，42(2)：270-276.

[3]陈洪滨，吕达仁．1996. GPS 测量中的大气路径延迟订正[J]. 测绘学报，2：127-132.

[4]陈钦明，宋淑丽，朱文耀．2012. 亚洲地区 ECMWF/NCEP 资料计算 ZTD 的精度分析[J]. 地球物理学报，55(5)：1541-1548.

[5]陈香萍，杨翼飞，李小行，等．2018. 青藏高原地区水汽转换系数 H 模型反演 GPS 大气可降水量的适用性分析[J]. 桂林理工大学学报，38 (2)：283-288.

[6]陈永奇，刘焱雄，王晓亚，等．2007. 香港实时 GPS 水汽监测系统的若干关键技术[J]. 测绘学报，36(1)：9-12+25.

[7]戴吾蛟，陈招华，匡翠林，等．2011. 区域精密对流层延迟建模[J]. 武汉大学学报(信息科学版)，36(4)：392-395.

[8]戴吾蛟，赵岩．2013. 区域对流层干湿延迟建模[J]. 大地测量与地球动力学，33(2)：72-76.

[9]范士杰．2013. GPS 海洋水汽信息反演及三维层析研究[D]. 武汉：武汉大学.

[10]龚绍琦．2013. 中国区域大气加权平均温度的时空变化及模型[J]. 应用气象学报，24(3)：332-340.

[11]谷晓平，王长耀，王汶．2004. GPS 水汽遥感中的大气干延迟局地订正模型研究[J]. 热带气象学报，20(6)：697-704.

[12]华新荣，黄良珂，刘立龙，等．2015. 中国地区 ERA-Interim 资料计算 ZTD 精度评估[J]. 桂林理工大学学报，35(3)：518-523.

[13]黄良珂，刘立龙，姚朝龙，等．2013. 基于区域 CORS 网精密天顶对流层延迟建模方法研究[J]. 大地测量与地球动力学，33(6)：141-144.

[14]黄良珂，刘立龙，文鸿雁，等．2014. 亚洲地区 EGNOS 天顶对流层延迟模型单站修正与精度分析[J]. 测绘学报，43(8)：808-817.

[15]黄良珂，吴丕团，王浩宇，等．2019. 中国西南地区 GPS 大气水汽转换系数模型精化研究[J]. 大地测量与地球动力学，39(3)：256-261.

[16]黄良珂，彭华，刘立龙，等．2020. 顾及垂直递减率函数的中国区域大气加权平均温度模型[J]. 测绘学报，49(4)：432-442.

[17]姜卫平．2017. GNSS 基准站网数据处理方法与应用[M]. 武汉：武汉大学出版社.

[18]李国翠，李国平，杜成华，等. 2009. 华北地区地基GPS水汽反演中加权平均温度模型研究[J]. 南京气象学院学报，32(1)：81-86.
[19]李国平，陈娇娜，黄丁发，等. 2009. 地基GPS水汽实时监测系统及其气象业务应用[J]. 武汉大学学报(信息科学版)，34(11)：1328-1331.
[20]李国平. 2010. 地基GPS气象学[M]. 北京：科学出版社.
[21]李国平，陈娇娜，郝丽萍. 2011. 基于GPS-PWV的不同云系降水个例的综合分析[J]. 武汉大学学报(信息科学版)，36(4)：384-388.
[22]李建国，毛节泰，李成才. 1999. 使用全球定位系统遥感水汽分布原理和中国东部地区加权"平均温度"的回归分析[J]. 气象学报，57(3)：283-292.
[23]李黎，匡翠林，朱建军，等. 2012. 基于实时精密单点定位技术的暴雨短临预报[J]. 地球物理学报，55(4)：1129-1136.
[24]李黎，田莹，谢威，等. 2017. 基于探空资料的湖南地区加权平均温度本地化模型研究[J]. 大地测量与地球动力学，37(3)：282-286.
[25]李强，游新兆，杨少敏，等，中国大陆构造变形高精度大密度GPS监测——现今速度场，中国科学(D)，42(5)，2012，629-632.
[26]李薇，袁运斌，欧吉坤，等. 2012. 全球对流层天顶延迟模型IGGtrop的建立与分析[J]. 科学通报，57(15)：1317-1325.
[27]刘立龙，黄良珂，姚朝龙，等. 2012. 基于区域CORS网天顶对流层延迟4D建模研究[J]. 大地测量与地球动力学，32(3)：45-49.
[28]刘立龙，陈香萍，封海洋，等. 2016. 新疆地区Emardson大气水汽转换系数的适用性分析[J]. 大地测量与地球动力学，36(5)：434-437.
[29]刘立龙，黎骏宇，黄良珂，等. 2018. 地基GNSS反演大气水汽的理论与方法[M]. 北京：测绘出版社.
[30]毛健，朱长青，郭继发. 2013. 一种新的全球对流层天顶延迟模型[J]. 武汉大学学报(信息科学版)，38(6)：684-688.
[31]马志泉，陈钦明，高德政. 2012. 用中国地区ERA-Interim资料计算ZTD和ZWD的精度分析[J]. 大地测量与地球动力学，32(2)：100-104.
[32]钱闯，何畅勇，刘晖. 2014. 基于球冠谐分析的区域精密对流层建模[J]. 测绘学报，43(3)：248-256.
[33]曲建光. 2005. GPS遥感气象要素的理论与应用研究[D]. 武汉：武汉大学.
[34]曲建光，刘基余，韩中元. 2005. 利用天顶对流层延迟数据直接推算水汽含量的研究[J]. 武汉大学学报(信息科学版)，30(7)：625-628.
[35]曲伟菁，朱文耀，宋淑丽，等. 2008. 三种对流层延迟改正模型精度评估[J]. 天文学报，49(1)：113-122.
[36]单九生，邹海波，刘熙明，等. 2012. GPS/MET水汽反演中T_m模型的本地化研究[J]. 气象与减灾研究，35(01)：42-46.
[37]盛裴轩，毛节泰，李建国，等. 2003. 大气物理学[M]. 北京：北京大学出版社.
[38]宋淑丽，朱文耀，廖新浩. 2004. 地基GPS气象学研究的主要问题及最新进展[J].

地球科学进展，19(2)：250-251.
[39]宋淑丽，朱文耀，陈钦明，等．2010. 中国区域对流层延迟改正模型(SHAO)的初步建立[C]. 第一届中国卫星导航学术年会论文集.
[40]王笑蕾，张勤，张双成．2017. 利用 ECMWF 和 GPS 研究分析一次典型锋面雨[J]. 大地测量与地球动力学，37(5)：478-481.
[41]王潜心，许国昌，陈正阳．2010. 利用区域 GPS 网进行高海拔流动站的对流层延迟量内插[J]. 武汉大学学报(信息科学版)，35(12)：1405-1407.
[42]万蓉．2012. 地基 GPS 大气水汽反演技术研究与资料应用[D]. 南京：南京信息工程大学.
[43]王晓英，戴仔强，曹云昌，等．2011. 中国地区地基 GPS 加权平均温度 T_m 统计分析[J]. 武汉大学学报(信息科学版)，36(4)：412-416.
[44]王晓英，宋连春，戴仔强．2011. 香港地区加权平均温度特征分析[J]. 南京信息工程大学学报(自然科学版)，3(1)：47-52.
[45]王勇，刘严萍，柳林涛，等．2007. 区域 GPS 网对流层延迟直接推算可降水量研究[J]. 热带气象学报，23(5)：51-514.
[46]夏朋飞，蔡昌盛，戴吾蛟，等．2013. 地基 GPS 联合 COSMIC 掩星数据的水汽三维层析研究[J]. 武汉大学学报(信息科学版)，38(8)：892-896.
[47]谢劭峰，靳利洋，王新桥，等．2017. 广西地区大气加权平均温度模型[J]. 科学技术与工程，17(12)：133-137.
[48]谢劭峰，黎峻宇，刘立龙．2017. 新疆地区 GGOS Atmosphere 加权平均温度的精化[J]. 大地测量与地球动力学，37(5)：472-477.
[49]熊永良，黄丁发，丁晓利，等．2005. 基于多个 GPS 基准站的对流层延迟改正模型研究[J]. 工程勘察，5：55-57.
[50]徐韶光，熊永良，刘宁，等．2011. 利用地基 GPS 获取实时可降水量[J]. 武汉大学学报(信息科学版)，36(4)：407-411.
[51]姚朝龙，罗志才，刘立龙，等．2015. 顾及地形起伏的中国低纬度地区湿延迟与可降水量转换关系研究[J]. 武汉大学学报(信息科学版)，40(7)：907-912.
[52]姚宜斌，何畅勇，张豹，等．2013. 一种新的全球对流层天顶延迟模型 GZTD[J]. 地球物理学报，56(7)：2219-2227.
[53]姚宜斌，张豹，严凤，等．2015a. 两种精化的对流层延迟改正模型[J]. 地球物理学报，58(5)：1492-1501.
[54]姚宜斌，胡羽丰，余琛．2015b. 一种改进的全球对流层天顶延迟模型[J]. 测绘学报，44(3)：242-249.
[55]姚宜斌，胡羽丰，张豹．2016. 利用多源数据构建全球天顶对流层延迟模型[J]. 科学通报，61：2730-2741.
[56]姚宜斌，张顺，孔建．2017. GNSS 空间环境学研究进展和展望[J]. 测绘学报，46(10)：1408-1420.
[57]姚宜斌，孙章宇，许超钤，等．2019a. 顾及非线性高程归算的全球加权平均温度模

型[J]. 武汉大学学报(信息科学版), 44(1): 106-111.

[58]姚宜斌, 孙章宇, 许超钤. 2019b. Bevis 公式在不同高度面的适用性以及基于近地大气温度的全球加权平均温度模型[J]. 测绘学报, 48 (3): 276-285.

[59]尹慧芳, 党亚明, 薛树强, 等. 2013. 基于高阶泰勒级数展开式的对流层延迟量内插研究[J]. 大地测量与地球动力学, 33(6): 155-159.

[60]殷海涛. 2006. 基于参考站网络的区域对流层 4D 建模理论、方法及应用研究[D]. 成都: 西南交通大学.

[61]于胜杰, 柳林涛. 2009. 水汽加权平均温度回归公式的验证与分析[J]. 武汉大学学报(信息科学版), 34(6): 741-744.

[62]张宝成, 欧吉坤, 袁运斌, 等. 2012. 多参考站 GPS 网提取精密大气延迟[J]. 测绘学报, 41(4): 523-528.

[63]张洛恺, 杨力, 王艳玲, 等. 2014. 郑州地区大气加权平均温度模型确定[J]. 测绘科学技术学报, 31(6): 566-569.

[64]张小红, 朱锋, 李盼, 等. 2012. 区域 CORS 网络增强 PPP 天顶对流层延迟内插建模[J]. 武汉大学学报(信息科学版), 38(6): 679-683.

[65]章传银, 郭春喜, 陈俊勇, 等. 2009. EGM2008 地球重力场模型在中国大陆适用性分析[J]. 测绘学报, 38(4): 283-289.

[66]赵静旸, 宋淑丽, 陈钦明, 等. 2014. 基于垂直剖面函数式的全球对流层天顶延迟模型的建立[J]. 地球物理学报, 57(10): 3140-3153.

[67]赵静旸, 宋淑丽, 朱文耀. 2014. ERA-Interim 应用于中国地区地基 GPS-PWV 计算的精度评估[J]. 武汉大学学报(信息科学版), 39(8): 935-939.

[68]周苏娅, 闻德保, 梅登奎. 2020. 连续台风时期香港区域的水汽变化分析[J]. 大地测量与地球动力学, 40(1): 82-86.

[69]Adams D K, Gutman S I, Holub K L. 2013. GNSS Observations of Deep Convective Time scales in the Amazon[J]. Geophysical Research Letters, 40, 2818-2823.

[70]Alshawaf F, Fuhrmann T, Knöpfler A, et al. 2015. Accurate estimation of atmospheric water vapor using GNSS observations and surface meteorological data[J]. IEEE Transactions on Geoscience and Remote Sensing, 53(7): 3764-3771.

[71]Askne J, Nordius H. 1987. Estimation of Tropospheric Delay for Microwaves from Surface Weather Data[J]. Radio Science, 22(3): 379-386.

[72]Barindelli S, Realini E, Venuti G, et al. 2018. Detection of water vapor time variations associated with heavy rain in northern Italy by geodetic and low-cost GNSS receivers[J]. Earth Planets Space, 70(1): 28.

[73]Benevide P, Catalao J, Miranda P M A. 2015. On the inclusion of GPS precipitable water vapour in the nowcasting of rainfall[J]. Natural Hazards Earth System Sciences, 15(12): 2605-2616.

[74]Bevis M, Businger S, Chiswell S, et al. 1992. GPS meteorology: remote sensing of atmospheric water vapor using the global positioning system[J]. Journal of Geophysical

Research, 97(D14): 15787-15801.

[75]Bevis M, Businger S, Chiswell S, et al. 1994. GPS meteorology: mapping zenith wet delays onto precipitable[J]. Journal of Applied Meteorology, 33: 379-386.

[76]Black H D. 1978. An easily implemented algorithm for the tropospheric range correction [J]. Journal of Geophysical Research, 83(B4): 1825-1828.

[77]Boehm J, Schuh H. 2004. Vienna mapping functions in VLBI analysis[J]. Geophysical Research Letters, 31(1): l01603. 1-l01603. 4.

[78]Boehm J, Niell A, Tregoning P, et al. 2006. Global mapping function (GMF): a new empirical mapping function based on numerical weather model data[J]. Geophysical Research Letters, 33: l07304.

[79]Böhm J, Heinkelmann R, Schuh H. 2007. Short Note: A global model of pressure and temperature for geodetic applications[J]. Journal of Geodesy, 81: 679-683.

[80]Böhm J, Moeller G, Schindelegger M, et al. 2015. Development of an improved empirical model for slant delays in the troposphere (GPT2w)[J]. GPS Solutions, 19(3): 433-441.

[81]Bolton D. 1980. The computation of equivalent potential temperature[J]. Monthly Weather Review, 108: 1046-1053.

[82]Boudouris G. 1963. On the index of refraction of air, the absorption and dispersion of centimeter waves by gases[J]. Journal of Research of the National Bureau of Standards, D, 67: 631-684.

[83]Bromwich D H, Wang S H. 2005. Evaluation of the NCEP-NCAR and ECMWF 15-and 40-yr reanalyses using radiosonde data from two independent Arctic field experiments[J]. American Meteorological Society, 133(12): 3562-3578.

[84]Byun S H, Bar-Sever Y E. 2009. A new type of troposphere zenith path delay product of the international GNSS service[J]. Journal of Geodesy, 83(3-4): 1-7.

[85]Chao C C. 1974. The troposphere calibration model for mariner Mars 1971[R]. Technical Report 32-1587, JPL, Pasadena, California, 61-76.

[86]Chen B, Liu Z, Wong W K, et al. 2017. Detecting water vapor variability during heavy precipitation events in Hong Kong using the GPS tomographic technique[J]. Journal of Atmospheric and Ocean Technology, 34: 1001-1019.

[87]Chen J, Li H, Wu B, et al. 2013. Performance of real-time precise point positioning[J]. Marine Geodesy, 36(1): 98-108.

[88]Chen P, Yao W Q, Zhu X J. 2014. Realization of global empirical model for mapping zenith wet delays onto precipitable water using NCEP re-analysis data[J]. Geophysical Journal International, 198: 1748-1757.

[89]Chen Q M, Song S L, Heise S, et al. 2011. Assessment of ZTD derived from ECMWF/NCEP data with GPS ZTD over China[J]. GPS Solutious, 15(4): 415-425.

[90]Chernykh I V, Alduchov O A, Eskridge R E. 2001. Trends in low and high cloud boundaries and errors in height determination of cloud boundaries[J]. Bulletin of the

American Meteorological Society, 82(9): 1941-1947.
[91] Ciesielski P E, Chang W M, Huang S C, et al. 2010. Quality-controlled upper-air sounding dataset for TiMREX/SoWMEX: Development and corrections[J]. Journal of Atmospheric and Oceanic Technology, 27(11): 1802-1821.
[92] Collins J P, Langley R B, LaMance J. 1996. Limiting factors in tropospheric propagation delay error modelling for GPS airborne navigation[C]. In: Proceedings ION-AM-1996, Institute of Navigation, Cambridge, Massachusetts, June 19-21, 519-528.
[93] Collins J P, Langley R B. 1997. A tropospheric delay model for the user of the Wide Area Augmentation System[C]. In: Final Contract Report Prepared for Nav Canada, Department of Geodesy and Geomatics Engineering Technical Report No. 187, University of New Brunswick, Fredericton, N B Canada.
[94] Davis J L, Herring T A, Shapiro I I, et al. 1985. Geodesy by radio interferometry: Effects of atmospheric modeling errors on estimates of baseline length[J]. Radio science, 20(6): 1593-1607.
[95] Deeter M. 2007. A new satellite retrieval method for precipitable water vapor over land and ocean[J]. Geophysical Research Letters, 34, L02815.
[96] Ding M H, Hu W S, Jin X. 2016. A new ZTD model based on permanent ground-based GNSS-ZTD data[J]. Survey Review, 48: 351, 385-391.
[97] Dodson A H, Baker H C. 1998. Accuracy of orbit for GPS atmospheric water vapor estimation. Physics and Chemistry of the Earth, 23(1): 119-124.
[98] Dodson A H, Chen W, Baker H C. 1999. Assessment of EGNOS tropospheric correction model[C]. Proceedings of ION GPS-99, 12th International Technical Meeting of the Satellite Division of The Institute of Navigation, Nashville, TN, 14-17 September 1999, 1401-1407.
[99] Duan J, Bevis M, Fang P. 1996. GPS meteorology: Direct estimation of the absolute value of precipitable water[J]. Journal of Applied Meteorology, 35(7): 830-838.
[100] Emardson T R, Elgered G, Johansson J M. 1998. Three months of continuous monitoring of atmospheric water vapor with a network of Global Positioning System receivers[J]. Journal of Geophysical Research, 103(D2): 1807-1820.
[101] Emardson T R, Derks H J P. 2000. On the relation between the wet delay and the integrated precipitable water vapour in the European atmosphere[J]. Meteorological Applications, 7: 61-68.
[102] Essen L, Froome K D. 1951. The refractive indices and dielectric constants of air and its principal constituents at 24 GHz. Proceedings of the Physical Society, London[J]. 64: 862-875.
[103] Foelsche U, Kirchengast G. 2001. Troposphere water vapor imaging by combination of ground-based and space-borne GNSS sounding data[J]. Journal of Geophysical Research, 106: 27221-27231.

[104] Garand L, Grassotti C, Hallé J, et al. 1992. On Differences in Radiosonde Humidity-Reporting Practices and Their Implications for Numerical Weather Prediction and Remote Sensing[J]. Bulletin of the American Meteorological Society, 73(9): 1417-1424.

[105] Gelaro R, Mccarty W, Suárez, et al. 2017. The modern-era retrospective analysis for research and applications, Version 2 (MERRA-2)[J]. Journal of Climate, 30(14): 5419-5454.

[106] Guerova G, Jones J, Dousa J, et al. 2016. Review of the state of the art and future prospects of the ground-based GNSS meteorology in Europe[J]. Atmospheric Measurement Techniques, 9(11): 5385-5406.

[107] Hanna N, Trzcina E, Moller G, et al. 2019. Assimilation of GNSS tomography products into the weather research and forecasting model using radio occultation data assimilation operator[J]. Atmospheric Measurement Techniques, 12, 4829-4848.

[108] He C Y, Wu S Q, Wang X M, et al. 2017. A new voxel-based model for the determination of atmospheric weighted mean temperature in GPS atmospheric sounding[J]. Atmospheric Measurement Techniques, 10: 2045-2060.

[109] Herring T A. 1992. Modeling atmospheric delays in the analysis of space geodetic data [A]. Symposium on Refraction of Transatmospheric Signals in Geodesy, 36: 243-248.

[110] Hobiger T, Ichikawa R, Takasu T, et al. 2008a. Ray-traced troposphere slant delays for precise point positioning[J]. Earth Planets Space, 60(5): e1-e4.

[111] Hobiger T, Ichikawa R, Koyama Y, et al. 2008b. Fast and accurate ray-tracing algorithms for real-time space geodetic applications using numerical weather models[J]. Journal of Geophysical Research, 113: D20302.

[112] Hopfield H S. 1969. Two-Quartic tropospheric refractivity profile for correcting satellite data[J]. Journal of Geophysical Research, 74(18): 4487-4499.

[113] Huang L K, Liu L L, Yao C L. 2012. A zenith tropospheric delay correction model based on the regional CORS network[J]. Geodesy and Geodynamics, 3(4): 53-62.

[114] Huang L K, Xie S F, Liu L L. 2017. SSIEGNOS: A new Asian single site tropospheric correction model[J]. ISPRS International Journal of Geo-Information, 6, 20.

[115] Huang L K, Liu L L, Chen H, et al. 2019. An improved atmospheric weighted mean temperature model and its impact on GNSS precipitable water vapor for China[J]. GPS Solutions, 23(2): 51.

[116] Huang L K, Jiang W P, Liu L L, et al. 2019. A new global grid model for the determination of atmospheric weighted mean temperature in GPS precipitable water vapor [J]. Journal of Geodesy, 93(2): 159-176.

[117] Huelsing H K, Wang J H, Mears C. 2017. Precipitable water characteristics during the 2013 Colorado flood using ground-based GPS measurements[J]. Atmospheric Measurement Techniques, 10, 4055-4066.

[118] Hu Y F, Yao Y B. 2019. A new method for vertical stratification of zenith tropospheric

delay[J]. Advances in Space Research, 63(9): 2857-2866.

[119] Ibrahim H E, El-RRabbany A. 2008. Regional stochastic models for NOAA-based residual tropospheric delays[J]. The Journal of Navigation, 61(2): 209-219.

[120] Ifadis I I. 1986. The atmospheric delay of radio waves: Modeling the elevation dependence on a global scale[R]. Technical report No. 38L. Göteburg, Sweden: Chalmers University of Technology.

[121] Iwabuchi T, Shoji Y, Shimada S, et al. 2004. Tsukuba GPS dense net campaign observations: comparison of the stacking maps of post-fit phase residuals estimated from three software packages. Journal of the Meteorological Society of Japan, 82 (1B): 315-330.

[122] Janes H W, Langley R B. 1991. Analysis of tropospheric delay prediction model: comparisons with ray-tracing and implications for GPS relative positioning [J]. Bull. Geod., 65: 151-161.

[123] Jiang C H, Xu T H, Wang S M, et al. 2020. Evaluation of zenith tropospheric delay derived from ERA5 data over China using GNSS observations [J]. Remote Sensing, 12, 663.

[124] Jiang P, Ye S R, Lu Y H. 2019. Development of time-varying global gridded Ts-Tm model for precise GPS-PWV retrieval [J]. Atmospheric Measurement Techniques, 12: 1233-1249.

[125] Jiang P, Ye S R, Chen D Z, et al. 2016. Retrieving precipitable water vapor data using GPS zenith delays and global reanalysis data in China[J]. Remote Sensing, 8, 389. doi: 10.3390/rs8050389.

[126] Jiang W P, Yuan P, Chen H, et al. 2017. Annual variations of monsoon and drought detected by GPS: A case study in Yunnan, China[J]. Scientific Reports, 7: 5874. doi: 10.1038/s41598-017-06095-1.

[127] Jin S G, Luo O F. 2009. Variability and climatology of PWV from global 13-year GPS observations[J]. IEEE Transactions on Geoscience and Remote Sensing, 47: 1918-1924.

[128] Krueger E, Schüler T, Hein G W, et al. 2004. Galileo tropospheric correction approaches developed within GSTB-V1[R]. In Proceedings of ENC-GNSS 2004, 16-19 May, 2004, Rotterdam, The Netherlands.

[129] Lagler K, Schindelegger M, et al. 2013. GPT2: Empirical slant delay model for radio space geodetic techniques[J]. Geophysical Research Letters, 40, 1069-1073.

[130] Landskron D, Böhm J. VMF3/GPT3: refined discrete and empirical troposphere mapping functions[J]. Journal of Geodesy, 2018, 92: 349-360.

[131] Leandro R F, Santos M C, Langley R B. 2006. UNB neutral atmosphere models: development and performance [C]. Proceedings of ION NTM 2006, the 2006 National Technical Meeting of the Institute of Navigation, Monterey, 564-573.

[132] Leandro R F, Langley R B, Santos M, et al. 2008. UNB3m_pack: A neutral atmosphere

delay package for radiometric space techniques[J]. GPS Solutions, 12: 65-70.

[133]Leandro R F, Santos M C, Langley R B. 2009. A North America wide area neutral atmosphere for GNSS applications[J]. Journal of Navigation, 56: 57-71.

[134]Leckner B. 1978. The spectral distribution of solar radiation at the earth's surface — Elements of a model[J]. Solar Energy, 20: 143-150.

[135]Li M, Li W W, Shi C, et al. 2015. Assessment of precipitable water vapor derived from ground-based BeiDou observations with Precise Point Positioning approach[J]. Advances in Space Research, 55(1): 150-162.

[136]Liu Y. 2000. Remote sensing of atmospheric water vapor using GPS data in the Hong Kong region[D]. Hong Kong: The Hong Kong Polytechnic University.

[137]Liu J Y, Chen X H, Sun J Z. 2017. An analysis of GPT2/GPT2w+Saastamoinen models for estimating zenith tropospheric delay over Asian area[J]. Advances in Space Research, 59(3): 824-832.

[138]Liu J H, Yao Y B, Sang J Z. 2018. A new weighted mean temperature model in China [J]. Advances in Space Research, 61(1): 402-412.

[139]Liu L L, Yao C L, Wen H Y. 2012. Empirical Tm modeling in the region of Guangxi[J]. Geodesy and Geodynamics, 3(4): 47-52.

[140]Liu Y, Zhao Q Z, Yao W Q, et al. 2019. Short-term rainfall forecast model based on the improved BP-NN algorithm[J]. Scientific Reports, 9, 19751.

[141]Li W, Yuan Y B, Ou J K, et al. 2012. A new global zenith tropospheric delay model IGGtrop for GNSS applications[J]. Chinese Science Bulletin, 57(17): 2132-2139.

[142]Li W, Yuan Y B, Ou J K, et al. 2015. New versions of the BDS/GNSS zenith tropospheric delay model IGGtrop[J]. Journal of Geodesy, 89(1): 73-80.

[143]Li W, Yuan Y B, Ou J K. 2018. IGGtrop_SH and IGGtrop_rH: two improved empirical tropospheric delay models based on vertical reduction functions[J]. IEEE Transactions on Geoscience and Remote Sensing, 99: 1-13.

[144]Li X X, Dick G, Ge M R, et al. 2014. Real-time GPS sensing of atmospheric water vapor: Precise point positioning with orbit, clock, and phase delay corrections [J]. Geophysical Research Letters, 41(10): 3615-3621.

[145]Li X X, Zus F, Lu C X, et al. 2015a. Retrieving of atmospheric parameters from multi-GNSS in real time: Validation with water vapor radiometer and numerical weather model [J]. Journal of Geophysical Research: Atmospheres, 120, 7189-7204.

[146]Li X X, Dick G, Lu C X, et al. 2015b. Multi-GNSS Meteorology: real-time retrieving of atmospheric water vapor from Beidou, Galileo, GLONASS, and GPS observations[J]. IEEE Transactions on Geoscience and Remote Sensing, 53(12): 6385-6393.

[147]Li X X, Zus F, Lu C X, et al. 2015c. Retrieving of atmospheric parameters from multi-GNSS in real-time: Validation with water vapor radiometer and numerical weather model [J]. Journal of Geophysical Research: Atmospheres, 120(14): 7189-7204.

[148]Lu C X, Zus F, Ge M R, et al. 2016a. Tropospheric delay parameters from numerical weather models for multi-GNSS precise positioning [J]. Atmospheric Measurement Techniques, 9: 5965-5973.

[149]Lu C X, Li X X, Ge M R, et al. 2016b. Estimation and evaluation of real-time precipitable water vapor from GLONASS and GPS[J]. GPS Solutions, 20(4): 703-713.

[150]Lu C X, Li X X, Zus F, et al. 2017. Improving BeiDou real-time precise point positioning with numerical weather models[J]. Journal of Geodesy, 91(9): 1019-1029.

[151]Manandhar S, Lee Y, Meng Y, et al. 2017. A simplified model for the retrieval of precipitable water vapor from GPS signal [J]. IEEE Transactions on Geoscience and Remote Sensing, 55(11): 6245-6253.

[152]Manandhar S, Lee Y, Meng Y, et al. 2018. GPS-Derived PWV for rainfall nowcasting in tropical region [J]. IEEE Transactions on Geoscience and Remote Sensing, 56 (8): 4835-4844.

[153]Mendes V B. 1999. Modeling the neutral-atmosphere propagation delay in radiometric space techniques[R]. Department of Geodesy and Geomatics Engineering Tchnical Report, New Brunswick: University of New Brunswick, 199: 353.

[154]Mendes V B, Langley R B. 1999. Tropospheric zenith delay prediction accuracy for high-precesion GPS positioning and navigation[J]. Navigation, 46(1): 25-33.

[155]McCarthy D D, Petit G. 2003. IERS Conventions (2003). IERS Technical Note 32, Verlag des Bundesamts für Kartographie und Geodäsie, Frankfurt am Main.

[156]Molod A, Takacs L, Suarez M, et al. 2015. Development of the GEOS-5 atmospheric general circulation model: evolution from MERRA to MERRA2[J]. Geoscientific Model Development, 8: 1339-1356.

[157]Niell A E. 1996. Global mapping functions for the atmosphere delay at radio wavelengths [J]. Journal of Geophysical Research: Solid Earth, 101(B2): 3227-3246.

[158]Pany T, Pesec P, Stangl G. 2001. Elimination of tropospheric path delays in GPS observations with the ECMWF numerical weather model[J]. Physics and Chemistry of the Earth, Part A: Solid Earth and Geodesy, 26(6-8): 487-492.

[159]Parracho A, Bock O, Bastin S. 2018. Global IWV trends and variability in atmospheric reanalyses and GPS observations [J]. Atmospheric Chemistry and Physics, 18 (22): 16213-16237.

[160]Penna N, Dodson A, Chen W. 2001. Assessment of EGNOS tropospheric correction model [J]. Journal of Navigation, 54: 37-55.

[161]Rocken C R, Ware R H, Van Hove T, et al. 1993. Sensing atmospheric water vapor with the global positioning system[J]. Geophysical Research Letters, 23(20): 2631-2634.

[162]Rocken C R, Van Hove T, Ware R H. 1997. Near real-time sensing of atmospheric water vapor[J]. Geophysical Research Letters, 24(24): 3221-3224.

[163]Rocken C S, Sokolovskiy J, Johnson M, et al. 2001. Improved mapping of tropospheric

delays[J]. Journal of Atmospheric and Oceanic Technology, 18: 1205-1213.
[164]Ross R J, Rosenfeld S. 1997. Estimating mean weighted temperature of the atmosphere for Global Positioning System applications [J]. Journal of Geophysical Research: Atmospheres, 102: 21719-21730.
[165] RTCA-MOPS. 1999. Minimum operational standards for global positioning system/wide area augmentation system airborne equipment. October 6, RTCA/DO-229 B. RTCA Inc., Washing- ton, USA.
[166]Saastamoinen J. 1972. Contributions to the theory of atmospheric refraction[J]. Bulletin Ge'ode'sique (1946-1975), 105(1): 279-298.
[167]Santerre R. 1991. Impact of GPS satellite sky distribution[J]. Manuscripta Geodaetica, 16: 28-53.
[168] Schüler T. 2014. The TropGrid2 standard tropospheric correction model [J]. GPS Solutions, 18: 123-131.
[169] Shi J, Xu C, Guo J, et al. 2015. Real-time GPS precise point positioning-based precipitable water vapor estimation for rainfall monitoring and forecasting [J]. IEEE Transactions on Geoscience and Remote Sensing, 53(6): 3452-3459.
[170]Simmons A, Uppala S, Dee D, et al. 2007. ERA-Interim: new ECMWF reanalysis products from 1989 onwards[J]. ECMWF newsletter, 110(110): 25-35.
[171]Skone S, Hoyle V. 2005. Tropospheric modeling in a regional GPS network[J]. Journal of Global Positioning Systems, 4(1-2): 230-239.
[172]Smith E K, Weintranb S, 1953. The constants in the equation for atmospheric refractive index at radio frequencies[J]. Proceedings of the Institute of Radio Engineers, 41(8): 1035-1037.
[173]Song S L, Zhu W Y, Chen Q M, et al. 2011. Establishment of a new tropospheric delay correction model over China area[J]. Science China (Physics, Mechanics & Astronomy), 54(12): 2271-2283.
[174]Steffen S, Andreas W, Klaus M. 2005. Accurate tropospheric correction for local GPS monitoring networks with large height differences [C]. ION GNSS 18th International Technical Meeting of the Satellite Division, Long Beach, CA.: 250-260.
[175]Sun J L, Wu Z L, Yin Z D. 2017. A simplified GNSS tropospheric delay model based on the nonlinear hypothesis[J]. GPS Solutions, 21(4): 1735-1745.
[176]Sun Z Y, Zhang B, Yao Y B. 2019a. A global model for estimating tropospheric delay and weighted mean temperature developed with atmospheric reanalysis data from 1979 to 2017 [J]. Remote Sensing, 11, 1893.
[177]Sun Z Y, Zhang B, Yao Y B. 2019b. An ERA5-based model for estimating tropospheric delay and weighted mean temperature over China with improved spatiotemporal resolutions [J]. Earth and Space Science, 6. https: //doi. org/ 10. 1029/2019EA000701.
[178]Suparta W, Iskandar A, Singh M, et al. 2013. Analysis of GPS water vapor variability

during the 2011 La Niña event over the western Pacific Ocean[J]. Annals of Geophysics, 56(3): R0330.

[179] Suparta W, Rahman R. 2016. Spatial interpolation of GPS PWV and meteorological variables over the west coast of Peninsular Malaysia during 2013 Klang Valley Flash Flood [J]. Atmospheric Research, 168: 205-219.

[180] Takeichi N, Sakai T, Fukushima S. 2010. Tropospheric delay correction with dense GPS network in L1-SAIF augmentation[J]. GPS Solutions, 14: 185-192.

[181] Tang Y X, Liu L L, Yao C L. 2013. Empirical model for mean temperature and assessment of precipitable water vapor derived from GPS[J]. Geodesy and Geodynamics, 4 (4): 51-56.

[182] Thayer G. 1974. An improved equation for the radio refractive index of air[J]. Radio Science, 9(10): 803-807.

[183] Vedel H, Mogensen K S, Huang X Y. 2001. Calculation of zenith delays from meteorological data comparison of NWP model, radiosonde and GPS delays[J]. Physics and Chemistry of the Earth, 26(6-8): 497-502.

[184] Wang J, Cole H L, Carlson D J, et al. 2002. Corrections of humidity measurement errors from the Vaisala RS80 radiosonde-Application to TOGA COARE data[J]. Journal of Atmospheric and Oceanic Technology, 19(7): 981-1002.

[185] Wang J, Rossow W B. 1995. Determination of cloud vertical structure from upper-air observations[J]. Journal of Applied Meteorology, 34(10): 2243-2258.

[186] Wang J H, Zhang L Y, Dai A G. 2005. Global estimates of water-vapor-weighted mean temperature of the atmosphere for GPS applications[J]. Journal of Geophysical Research, 110(D21101). doi: 10.1029/2005JD006215.

[187] Wang J H, Zhang L Y, Dai A G. 2007. A near-global, 2-hourly data set of atmospheric precipitable water from ground-based GPS measurements[J]. Journal of Geophysical Research: Atmospheres, 112(D11107). Doi: 10.1029/2006JD007529.

[188] Wang J H, Zhang L Y. 2008. Systematic errors in global radiosonde precipitable water data from comparisons with groud-based GPS measurements[J]. Journal of Climate, 21 (10): 2218-2238.

[189] Wang J H, Zhang L Y. 2009. Climate applications of a global, 2-hourly atmospheric precipitable water dataset derived from IGS tropospheric products[J]. Journal of Geodesy, 83(3-4): 209-217.

[190] Wang X M, Zhang K F, Wu S Q, et al. 2016. Water vapor-weighted mean temperature and its impact on the determination of precipitable water vapor and its linear trend[J]. Journal of Geophysical Research: Atmospheres, 121: 833-852.

[191] Wang X Y, Song L C, Cao Y C. 2012. Analysis of Weighted Mean Temperature of China Based on Sounding and ECMWF Reanalysis Data[J]. Acta Meteorologica Sinica, 26(5): 642-652.

[192]Wang Y, Liu Y P, Liu L T, et al. 2009. Retrieval of the change of precipitable water vapor with zenith tropospheric delay in the Chinese mainland[J]. Advances in Space Research, (43): 82-88.

[193]Wilgan K, Hadas T, Hordyniec P, et al. 2017. Real-time precise point positioning augmented with high-resolution numerical weather prediction model[J]. GPS Solutions, 21(3): 1341-1353.

[194]Xie Y, Wei F, Chen G, et al. 2010. Analysis of the 2008 heavy snowfall over south china using GPS PWV measurement from the Tibetan Plateau[J]. Annales Geophysicae, 28: 1369-1376.

[195]Xu A G, Xu Z Q, Ge M R, et al. 2013. Estimating zenith tropospheric delays from BeiDou navigation satellite system observations[J]. Sensors, 13: 4514-4526.

[196]Yang S K, Smith G L. 1985. Further study on atmospheric lapse rate regimes[J]. Journal of the Atmospheric Sciences, 42(9): 961-966.

[197]Yao Y B, Zhu S, Yue S Q. 2012. A globally applicable, season-specific model for estimating the weighted mean temperature of the atmosphere[J]. Journal of Geodesy, 86: 1125-1135.

[198]Yao Y B, Zhang B, Yue S Q, et al. 2013. Global empirical model for mapping zenith delays onto precipitable[J]. Journal of Geodesy, 87: 439-448.

[199]Yao Y B, Zhang B, Xu C Q, et al. 2014a. Analysis of the global Tm-Ts correlation and establishment of the latitude-related linear model[J]. Chinese Science Bulletin, 59(19): 2340-2347.

[200]Yao Y B, Zhang B, Xu C Q, et al. 2014b. Improved one/multiparameter models that consider seasonal and geographic variations for estimating weighted mean temperature in ground-based GPS meteorology[J]. Journal of Geodesy, 88(3): 273-282.

[201]Yao Y B, Xu C Q, Zhang B, et al. 2014c. GTm-Ⅲ: A new global empirical model for mapping zenith wet delays onto precipitable water vapor [J]. Geophysical Journal International, 197: 202-212.

[202]Yao Y B, Xu C Q, Zhang B, et al. 2015a. A global empirical model for mapping zenith wet delays onto precipitable water vapor using GGOS Atmosphere data[J]. Science China-Earth Sciences, 58: 1361-1369.

[203]Yao Y B, Xu C Q, Shi J B, et al. 2015b. ITG: A new global GNSS tropospheric correction model[J]. Scientific Reports, 5: 10273.

[204]Yao Y B, Hu Y F, Yu C, et al. 2016. An improved global zenith tropospheric delay model GZTD2 considering diurnal variations[J]. Nonlinear Processes in Geophysics, 23: 127-136.

[205]Yao Y B, Shan L L, Zhao Q Z. 2017. Establishing a method of short-term rainfall forecasting based on GNSS-derived PWV and its application [J]. Scientific Reports, 8: 12465.

[206] Yao Y B, Sun Z Y, Xu C Q. 2018a. Establishment and evaluation of a new meteorological observation-based grid model for estimating zenith wet delay in ground-based Global Navigation Satellite System (GNSS)[J]. Remote Sensing, 10, 1718.

[207] Yao Y B, Hu Y F. 2018b. An empirical zenith wet delay correction model using piecewise height functions[J]. Annales Geophysicae, 36: 1507-1519.

[208] Yao Y B, Xu X Y, Xu C Q, et al. 2018c. GGOS tropospheric delay forecast product performance evaluation and its application in real-time PPP[J]. Journal of Atmospheric and Solar-Terrestrial Physics, 175: 1-17.

[209] Yao Y B, Xu X Y, Xu C Q. 2019. Establishment of a real-time local tropospheric fusion model[J]. Remote Sensing, 11, 1321.

[210] Yuan Y B, Zhang K F, Witold R, et al. 2014. Real-time retrieval of precipitable water vapor from GPS precise point positioning[J]. Journal of Geophysical Research: Atmospheres, 119(16): 10044-10057.

[211] Zhang H X, Yuan Y B, Li W, et al. 2017. GPS PPP-derived precipitable water vapor retrieval based on Tm/Ps from multiple sources of meteorological data sets in China[J]. Journal of Geophysical Research: Atmospheres, 122(8): 4165-4183.

[212] Zhang K, Manning T, Wu S, et al. 2015. Capturing the signature of severe weather events in Australia using GPS measurements[J]. IEEE Journal of Selected Topics in Applied Earth Observations and Remote Sensing, 8(4): 1839-1847.

[213] Zhao Q Z, Yao Y B, Yao W Q. 2018a. GPS-based PWV for precipitation forecasting and its application to a typhoon event[J]. Journal of Atmospheric and Solar-Terrestrial Physics, 167: 124-133.

[214] Zhao Q Z, Yao Y B, Yao W Q, et al. 2018b. Near-global GPS-derived PWV and its analysis in the El Niño event of 2014-2016[J]. Journal of Atmospheric and Solar-Terrestrial Physics, 179: 69-80.

[215] Zhao Q Z, Yao Y B, Yao W Q, et al. 2018c. Real-time precise point positioning-based zenith tropospheric delay for precipitation forecasting[J]. Scientific Reports, 8: 7939.

[216] Zhao Q Z, Ma X W, Yao W Q, et al. 2019a. Improved drought monitoring index using GNSS-derived precipitable water vapor over the Loess Plateau area[J]. Sensors, 19, 5566.

[217] Zhao Q Z, Ma X W, Yao W Q, et al. 2019b. Anew typhoon-monitoring method using precipitation water vapor[J]. Remote Sensing, 11, 2845.

[218] Zheng F, Lou Y D, Gu S F. 2018. Modeling tropospheric wet delays with national GNSS reference network in China for BeiDou precise point positioning[J]. Journal of Geodesy, 92(5): 545-560.